中国牡丹文化与园林

张延龙 牛立新 洪 波 赵仁林 编著

中国林业出版社
China Forestry Publishing House

图书在版编目（CIP）数据

中国牡丹文化与园林 / 张延龙等编著. –– 北京：
中国林业出版社, 2020.12

ISBN 978-7-5219-0943-2

Ⅰ.①中… Ⅱ.①张… Ⅲ.①牡丹—文化—中国
②牡丹—园林设计—中国 Ⅳ.①S685.11

中国版本图书馆CIP数据核字(2020)第262382号

出版发行： 中国林业出版社
　　　　　　（100009 北京市西城区刘海胡同7号）
电　话： 010-83143568
印　刷： 北京博海升彩色印刷有限公司
版　次： 2021年7月第1版
印　次： 2021年7月第1次印刷
开　本： 710mm×1000mm　1/16
印　张： 20
字　数： 355千字
定　价： 168.00元

作者简介

张延龙

1964年生，延安市人，博士，西北农林科技大学教授、博士生导师；国家林业和草业局油用牡丹工程技术研究中心主任；兼任全国风景园林专业学位研究生教育指导委员会委员、中国风景园林学会教育专委会副主任委员，中国风景园林学会园林康养与园艺疗法专委会副主任委员等。

大千植物世界种类有几十万种之多，而极具特色的牡丹却诞生于中华大地。牡丹起源的独特性和形色的特殊气质与风格，铸就了华夏特有的牡丹文化，成为中国园林的重要组成部分。

2013年，我们承担了国家公益性行业牡丹方面重大科研项目。自那时起，大家便不约而同地下定决心，要为牡丹产业做出力所能及的贡献。

随着牡丹资源调查研究的不断推进，我们对其自然特性越来越了解，一种对于生灵的敬畏与崇拜之心也油然而生；当你不经意走进一些牡丹栽种原居民生活场景中，又发现了很多与牡丹有关的人文现象，不由得心生感慨：牡丹对人们的影响是如此深厚！再后来，我们拜读到大量有关牡丹的经典文献，更是被中华悠久的牡丹历史文化深深地触动。

如果说中华文化是一条奔腾不息的大河，那么牡丹文化无疑是这条大河的一股涓涓细流。千百年来，中华民族围绕牡丹而产生的物质文化与精神文明的两个层面，便自然构成了中国牡丹文化。

牡丹文化内涵丰富，由牡丹形色多样的自然属性，衍生的各种园林组合形式；以大量诗词、音律、绘画、雕塑等组成的文学艺术形式；以各种生活物质形态融入百姓日常生活的方方面面，诸如牡丹花纹的床单、衣物等。在更深层次方面，还包括人们通过牡丹文化而提升形成的审美、情趣以及意识等无形精神形态。

悠久的牡丹文化历史，至今还深深地浸润着人们。当我们实地走访甘肃临洮的土著居民，不管那里曾经发生过什么，不管那里经历了多少朝代的变化，对当地老百姓来讲，他们对牡丹的那份热爱始终未变。在临洮及周边地区，家家户户种牡丹，百年老牡丹随处可见。

视线若再到大唐都城长安（现陕西西安），当年兴庆宫沉香亭遗址的牡丹园，花开时节，依然是痴狂一片；东都洛阳古城，每到观花季节的一个多月，全城的房价就会翻番。垫江的山地牡丹园，让多少人流连忘返。

西北农林科技大学十余亩的牡丹园，每当牡丹盛开，平时安静的环境一下子喧嚣起来，车水马龙，连进出大门都很困难；届时，人们欢畅的心绪像过节一样，和谐喜庆；社交媒体、朋友圈里，牡丹的话题会充斥很长一段时间。近十年来，校园牡丹赏花盛况，年复一年，乐此不疲。每年看花赏花之余，都会发出同样的感慨，"年年岁岁花相似，岁岁年年人不同"。

不同人生阶段，观花赏花的情结有差别。年轻阶段，春天山花烂漫，乱花渐欲迷人眼；中年阶段奔东奔西，为工作和生活努力拼搏，花期无闲把花看；年过半百，每到自然界百花盛开的季节，终于可以静心赏花的时候，每每看到牡丹观赏热烈的场面后，心中在反复思考一个白居易描写的场景，"花开花落二十日，一城之人皆若狂"，为什么？

带着这样的问题，我们也组织研究生们，开展了有关牡丹观赏问题的研究，已经揭示了部分有趣的生理学科学现象：牡丹的确有她与众不同的一面，她能显著地改善人体一些生理机能。而这些研究成果，将最终有助于揭开中华民族千百年对牡丹有增无减的热爱之原因。

虽然经过近6年的酝酿和艰苦的资料收集提炼，仍难掩诚恐诚惶的心绪，现在终于能把这本册子奉献给大家了。此时我们唯有两个心愿：一是对牡丹再行一次深深礼赞；二是此书能为牡丹爱好者和初学者提供入门了解的便利。

中国牡丹文化与园林博大精深，由于我们研究不足，虽然几经研讨，但最终呈现的内容依然还比较粗浅。需要说明的是，此书得以完成，还要仰仗学界前辈指导和传承，像牡丹资深研究专家李嘉珏先生就曾给我们提出了很多很好的写作建议。

本书以中华牡丹文化为线索，旨在探索如何以牡丹为载体，以牡丹文化为灵魂，把我国牡丹产业做大做强。全书共有14章，主要涉及牡丹文化概况：包括对牡丹文化起源发展、牡丹文化内涵特点、牡丹发展盛世的唐、宋牡丹文化；牡丹文化在园林中的应用：包括唐、宋牡丹园的应用情况，皇家、私家、寺庙、陵寝园林等应用特点；牡丹园林设计：包括牡丹专类园设计、山地牡丹园、油用观光牡丹园的设计等；中外牡丹名园和牡丹旅游产业等内容。

最后，我们应当感谢无数牡丹文化的先贤者，他们是中华牡丹文化的根基。还要感谢我们的研究生们，他们的部分研究被收入本书，并积极帮助搜集资料、整理文字和图片等，他们是：陈畅、王成杰、郭文斌、闫振国、孙腾、罗佳晨、吴梦莹、许敏、闫珊珊、张丹婷、张姣姣、焦议、米家熠、秦红巧、王立颖、王佳丽等同学。另外，还要感谢陕西省西安植物园、宝鸡植物园、户县阿姑泉牡丹园、延安市万花山风景区、汉中龙岭牡丹育种园，甘肃省临洮花木良种繁育圃牡丹园、柏乡县汉牡丹园、垫江太平牡丹园，长春牡丹园，黑龙江省森林植物园等单位提供的资料和图片。我们在编撰过程中，引用了很多作者的思想和资料，有的在文献中已有标记，也有挂一漏万的情况，但无论如何，我们都将对他们的辛勤劳动和智慧火花致以最崇高的敬意和谢忱。还要特别鸣谢国家林业公益性行业科研专项项目（油用牡丹新品种选育及高效利用研究与示范，项目编号：201404701）和陕西省林业重点攻关项目（陕西省牡丹芍药花卉产业发展技术研究，项目编号：20171120）的资助，感谢国家林业与草原局油用牡丹工程技术研究中心平台的支持。

2020年12月5日

第一章

概　论

　　牡丹，又名木芍药、百两金、富贵花、鼠姑、鹿韭、白茸、花王、百雨金、洛阳花等，属于芍药科芍药属落叶灌木。牡丹作为我国特有植物种类，经过上千年的栽培，不但在中国园林中占据重要的地位，同时形成的中国牡丹文化，更是中国园林文化皇冠上的一颗璀璨明珠。

文化，是人类在社会历史实践过程中创造的物质财富和精神财富的总和。伴随着牡丹悠久栽培和观赏的历史，自然形成了内涵丰富的牡丹文化。

一、牡丹文化概述

1. 牡丹文化的概念

牡丹文化是中华民族文化的重要组成部分，它包含了几千年来围绕牡丹而产生的物质文化与精神文明。随着牡丹与人们生产、生活以及社会活动的关系日益密切，牡丹不断被注入人们的思想情感，从而形成了与牡丹密切相关的文化现象和以牡丹为中心的文化体系，这就是牡丹文化。牡丹文化内涵丰富，不仅包含大量诗词、音律、绘画等有形产物，还包括审美、情趣、意识等无形精神。牡丹文化历史悠久，影响深远，潜移默化地浸润着每一位中华儿女。

所谓中国牡丹文化，就是在中华历史长河中，由历代劳动人民和社会各阶层的人们，通过栽培牡丹、研究牡丹、利用牡丹、鉴赏牡丹等活动，创造的出有关牡丹物质和精神两方面的传承与积聚。因此，中国牡丹文化源远流长，研究发掘中国牡丹文化，对于提升中华文化自信大有裨益。

2. 牡丹文化的表现形式

早在两汉时期，牡丹便已作为药物进入人们的生活，其花大、形美、色艳、香浓，历代为人们所称颂。牡丹文化积淀深厚，自秦汉时以药植物载入《神农本草经》始，散见历代各种古籍名录，包罗万象，形成了包括植物、园艺、药物、地理、文学、艺术、民俗学等多学科在内的牡丹文化，衍生内容涉及哲学、宗教、雕塑、绘画、音乐、戏剧、服饰、起居、食品等各个方面。

中国的牡丹文化，几乎涉及渗透到所有的文化领域。自唐代以来，有关牡丹的史料、专著、文集、笔记，题咏牡丹的诗词文赋、故事传说、小说、演义、传奇、绘画、戏曲、电影、电视、图案、画谱、歌曲等就十分的丰富和常见（赵兰勇，2004）。且历朝历代建筑装饰墙体及屋顶上的砖雕、石雕、木雕等也均见牡丹雕刻的踪影，绘于各类瓷器宝瓶上的图案及各类纺织品、印染品、刺绣品上的牡丹吉祥图案等都属于牡丹文化的范畴。

除此之外，各种与牡丹有关的花会、花展、书画展等园林欣赏活动，也成为牡丹文化艺术应用中不可或缺的一部分。牡丹文化的内涵与艺术构思也使我国的牡丹艺术表现力更加丰富，表现形式更加多种多样。

图1-1　三原城隍庙
墙砖雕刻装饰——
牡丹凤凰图

3. 牡丹文化的影响

自古以来，我国人民就有栽植牡丹和观赏牡丹的爱好。牡丹因其色泽鲜艳、雍容华贵、富丽堂皇、花朵硕大且层次丰富，在众多的花卉之中艳压群芳，被奉为庭院珍品，并被冠以"花中之王、国色天香"的美称。

在我国，自盛唐长安"花开花落二十日，一城之人皆若狂"和"花开时节动京城"的震撼场面，到宋朝的"洛阳牡丹甲天下"，至明朝又有"曹州牡丹甲海内"。再到如今，大江南北遍植牡丹，每年4～6月间，在祖国繁茂的土地上五彩斑斓的牡丹竞相开放，繁花似锦，精彩纷呈，构成了多少壮美的图画。

在世世代代国人的心中，牡丹是和中华民族文化紧密相连的，因此也被荣尊为"花中之王"。牡丹还在明、清时期被皇室钦定为"国花"，正因为它"聚天地之灵气，日月之秀色，万卉之资韵，为天下人所珍爱"（明·薛凤翔《牡丹史》）。同时，它更伴随着中华儿女渴望国家繁荣与富强的美好愿望，具有很崇高的象征精神。

二、牡丹文化的构成

牡丹文化依据其内容、对象和形态可大致以五个领域构成，即审美意趣、地域特色、文化艺术、精神内涵和科学技术。

1. 审美意趣

牡丹作为中华民族重要的观赏花卉，其花朵硕大、花色艳丽、花姿端庄，被誉为"百花之王"。谷雨时节，牡丹竞相开放，姿容秀丽，凋落之后，仍旧气宇轩昂。白居易叹曰"绝代只西子，众芳惟牡丹"。牡丹的审美意趣表现在形、色、姿容、命名等各个方面。

牡丹有九大色系，分别是红、绿、蓝、紫、粉、白、黑、黄、复色。每一色系中不同品种的颜色深浅浓淡各不相同，例如红色系中就有大红、火红、水红、紫红、银红、桃红、深粉红之分。此外，即使是同一品种，在不同年份、立地条件下花色也会出现或深或浅的变化。同一朵花在初开、盛开、近谢时也会带来不同的美观感受，而有些品种自身颜色变化就极为丰富，如'青龙卧墨池'花瓣为光润的乌紫红色，部分瓣化的雌蕊呈现青绿色，像一条青龙藏于墨池中。复色花颜色则更具变化，例如'二乔'在同一株或同一枝上就可以开出两种不同颜色的花。

牡丹花形主要有单瓣型、荷花型、菊花型、托桂型、金环型、蔷薇型、皇冠型、绣球型、千层台阁型、楼子台阁型，共10种。牡丹花形并非一成不变，不同年份，植物养分供应是否充足等因素都会引起牡丹花形的变化。牡丹花梗有长有短、有硬有软；同时由于花朵轻重不一，牡丹花又有突出叶面、稍低于叶面、藏于叶下几种不同姿态。一般而言，牡丹花高出叶面观赏效果最好，如'姚黄''贵妃插翠''烟绒紫'等，未开时花蕾随风摇曳于枝头，开花时更显姿容俏丽；而如'夜光白''白雪塔''脂红'等，花朵稍低于叶面或与叶面平齐，绿叶丛中娇艳点点，若隐若现，也别有一番风味；还有一些品种花朵藏于叶下，如珍品'豆绿'，虽因花瓣多、花朵重而下垂，但绿叶摇曳间忽现一抹豆绿，娇丽万千，同样引人瞩目。

牡丹不仅花色、花形有所差别，且不同品种间由于枝干的开展角度及节间长短不同，形成的株丛形态也不相同，可分为矮生型、开张型、疏散型、直立型四种。每一类型因品种不同，直立程度和高矮也有差别，斜伸角度也有不同，同时枝条又有粗壮细弱、硬软直弯等不同程度的差异。如'罗汉红'属于粗壮矮生开展型；'出梗夺翠'是细弱矮生开展型；'姚黄'则属细硬直立型。除此之外，牡丹芽也有卵圆、狭长、鹰钩等各种形态。不同品种牡丹的叶片不仅大小各异、形态不同，而且颜色在不同季节也有变化，排列或密或疏，质地薄厚也不相同。有些品种的绿叶期长，有些品种在晚秋时叶色全部变为红色。抛开牡丹的花色花形之美不讲，单就其落叶之后枝干的独特特征，也可成为冬景园中的一个亮点。

牡丹形美色艳，香味也芳甜馥郁，沁人心脾。根据牡丹花品种的香型性状和香味大小，可将牡丹花香分为清香型、浓香型、烈香型和异香型。一般白色牡丹香味较多，紫色牡丹大多为烈香，黄、粉色具清香。唐代诗人李正封赞牡丹"国色朝酣酒，天香夜染衣"。

除此之外，牡丹花名形象生动，充满文化意蕴，也是牡丹审美意趣的重要组成部分。'昆山夜光'形容牡丹花色青白、晶莹剔透，在夜间微微闪光；'白鹤卧雪'则将牡丹比作白鹤卧于雪上，静谧优雅；另外还有'红云飞片''紫雁夺珠''紫蝶迎春''赤龙焕彩'等，都充满了东方文化意味，形神兼备、惟妙惟肖，品来宛若身处牡丹仙境。

2. 地域特色

牡丹原产于中国，我国是最早栽培牡丹的国家，结合历史传统和当今现状看，最具代表性的牡丹栽培观赏中心主要有三个：河南洛阳、山东菏泽和四川彭州。这三大栽植中心的牡丹文化既有一定共性，同时又因为地理气候状况与人文风情的差异而具有各自的地域特质。

（1）洛阳牡丹中心

洛阳位于河南西部，地理、气候条件优越，有"九州腹地"之称，先后有9个王朝在此建都。宋代张琰评此地曰："夫洛阳，帝王东西宅为天下之中，土圭日影得阴阳之和，嵩少瀍涧钟山水之秀，名公大人为冠冕之望，天匠地孕为花卉之奇。加以富贵利达、优游闲暇之士，配造物而相妩媚，争妍竞巧于鼎新革故之际，馆榭池台，风俗之习，岁时嬉游，声诗之播扬，图画之传写，古今华夏，莫比观文叔之记可以致近世之盛。"洛阳在唐代后期就成了全国牡丹栽植中心，欧阳修曾称赞洛阳牡丹"出洛阳者，今为天下第一，洛阳地脉花最宜，牡丹尤为天下奇。"

一方面，由于九朝古都的底蕴，使得洛阳牡丹文化中有独特厚重的皇家气质与自然而然的富贵之感，宋代就有"洛阳牡丹甲天下"的论断。张耒《漫成七首》诗云"谁知洛阳三月暮，千金一朵卖姚黄"。邵雍写到"洛阳人惯见奇葩，桃李花开未当花。须是牡丹花盛发，满城方始乐无涯。"张岷更是盛赞"只道人间无正色，今朝初见洛阳春"。

另一方面，洛阳国都地位被长安和北京替代后，又演化出没落贵族清高不羁的复杂情绪，在"武则天贬斥牡丹至洛阳"这一轶事流传后更甚，人们将洛阳牡丹视作宁折不屈、清高有志的典范，冯梦龙在其小说《灌园叟晚逢仙女》中描写"名花绰约东风里，占断韶华都在此。芳心一片可人怜，春色三分愁雨洗。玉人尽日恹恹地，猛被笙歌惊破睡。起临妆镜似娇羞，近日伤春输与你"。

（2）菏泽牡丹中心

菏泽牡丹始于明代，盛于清代，有四五百年的栽培历史。菏泽古称曹州，颇具齐鲁之风，民风淳朴闲适，大有"中庸"意味。在菏泽，牡丹对于人们来说并不仅仅是玩赏，更是一种与普通农户生活紧相连的经济作物。初期菏泽的牡丹以药用为主，后来菏泽栽培牡丹开始发展，牡丹种植面积增加，人们开始进行大田大规模种植，培育出许多观赏型品种，随之出现专门的牡丹花农，走街串巷进行叫卖。菏泽人家喜爱牡丹，农家院前村后都会种植牡丹，几平方米到几百平方米不等。菏泽牡丹种植方式朴实低调，更具平民气质，人们品评菏泽牡丹，称其具有媚而不卑、耀而不炫、贵而不淫、高而不傲的特质。

（3）彭州牡丹中心

四川彭州，古称"天彭"，栽种牡丹始于唐宋，盛于南宋。南宋时期，彭州是西南地区牡丹栽培中心，号称"小西京"，陆游《天彭牡丹谱》赞曰："牡丹在中州，洛阳为第一；在蜀，天彭为第一"。彭州丹景山下"花村"之中家家户户都种植牡丹，"栽、接、剔、治，各有其法"，牡丹栽培工艺发达，当时已培育出40余种洛阳没有的品种。

彭州牡丹文化带有明显的巴蜀文化特征，可以概括为宗教性与世俗性两点。彭州牡丹胜地丹景山的牡丹栽培由金华寺始，《彭县志》记载"丹景山游览最盛处有东岳庙，为故金华宫遗址，建自汉代，唐金头陀禅师重修。金头陀在宫之永宁院开辟荒地，广植牡丹，自成一景"。丹景山最美的牡丹都在金华寺，种花之人乃是金头陀禅师，唐代后续建成的寺庙内也都种植牡丹，这正体现了彭州牡丹的宗教性。另外，与其他地区的牡丹不同的是，彭州牡丹不仅种植于市区、大田，在山间谷地也广泛种植。山下牡丹花期结束之时，正是山间好姿色，且更具天然野趣；盛花时，不论贫富贵贱，皆登高望远，观赏牡丹美景，牡丹在彭州，更添了一层乡野风情的独到之美。

3. 文学艺术

牡丹文化在我国已有上千年的历史，以牡丹为主题的文学艺术产品数不胜数。诗词、绘画、传说、曲赋、服饰、建筑等，几乎在中华文化中的各个方面，都有牡丹的身影，可以说，牡丹已经形成了自己独特的美学体系。如同牡丹山水花鸟画、古建筑中的彩绘牡丹寿带、牡丹浮雕、珐琅彩牡丹瓷器等，凡是与牡丹相关的艺术构思与设计，均在牡丹文学艺术范畴。

4. 精神内涵

牡丹精神文化内涵丰富，伴随牡丹文化的不断丰富，大致可以将其分为三个层面。

第一方面，富贵吉祥、繁荣昌盛的美好寓意。牡丹花体端庄大方，姿态雍容华贵，元代吴澄诗曰："风前月下妖娆态，天上人间富贵花"。刘禹锡赞曰："惟有牡丹真国色，花开时节动京城"。清末菏泽人赵世学还著有专论《牡丹富贵说》。

第二方面，牡丹自身的精神，皮日休诗曰："落尽残红始吐芳，佳名唤作百花王。竞夸天下无双艳，独占人间第一香。"赞其开于残红落尽百花将阑的暮春时节，烘托其卓绝群芳，高洁若仙的意象，白居易还曾以"白牡丹"自比，赋诗明志。

第三方面，到了现代，牡丹不仅传承了古时文化内涵，象征着积极与幸福，还作为中华文化的象征之一，肩负起传递中华民族向往和平、美好意愿的重任，传递着中华民族最诚挚的祝福。

5. 科学技术

科学技术上的牡丹文化是指合理运用现代技术认识、开发、利用牡丹资源而形成的文化现象，例如栽培养殖、品种选育、盆栽盆景、基因测序、药材生产、牡丹油生产、牡丹护肤产品、康养旅游产业等，这些技术研究给牡丹相关法律法规、利用习惯、认识观念等注入了新的内涵。

与其他文化类型相比，牡丹文化的起源脉络还是比较清楚的，期间大致经历了这样的过程。

一、牡丹文化发展主线

1. 形成发展脉络

隋唐之前牡丹已经有史料记载，不过是作为普通药材记录于药书之中。

南北朝至隋，牡丹才渐为观赏花卉。牡丹进入人工种植观赏领域是在隋唐时期，自大唐盛世进入审美视野，牡丹就以后来居上之势迅速力压群芳，成为"时尚新宠"。

进入宋代，牡丹文化蓬勃发展，牡丹的审美地位得到提升，并最终奠定了中国传统牡丹文化强大的基础。大唐盛世牡丹的文化内涵主要是物色特征的美艳，北宋百余年间品赏牡丹越发受到推崇，其精神与内涵也不断丰富，价值地位也不断攀升，最终成为中华民族独一无二的文化意向代表。之后牡丹文化连绵不绝，延续至今。

2. 牡丹文化的成因

仔细推敲，在中华大地形成强大的牡丹文化的原因，大致可以归纳为以下几条：其一自然是牡丹所处的社会文化背景，牡丹被称作富贵之花，国运昌盛，人民富足的朝代催生、孕育了牡丹文化；其二便是强大的中华文化底蕴，牡丹的祥和富贵，端庄大方，与中华民族的审美、思想、民俗、文化是统一相符的，牡丹文化审美过程由浅入深，由表及里的完善与发展，正是牡丹与中华民族传统文化相互磨合促进的过程，中华文化成就了牡丹文化，牡丹文化同时也是中华文化的重要组成部分；最后就是牡丹独特的生物特征，牡丹不仅外形色泽艳丽、玉笑珠香，还耐半阴、耐寒、耐干旱、耐弱碱，分布区域广泛，适合大面积推广。

总之，牡丹文化的发展与完善，如同一个全息透镜，折射出中华文化的价值体系与精神面貌。在中华文化之中，牡丹已经超脱了植物界一个自然物种的范围，在很大程度上已经升华为中华民族的特殊信物，更包含了文人墨客的心绪、王朝兴衰的场面、风土人情的特色等的象征与结晶。

二、牡丹文化的起源

1. 生物学考证

①野生种。现在学界普遍认为牡丹组是芍药属植物最原始的类

群，该原始类群出现在被子植物崛起的白垩纪。牡丹组全部原产于中国，从属种关系来说，芍药属牡丹组分为两个亚组，约9个种。革质花盘亚组主要分布于秦岭南北，有卵叶牡丹、矮牡丹、杨山牡丹、紫斑牡丹、四川牡丹5个种；肉质花盘亚组分布于西藏东南部，云南西北部和四川西南部，有大花黄牡丹、黄牡丹、紫牡丹和狭叶牡丹4个种。秦巴山地、黄土高原子午岭地区、青藏高原的东南部等地，是牡丹原始类群分化发展中心。

②栽培种及品种。中国栽培牡丹的起源具有多地起源和多元起源的特点。大部分牡丹品种群由野生种或外地品种驯化改良而来，或是杂交选育综合形成。

由于牡丹野生种分布广泛，所以我国牡丹起源地多且繁复具有多地起源的特点。中国长江流域以北牡丹产区多直接由山地引种驯化，杂交选育，形成品种系列，欧阳修《洛阳牡丹记》记载，宋代的洛阳牡丹直接由附近山区野生牡丹变异植株选育而来的品种就有'御袍黄''岳山红''金系腰''洗妆红''大叶寿安''小叶寿安'等，文中还说，"始，樵者于寿安山中见之，斫以卖魏氏"。意思是出于五代魏仁溥家的著名牡丹品种'魏花'就是从寿安山上移栽的。而西南一带的牡丹主要由外地引种，后经长期驯化选育得来。除长江流域外，今延安、宜川一带，古称丹州、延州，也是牡丹重要产地之一。隋代的'延安黄'，宋代的'丹州黄''丹州红''延州红''玉蒸饼'等牡丹品种皆出于此；浙江一带有名品'越山红楼子'，山东一带有'青州红'，甘肃临夏、临洮、榆中、陇西一带的牡丹，主要由当地紫斑牡丹演化而来，清代陇上（泛指今陕北、甘肃一带）著名诗人吴镇在观赏临夏牡丹后，写下了"牡丹处处有，胜绝是河州"的佳句；皖南一带既有当地杨山牡丹直接演化而来的'丹凤'系列，又有由中原品种南移驯化，或是与杨山牡丹的品种共同演化而来的牡丹系列。

已有研究表明，中国牡丹栽培类群的起源较为复杂，大多为多元起源，由单种起源的纯系已经很少。多元起源的形成原因有二，一是同一牡丹产区内野生牡丹品种多样，如陕西延安及其周围矮牡丹、紫斑牡丹同时存在，湖北保康至神农架一带则同时见到有卵叶牡丹、紫斑牡丹、杨山牡丹；二是不同牡丹产区之间交流频繁，各地珍品更是不断组合，实现了不同遗传背景的品种间基因的交流与重组。根据亲本来源、形态特征、生物学特征和地理分布的不同，我国栽培牡丹品种可以分为4个品种群，即中原品种群、西北品种群、江南品种群和西南品种群。

③中原牡丹品种群。是由矮牡丹、紫斑牡丹、杨山牡丹、卵叶牡丹几个野生种经长期自然杂交和人工杂交形成的多元杂种的后代群体。矮牡丹是该品种群的主要亲本，紫斑牡丹次之。因此中原牡丹主

要表现出矮牡丹的性状特征，如植株较矮，树性较弱；小叶基数为9，端小叶3裂，叶片较大；柱头、花盘、花丝多为紫红色等，但也有紫斑牡丹与杨山牡丹的深刻影响。中原牡丹品种群主要分布于黄河中下游地区，包括河南、山东、河北、山西等地，以河南洛阳、山东菏泽、北京等地为栽培中心，是我国牡丹品种栽培历史最悠久、规模最大、品种类型最多、生态适应性最广的品种群。

④西北牡丹品种群。该品种群最主要的起源种是紫斑牡丹，其中部分由紫斑牡丹直接演化而来，表现出紫斑牡丹的性状特征，如植株高大，树性较强，小叶数目多，一般在19～21枚，最少为15枚，小叶片较小，叶背多毛；所有品种花瓣基部都有明显的大块黑紫斑（或紫红斑、棕褐斑）；大部分品种柱头、花盘、花丝黄白色，部分为紫红色；另一部分由紫斑牡丹和矮牡丹直接或间接的杂交后代演化而来。主要分布于西北地区的甘肃、陕西、青海和宁夏等地，以甘肃栽培最盛，分布最广，比较集中在渭河中上游、大夏河中下游、洮河下游地区及陇东的平凉及兰州、榆中等地，其栽培中心在兰州、临夏及临洮等地，是我国第二大栽培品种群。

⑤江南牡丹品种群。主要亲本是杨山牡丹。'凤丹'系列品种是该品种群主要的组成部分，由杨山牡丹直接演化而来，表现出杨山牡丹的基本特征，小叶多为15枚，卵状披针形，全缘；柱头、花盘、花丝紫红色；树性强，株高多在1.2m以上。其余品种由中原品种南移驯化而来，或者是它们与杨山牡丹及'凤丹'系列的品种共同演化而来，个别品种则来自西北牡丹品种群。矮牡丹、紫斑牡丹、卵叶牡丹主要通过中原和西北牡丹品种群与之发生联系。江南牡丹品种群主要分布于我国江南地区的安徽、江苏、浙江、上海等地，以安徽的宁国、铜陵和上海、杭州等地为栽培中心。该品种群栽培历史悠久，最早的牡丹专谱《越中牡丹花品》就已记载30余个品种。

⑥西南牡丹品种群。该品种群与中原和江南牡丹品种群关系密切，可以说矮牡丹、紫斑牡丹、杨山牡丹和卵叶牡丹都有可能参与该品种群的起源，但各个种均无直接参与起源的直接证据，品种群起源十分模糊。现有品种主要是中原牡丹西移、甘肃牡丹南移，经长期驯化或杂交改良的产物。其主要分布于我国西南部的四川成都、彭州等地，有10余个品种。

2. 历史学考证

①先秦。牡丹在华夏文明中已经度过了漫长岁月，但开始驯化栽培的具体时间已经无从考证。这是因为秦之前牡丹还没有独立的称谓，多与芍药混称。宋代郑樵《通志·昆虫草木略》中记载："古今言木芍药，是牡丹"。秦代安期生在《服炼法》中解释道："芍药有

二种，有金芍药，有木芍药。金者，色白多脂；木者，色紫多脉，此则验其根也。然牡丹亦有木芍药之名，其花可爱如芍药，宿根如木，故得木芍药之名……牡丹初无名，故依芍药以为名……"正因如此，《诗经·郑风·漆消》中的"维士与女，伊其相谑，赠之以芍药"。此外，关于"木芍药"之名是否确指牡丹也有待考证。《神农本草经》云："芍药有草芍药、木芍药。木有花，大而色深，俗呼为牡丹，非也"。晋代崔豹的《古今注》也说："芍药有二种，有草芍药，木芍药"，称木芍药"花大而色深，俗呼为牡丹，非也"。蓝保卿等经考证并根据《本草纲目》中芍药释名为"白者曰金芍药，赤者曰木芍药"以及《中药大辞典》曰"赤芍药亦名木芍药；赤芍，臭牡丹根（青海药材）"，认为木芍药并非牡丹。

②秦汉时期。秦汉之际，"牡丹"已区别于芍药作为一种药材被详细记载。1972年在今甘肃省武威市柏树乡发现的东汉早期医简"血瘀病"的处方中，已明确将牡丹区分于别的植物写出："疮方乾当归二分、弓窜二分、牡丹二分、漏芦二分、桂二分、蜀椒一分、䗪一分"；此外，《神农本草经》也记录"牡丹味辛寒，一名鹿韭，一名鼠姑，生山谷"。以此推算，牡丹入药已有1900余年的历史。后来的《类证本草》《新修本草》《本草纲目》等草药经典中均将牡丹作为重要的药材入药。

学术界对牡丹最初载于药物学争论很少，但是人工栽培具体起于何时，仍有许多不同观点。蓝保卿等根据东汉"血瘀病"的记载和晋大画家顾恺之《洛神赋图》（图1-2）所绘牡丹，提出牡丹栽培历史应由东晋始的观点（蓝保卿 等，2004）。但也有学者认为《洛神赋图》中描绘的不一定是牡丹，且仅凭描绘洛水边的画作无法证明东晋已经开始人工栽培牡丹。

③南北朝时期。谢灵运言"永嘉水际竹间多牡丹"；《嘉话录》中提及"北齐杨子华有画牡丹极分明"；唐代李绰《尚书故实》也说："世言牡丹花近有，盖以国朝文士集中，无牡丹歌诗，张公尝言杨子华有画牡丹处极分明，子华北齐人，则知牡丹花亦已久"；《广群芳谱》中称牡丹"秦汉前无考，自谢康乐始言"，根据这些论述，一些学者认为牡丹观赏栽培始于南北朝时期。陈平平认为"牡丹在我国成为观赏植物大抵始于南北朝时期，已经有1500余年的栽培历史"（陈平平，1997）。汤忠皓认为牡丹在南北朝时已作为观赏植物，逐步从野生引为栽培。然而这种说法也存在质疑之声（汤忠皓，1989）。对于《嘉话录》所载，北宋宋祁在《上苑牡丹赋》中说到"子华绘述之笔，仿佛而传疑"，提出杨子华所画未必是牡丹。且画中不一定是栽培种，荒野花卉也常现于画中。而对于谢灵运所言，根据史料记载牡丹很晚才从中原地区传入江南，"永嘉水际"的牡丹即便真的存在，也更可能是野

洛神赋图一（局部）　洛水之滨，柳岸之边，偶遇女神，以生爱慕　　　　　　　　注：此图中间有三株牡丹

洛神赋图二（局部）　六龙驾驶，乘云而去，如醉如痴，无奈依恋

洛神赋图三（局部）　轻舟溯流，以追倩影，人神相隔，就驾启程

图1-2　东晋·顾恺之　《洛神赋图》

生种，而非人工栽培。

④隋朝时期。《海山记》云："隋炀帝辟地二百里为西苑，诏天下进花卉，易州进二十箱牡丹。有'赪红''鞓红''飞来红''袁家红''醉颜红''云红''天外红''一拂黄''软条黄''延安黄''先春红''颤风娇'等名"。《清异录》中记载"诸葛颖精于数，晋王广引为参军，甚见亲重，一日共坐，王曰：'吾卧内牡丹盛开，试为一算……'"，证明隋文帝的卧室内植有牡丹，进而推断隋朝已经开始人工栽植牡丹。阎双喜先生同意这一观点，他认为虽然隋朝牡丹栽培数量较少，但确实已有人工栽培的案例，且栽培地点多见于宫廷之中（阎双喜，1987）。也有学者提出异议，郭绍林认为《海山记》是北宋作品，首见于北宋《青琐高议》，隋代易州进牡丹20种品名，系北宋人作伪，且《酉阳杂俎》说："检隋朝种植法七十卷，初不记说牡丹，则知隋朝花药所无也"（郭绍林，2001）。但汤忠皓和阎双喜认为不能简单根据《酉阳杂俎》中的记载就认为隋朝无牡丹，因为隋朝以前，农书中很少提到花卉种植法，即便是包罗甚广的《齐民要术》，涉及了蔬菜、瓜果等许多品种，也没有谈及芍药、蔷薇等古已有之的花卉，所以不能因此断定隋朝没有栽培牡丹。

⑤唐朝时期。唐代开始人工栽培牡丹是目前接受度较高的观点。

台湾学者李树桐先生认为，牡丹移植于长安，"至唐时始有"，唐朝以前的牡丹"既不见于古籍，又不记自外来，只有由接枝慢慢演变而成一途。"且"木芍药之名在先，牡丹之名在后，改木芍药为牡丹的人是武则天，是牡丹之名出现之始。"唐代舒元舆《牡丹赋序》写到："古人言花者，牡丹未尝与焉，盖遁于深山，自幽而芳，不为贵者所知，花则何过焉！天后之乡，西河也，有众香精舍，下有牡丹，其花特异，天后叹上苑之有阙，命移植焉，由是牡丹日月浸盛。"欧阳修《洛阳牡丹记》中承袭此说："牡丹初不载文字，惟以药载本草，然于花木中不为高第，大抵丹延以西及褒斜道中尤多，与荆棘无异，土人皆取以为薪，自唐则天以后，洛阳牡丹始盛，然未闻有名著者。"

唐代社会稳定，经济繁荣，牡丹逐渐兴盛。唐初，牡丹极其珍贵，仅供上流社会玩赏（图1-3）。柳宗元《龙城录》记载，唐高宗在位时曾经宴群臣赏"双头牡丹"。到唐玄宗时，长安牡丹的发展已有相当规模，形成历史上第一个高潮。《事物纪原》云："开元时，宫中及民门竞尚牡丹"；《杨妃外传》记载了盛唐时期一场牡丹盛会——"开元中，禁中初重木芍药，即今牡丹也。得四本红、紫、浅红、通白者，上因移植于兴庆池东沉香亭前。会花方繁开，上乘月夜召太真妃以步辇从，诏特选梨园弟子中尤者，得乐十六色。李龟年手捧檀板押众乐，前将欲歌。上曰：'赏名花，对妃子，焉用旧乐词为？'遂命李龟年持金花笺，宣赐翰林学士李白进《清平调》词三章……"，盛会不仅有当朝皇帝李隆基和贵妃杨玉环参与，还有"诗仙"李白和"乐圣"李龟年献上赞词。唐文宗太和年间（827—835），中书舍人李正封诗曰："国色朝酣酒，天香夜染衣"，由此牡丹便有了"国色天香"的盛誉。

唐代自武则天始，到玄宗天宝十四年（755）是长安牡丹引种、发展鼎盛时期，是中国牡丹飞速发展的黄金时代。除宫廷御苑栽植牡丹外，道观寺庙（图1-4）、富豪宅院以及民间皆酷爱牡丹，种植牡丹已十分普遍。《酉阳杂俎》载"兴唐寺有牡丹一窠，元和中，着花

描绘牡丹玩赏活动中顶戴折花（牡丹）仕女（左一和右一）　　　　图1-3　唐·周昉　《簪花仕女图》

一千二百朵……兴善寺素师院牡丹色绝佳，元和末，一枝花合欢"。
《南部新书》载"长安三月十五日，两街看牡丹，奔走车马。慈恩寺
元果院牡丹，先于诸牡丹半月开；太真院牡丹，后诸牡丹半月开"。
《酉阳杂俎》说道："东都尊贤坊田令宅中，门内有紫牡丹成树，发花
千朵"。此外，西明寺、永寿寺、光福寺、崇敬寺，及杨国忠、令狐
楚、浑瑊、裴士淹等私人宅邸均植有牡丹。唐代对牡丹的喜爱，已经
到了"家家习为俗，人人迷不悟""一城之人皆若狂"的程度。牡丹
名种一株难求，《国史补》中说"人种以求利，一本有值数万者"，白
居易也写到"一丛深色花，十户中人赋"。

　　唐代牡丹栽培技术发展迅猛，已经出现专门种植牡丹的巧匠，
《龙城录》中提到的"洛人宋单父"便是当时闻名的牡丹巧匠。同
时，详细记载牡丹的移植技术的文字也流传开来，白居易《买花》中
言到"上张幄幕庇，旁织笆篱护，水洒复泥封""移来色如故"。除此之
外，牡丹的花型色数量之多、之美也到了前所未有的程度。《酉阳杂
俎》中记载，牡丹由隋时的红、黄二色发展到多种颜色，同时也出现
了重瓣品种。《杜阳杂编》云："穆宗皇帝殿前种千叶牡丹，花始开，
香气袭人。一朵千叶大而且红。上每睹芳盛，叹曰：'人间未有'"。除
了牡丹本身，其周边产品的文化品位也有所提升，罗虬在《花九锡》
载称唐代宫廷中不仅注重牡丹插花，并对其摆设环境、剪截工具、容
器、水质、几架都有严格要求，在欣赏牡丹插花的同时，伴有绘画、
奏曲、饮酒、赋诗等活动。

　　综上所述，根据史料记载，唐代已经开始人工栽植牡丹是毫无疑
问的，但是如若再往前追溯，则还需更多的证据来支撑和佐证。

三、牡丹文化历史发展与繁荣

1. 牡丹文化的萌芽期

如果将秦之前关于芍药、木芍药的记载归并在内，那么牡丹文化最早可以追溯到距今3000年左右的西周时期，《诗经》所载"维士与女，伊其相谑，赠之以芍药"，青年男女戏游于溱水、洧水之滨，互赠水边芍药（牡丹）用以示爱，表达惜别之情，这便是牡丹、芍药文化最早的文字记载。秦汉时期，牡丹主要作为药材记录于医书。到了东晋，顾恺之《洛神赋图》中出现牡丹，《尚书故实》中记载北齐杨子华画牡丹"极分明"，表明牡丹已经从药材逐步转变为观赏花卉，进入艺术领域。《海山记》记载隋炀帝引进牡丹二十箱用以布置洛阳西苑，牡丹逐渐成为园林造景的重要组成部分。

2. 牡丹文化的发展期

到了唐代，牡丹的栽培观赏不论是从技术还是规模都到达了空前的高度，牡丹文化更是兴盛不衰，大放异彩。唐代政治开明，社会繁荣，国家统一，为牡丹文化的发展提供了环境；加之唐代崇尚富贵，正与牡丹富贵如意的意象相吻合，社会风气、技术、文化的相互交织与提高使得唐朝对牡丹的喜爱达到了顶峰。

唐代关于牡丹的诗词传世的便有300余首，诗词内容也十分丰富。或赞誉牡丹美丽，表达爱惜心情；或借物咏志，托物抒情；或记录赏花盛况，影射社会问题。

唐代徐夤道牡丹："娇含嫩脸春妆薄，红蘸香绡艳色轻"；徐凝诗云"虚生芍药徒劳妒，羞杀玫瑰不敢开"；皮日休称赞牡丹"竞夸天下无双艳，独立人间第一香"；汪洙品评牡丹"临轩一赏后，轻薄万千花"；李白《清平乐》中更是以牡丹比喻杨贵妃美貌，"云想衣裳花想容，春风拂槛露华浓""一枝红艳露凝香，云雨巫山枉断肠。借问汉宫谁得似，可怜飞燕倚新妆""名花倾国两相欢，常得君王带笑看。解释春风无限恨，沉香亭北倚栏杆"，如花美眷，娇艳无比，更加印证了牡丹富贵美丽的形象特征。除了爱花、赞花，唐代表达对牡丹怜惜之情的诗词也令人动容。白居易《移牡丹栽》写到"红芳堪惜还堪恨，百处移时百处开"。

唐代牡丹诗词除表现牡丹美丽动人之外，也有借花喻人，托花言志，赞颂牡丹高贵品质的诗篇。白居易《白牡丹》道，"白花冷淡无人爱，亦占芳名道牡丹。"诗人以白牡丹自比，表达自己虽不得志但坚持高洁品行的复杂心态。到武则天时代，传言武则天下令一夜之间百花盛开，唯独牡丹不愿趋从，武皇大怒，将牡丹由京城贬至洛阳，一时间举国上下，无人不叹。人们称赞牡丹"不持芳姿艳质足压群芳，而劲骨刚心尤高出万卉"，自此，牡丹又被赋予了芳资艳质，傲骨刚心，光明磊落，不畏强暴的品性。

唐代也有一批诗人通过繁华盛世的表面现象看到了社会深层次的问题，借牡丹来反映社会现状。白居易《买花》写到"帝城春欲暮，喧喧车马度。共道牡丹时，相随买花去……有一田舍翁，偶来买花处。低头独长叹，此叹无人喻。一丛深色花，十户中人赋！"是说豪贵们为牡丹一掷千金，一束牡丹花就抵得上十户普通人家一年的赋税。晚唐王毂一改唐人爱恋牡丹的心态，写道"牡丹妖艳乱人心，一国如狂不惜金。曷若东园桃与李，果成无语自垂阴"，借牡丹表达了对社会浮躁奢华现状的不满。

唐代牡丹文化的繁荣，不仅体现在诗词歌赋等文学艺术领域，还体现在与牡丹相关的仪式庆典和相关器具上。

李肇在《唐国史补》里说："京城贵游，尚牡丹三十余年矣。每春暮，车马若狂，以不耽玩为耻。"刘禹锡《赏牡丹》写"惟有牡丹真国色，花开时节动京城"，牡丹的繁荣发展，带动了相关的节日、庆典、风俗。花期赏牡丹成为盛大节日，从至尊天子、达官显贵到文人雅士、平民百姓，无不以欣赏牡丹为乐事，可谓"花开时节动京城"。仪器礼节方面，唐代宫廷赏牡丹时对摆设环境、剪截工具、容器、水质、几架都有严格要求。

3. 牡丹文化的繁荣期

到宋代，栽培技术不断发展，全国很多地区都出现大规模的牡丹栽培形式，西京洛阳成为继长安之后的牡丹栽培中心，欧阳修《洛阳牡丹记》记载"洛阳之俗，大抵好花。春时，城中无贵贱皆插花，虽负担者亦然；花开时，士庶竞为遨游"，邵雍感慨"洛阳人惯见奇葩，桃李花开未当花。须是牡丹花盛发，满城方始乐无涯"，马祖常吟道"洛阳春雨湿芳菲，万斛胭脂染舞衣。帐底金盘承蜜露，东家蝴蝶不须飞"，司马光云"洛阳春日最繁华，红绿萌中十万家"，凡此种种都描述了洛阳牡丹的盛况。据史料记载，到北宋中期，洛阳花木达数百种，品种1000余个，尤以牡丹为最。《洛阳牡丹记》记录了24个著名品种，其中以'姚黄'和'魏紫'最为著名，有人把'姚黄'称作"花王"，把'魏紫'称作"花后"。此外，宋代出现"万花会"，据《墨庄漫录》记载："西京牡丹闻于天下，花盛时，太守作万花会，宴集之所，以花为屏帐，至于梁栋柱拱，悉心竹筒贮水，簪花钉挂，举目皆是也。"

比起唐代，宋代牡丹研究有了长足进步，出现了一批牡丹专著，如欧阳修的《洛阳牡丹记》、周师厚的《洛阳牡丹记》和《洛阳花木记》、张峋的《洛阳花谱》等。欧阳修的《洛阳牡丹记》文词优美，是一部带有文学色彩的园艺学著作，其中详细记录了牡丹名品的来历和主要形态特征，评选了"花王""花后"，并记述了洛阳人赏花、种花、浇花、养花、医花的方法，对中国牡丹的发展做出了重要贡献。

宋代宫廷对牡丹更加重视，花艺器具越发精致，周密《武林旧事》中记载："……堂内左右各列三层雕花彩栏，护以彩色牡丹画衣，间列碾玉、水晶、金壶及大食玻璃、宫窑等瓶，各簪奇品，如姚魏、御衣黄、照殿红之类几千朵……"；皇帝将牡丹视作嘉奖进行赏赐，宋太宗时，寇准侍宴，太宗令以千叶牡丹簪之，说："寇准年少，正是赏花吃酒时也。"真宗曲宴宜春殿，出牡丹百余盘，千叶者才十余朵，真宗特命千叶牡丹各赐一朵给晁迥、钱惟演，真让二人受宠若惊。宫廷看重簪花，民间蔚然成风。"春时城中无贵贱皆插花，虽负担者亦然。"（欧阳修《洛阳牡丹记》）苏轼记在杭州观赏牡丹的情景：园中花千本，观众几万人，"饮酒乐甚，素不饮者皆醉，自舆台皂隶皆插花以从"。

宋代也有大量关于牡丹的诗词歌赋佳作。李清照在《庆清朝》中写道："待得群花过后，一番风露晓妆新。妖娆艳态，妒风笑月，长殢东君。"将牡丹比作拂晓新妆的美人，清丽妩媚。苏轼《雨中看牡丹》赞叹牡丹："秀色洗红粉，暗香生雪肤。"南宋陈与义借牡丹道出对家国的想念："一自胡尘入汉关，十年伊洛路漫漫。青墩溪畔龙钟客，独立东风看牡丹。"陆游则在《赏山园牡丹有感》中表明了决心收复北方失地的政治抱负。南宋辛派词人刘克庄的《昭君怨·牡丹》借咏洛阳牡丹，抒写忧国之情。

宋·徐崇嗣　《没骨牡丹图》　　宋·徐崇嗣　《牡丹蝴蝶图》　　北宋·赵昌　《岁朝清供图》　　图1-5　宋代牡丹绘画节选（一）

图1-6 宋代牡丹
绘画节选（二）　　宋·佚名　《十八学士图》（局部）　宋·佚名　《花王图》　　　　宋·佚名　《戏猫图》

除了诗词歌赋，自宋代以来，牡丹散布于各类民间传说、民俗故事中，以牡丹为题材的各类绘画（图1-5，图1-6）、手工艺品，如刺绣、剪纸等，以及各种雕饰，都表明牡丹文化渗透到了人们生活的方方面面。

北宋末，洛阳牡丹逐渐衰退，陈州牡丹开始兴起，张邦基曾著《陈州牡丹记》专门介绍陈州牡丹。南宋时，四川天彭栽培的牡丹堪称天下第一。陆游作《天彭牡丹谱》，"牡丹在中州，洛阳为第一，在蜀，天彭为第一"。

4. 牡丹文化的衰落期

元代近百年的历史中，牡丹文化发展处于低潮期。

到了明代，国家逐渐繁荣昌盛，牡丹文化略有恢复。继陈州牡丹之后，安徽亳州在明代成为中国牡丹栽培中心区域，除此之外，曹州（今属山东菏泽），国都北京、江南太湖周围、西北兰州、临夏等地牡丹栽植也都繁盛起来。北京"金殿内外尽植牡丹"，城外还有三大名园：梁家园、惠安园和清华园。《广西通志》记载"牡丹出灵川、灌阳，灌阳牡丹有高一丈者，其地名小洛阳"。

明代牡丹品类繁多，专著也更加详尽。明代牡丹著作薛凤翔《亳州牡丹史》列出了150余个品种，且对牡丹的观赏、栽培、研究、育种等都进行了描述和总结。王象晋的《群芳谱》中详细收录了以往牡丹著述中的牡丹品类，并进行增补。此外，高濂《遵生八笺·牡丹花谱》，周文华《汝南圃史·牡丹》，夏之臣《评亳州牡丹》也都记录了牡丹品类及相关知识，为牡丹的后续发展提供了理论依据。

5. 牡丹文化的恢复期

明末清初，牡丹发展受到影响，到康熙年间（1662—1722）又逐渐恢复。从康熙到咸丰（1662—1861）的近200年间，牡丹发展又到了一个昌盛时期。牡丹经历1600余年的发展，逐步形成了以黄河中下游为主要栽培中心，其他地区为次要栽培地的格局。清代，曹州成为全国牡丹最著名的盛产地，培育出许多古代著名的绝品。蒲松龄在《聊斋志异》曾有"曹州牡丹甲齐鲁"的记述。余鹏年的《曹州牡丹谱》记："曹州牡丹之胜，著于谈资久已""曹州园户种花如种黍粟，动以顷计，盖连畦接畛也"。《曹县志》云："牡丹非土产也，初盛于雒下（今陕西雒南），再盛于亳州，彼时已六、七百种，分五色排列，叙至于今，亳州寂寥，而盛事悉归曹州"。曹州人赵玉田著有《桑篱园牡丹谱》，其中记述了151种，内称"山左十郡二州，语牡丹则曹州独也。曹州十邑一州，语牡丹则菏泽独也"。其后有《绮园牡丹谱》，核其名者140有余，道"谷雨后往观，见姹紫嫣红，含蕊皆放，交错如锦，夺目如霞，灼灼似群玉之竞集，煌煌若五色之相宣"。清代曹州牡丹栽培面积已达500余亩，每年输出十万余株，运往广州、天津、北京、汉口、西安、济南等地出售。

明清时期，由于中国园林的发展，牡丹的栽培选育有了更适合的大环境，培育出的品种无论数量和质量都远远超过了以前的水平。地方品种进一步发展，甘肃大部分地区也有牡丹栽培，以兰州、临夏、临洮一带为栽培中心。清末编纂的《甘肃新通志》记载牡丹"各州府都有，惟兰州较盛，五色具备"。延安万花山也盛产牡丹，清代嘉庆年间修《延安府志》中记有"花源头产牡丹极多，樵者以之为薪。"江南有宁国牡丹和铜陵牡丹，计楠的《牡丹谱》专门记录了200年前的江南牡丹。到清朝慈禧太后执政时期，牡丹被正式册封为国花，发展到达新的顶峰。

四、现代牡丹文化的发展

随着经济的发展和社会文化水平的提升，在新中国成立后我国牡丹逐步稳定地发展着，逐渐形成以地域进行划分的四大牡丹品种群，分别是以山东菏泽和河南洛阳为代表的中原牡丹品种群；以甘肃兰州为代表的西北牡丹品种群；以四川彭州为代表的西南牡丹品种群；以及以安徽铜陵为代表的江南牡丹品种群（李嘉珏，1998）。同时，还在北京、上海、南京、杭州、西安、太原、成都、乌鲁木齐、哈尔滨等地形成重要牡丹栽培中心。

改革开放后，我国牡丹事业发展进入全新的高速发展阶段，呈现以下四个特点：

一是与时俱进，牡丹文化内涵不断丰富。牡丹不仅仅是富贵吉祥、繁荣昌盛的象征，也产生了新的科技文化、时代文化，在现今的国际舞台上，牡丹还被赋予代表中国和平友好外交理念与搭建中外沟通桥梁的重要意义。

二是多元发展，牡丹文艺创作更加繁荣。改革开放后，文艺领域百花齐放，牡丹文化艺术创作也到达新的高峰。一方面，文艺工作者继承传统，剧作家吴永刚将明代冯梦龙的《灌园叟晚逢仙女》改编成电影《秋翁遇仙记》，播出后好评如潮；另一方面，牡丹文艺作品不断创新，1996年，蓝保卿策划的《中国牡丹》电视系列专题片播映，回顾牡丹历史，介绍牡丹艺术，弘扬牡丹文化；2014年中央电视台纪录片《牡丹》问世，以牡丹和中国文化作为大背景，通过细微鲜活的细节和人物故事将写实的牡丹写意化，把具象的牡丹抽象到百姓的日常生活和人物中去，讲述牡丹的前世今生。除此之外，书法、绘画、摄影、雕刻等领域优秀作品不断涌现，1999年崔子范主编的《国色天香——中国当代牡丹书画艺术大展作品集》便是现代牡丹文艺作品的优良集锦。

三是开拓进取，牡丹学术水平稳步上升。牡丹学术水平包含两个方面。一方面，在新技术、新方法的帮助下，我国在牡丹育种、栽培、遗传等方面研究更加深入，科技水平不断提高，相关专著陆续问世，如王莲英主编的《中国牡丹品种图志》和由李嘉珏主编的《中国牡丹与芍药》都反映了当时前沿的科技成果，为世界牡丹发展做出的重要贡献；另一方面，关于历代牡丹文化现象与内涵的研究也相继展开，温新月、李保光主编的《国花大典》、李嘉珏主编的《中国牡丹与芍药》及李清道等主编的《洛阳市志·牡丹志》等就是这方面的著作。

四是创造红利，牡丹产业化进程加快。随着经济的高速发展，牡丹产业更具体系，也形成了独有的商业化模式，创造良好经济价值。各地的牡丹花会就是成功的案例，牡丹花会在给游客带来审美享受的同时，带动着牡丹产业发展，拉动地区经济，给人民带来切实的经济效益。牡丹文化造就了牡丹产业，牡丹产业又促进了牡丹文化的学习与交流。

五是油用牡丹产业的发展，加速了当代牡丹文化产业的大规模发展。自2011年以来，国家赋予牡丹籽油作为新的食品油资源，各地发展牡丹产业的势头迅猛，同时也极大地促进了观赏牡丹的发展，使牡丹文化的发展站在了新的平台和起点。

总的来说，当前中国牡丹的价值已经打破了传统的以观赏为主的局限，随着经济、文化、社会的发展，牡丹作为一个相对完整的体系，在产业经济、文化、艺术、科研等各个方面都取得了长足的进步。

在花文化中，视花为美，与花媲美，已成为世界性的语言。花本无言，人们由花言志，借花抒情，由此产生的花卉审美景观，逐渐进入中国文化视野，演变成一道独具魅力的风景。中国人对花有更为浓厚的情感和深刻的认识，除了欣赏花卉静态的外形美之外，还善于赏识其动态的生命变化之趣。花是有情之物，既可娱人感官、撩人情思，又能寄以心曲。花卉不仅具有文化意蕴，又凝聚着中华民族的品德、精神和气节，因此花文化与民族、历史有密切的关系。在长期的花文化形成中，牡丹花文化体现了一些自身特有的内涵与特点。

一、深刻的文化象征意义

牡丹的文化源远流长。从古至今，就有很多诗句歌颂过牡丹在古代时期的情况。皮日休曾说："落尽残红始吐芳，佳名唤作百花王。竞夸天下无双绝，独占人间第一香。"刘禹锡也说过，"惟有牡丹真国色，花开时节动京城"。李正封又有十分著名的诗句，"国色朝酣酒，天香夜染衣"（肖鲁阳 等，1989）。这些无不彰显着当时牡丹对广大人民的影响，牡丹文化也与此相生相连。我国古代的牡丹文化具有很深厚的基础，其文化象征特点也很鲜明。

二、深厚的民俗文化根基

历年盛行的牡丹花会与各种赏花活动，是民俗文化的充分展示。在这些赏花活动之中人们可以欣赏到园子中绘画、雕刻和建筑上丰富多彩的牡丹图案，牡丹与其他具有吉祥寓意的事物相结合出现，其含义也更加丰富和美好。在许多的园林建筑和景观中，牡丹不仅仅在植物景观中充当着重要的角色，牡丹图案更在园林景观中成为随处可见的装饰与文化（陈辉 等，1992）。《中国吉祥符》记载着286幅寓意吉祥和昌盛的图案组合，牡丹与其他事物构成的吉祥符就有20幅。这些吉祥符中，与牡丹搭配的吉祥寓意详见表1-1。也正是由于牡丹与其他事物搭配有这样丰富的吉祥寓意（图1-7），使得帝王将其应用于皇家园林，寺庙管理者应将其用于寺观园林，平民百姓将其应用于各私家园林的景观、室内雕饰、绘画作品以及各种服饰搭配之中。

三、深厚的文学艺术氛围

牡丹在北宋时期被韩琦冠以"国艳"的美称。牡丹的魅力使无数的文人墨客倾心于牡丹的外在美与内涵美，抒发真情，讴歌品格，激情澎湃地借助自己的内心讲述着牡丹的故事，而流传下来的这些艺术作品对后人来说又是一件件无价之宝。这些流传下来的诗歌及作品，无不散发着夺目的光彩，以歌颂牡丹为蓝本的诗词也在我国的文学艺术史中占据着很重要的位置。在这种浓厚的艺术文学氛围之下，文人墨

图1-7 明代牡丹
绘画——寓意富贵
吉祥之体现

明·吕纪 《牡丹锦鸡图》　　　　　　　　明·陈嘉选 《玉堂富贵图》

客借物咏志、借古喻今，将自己的命运和思想紧紧与牡丹的品格相联系，来抒发盛世华章的情怀以及喜怒哀乐和忧国忧民的思想。其中，诗人陆游在《剪牡丹感怀》中表现出对国家、民族命运的关注和对生活的认知和理解，"欲过每愁风荡漾，半开却要雨霏微。良辰乐事真当勉，莫遣匆匆一片飞"。

此外，牡丹花朵硕大，端庄秀丽，气味芬芳，是画家宜于表现的题材（图1-8，图1-9）。从东晋牡丹入画以来，以牡丹为题材的绘画艺术不断发展，同时许多造园者将牡丹字画挂于厅堂。牡丹五彩缤纷的颜色、富于变化的花型、沁人肺腑的香气、硕大花朵上丝绢般的花瓣所表现出的风韵，给人以特有的自然美感。

表1-1　牡丹与他物搭配的吉祥寓意

搭配物名称	吉祥寓意	搭配物名称	吉祥寓意
梅花、海棠	物华天宝、人杰地灵	石头	长命富贵
凤凰	天下太平、繁荣昌盛	蝴蝶	捷报富贵
莲花	富贵连连、富贵吉祥	鹭鸶	一路富贵

搭配物名称	吉祥寓意	搭配物名称	吉祥寓意
雄鸡	功名富贵、富贵有德	石榴	富贵多子
桃树	富贵平安、富贵长寿	八哥	富贵千秋
枸橼	姻缘美满、夫贵妻荣	麒麟	富贵驾临
桂圆	富贵姻缘、富贵有缘	杨柳	大发洋财
竹	富贵三多、富贵平安	梧桐	富贵一同
象	富贵有象、富贵吉祥	荷花	富贵和平
猫	富贵毫奎、富贵长寿	锦鸡	衣锦富贵
月季、常春草	富贵长春	铜钱	富贵在前
玉兰、海棠	玉堂富贵	灯笼	富贵兴隆
灵芝、水仙	灵仙富贵	浪花	富贵流长
灵芝、竹子	灵祝福贵	荔枝	富贵门弟
鹿、鹤	福禄寿	喜鹊	富贵致喜
南天竹	天祝富贵	瓶器	富贵平安
万年青	富贵万年	松树	富贵长寿
牵牛花	富贵千秋	燕子	春宴富贵
芙蓉花	荣华富贵	孔雀	大富大贵
白头翁	富贵白头	缓带	富贵添寿
秋海棠	富贵满堂	笋	富贵儿孙
腊嘴	富贵之最	鹿	富禄双喜
如意	富贵如意	羊	富贵吉祥
柚子	天佑富贵	马	马上富贵
橘子	富贵多吉	牛	富贵酬勤
蝙蝠	富福双贵	鱼	富贵有余
藤萝	富贵胜远		

元·钱选 《牡丹图》

元·王渊 《牡丹枝图轴》

元·王渊 《牡丹图卷》

图1-8 元代牡丹
绘画节选

图1-9 清·恽寿平
《牡丹画图》（局部）

恽寿平的牡丹画以没骨画法而著称

四、中国传统牡丹园林发展年表

牡丹在中国园林中的应用，在先秦之前的记载很少或者极其有限，但自隋、唐以来，中国牡丹园林发展的历史脉络已清晰可寻。根据文献资料，现将有关发展按年代汇总于表1-2，以供参考。

表1-2 牡丹在中国园林中的发展史略表

朝代	年代	中心	次中心或重要产地	牡丹发展志要	相关文献记载
东汉	约2世纪			牡丹作药用植物之始	《神农本草经》"丹皮"；张仲景《金匮要略》，治疗"血瘀病"
南朝宋	420—479		浙江永嘉	牡丹作观赏植物之始	谢康乐云："永嘉水际竹间多牡丹"；达尔文《动植物在家养状况下的变异》
北朝北齐	550—577			牡丹入画	《刘宾客嘉话录》："北齐杨子华有画牡丹"

朝代	年代	中心	次中心或重要产地	牡丹发展志要	相关文献记载
隋	581—618	洛阳		牡丹品种开始形成；开始栽植于皇家宫苑	《隋志·海山记》《隋志·素问篇》
唐	618—907	长安	洛阳、杭州、牡丹江	初唐时牡丹进入国都长安；开元中期，牡丹盛植长安，园林中大量栽植；有"国色天香"美誉；牡丹诗文众多	李白《清平调》《词三章》；苏鹗《杜阳杂编》；段成式《酉阳杂俎》
五代	907—960	洛阳	成都、杭州		
北宋	960—1127	洛阳	陈州、杭州、吴县、成都	有"花王"之称；出现了牡丹理论专著；洛人独称牡丹为"花"	仲休《越中牡丹花品》，世界最早专著；欧阳修的《洛阳牡丹记》，现存最早专著；沈太守的《牡丹记》，最大型的牡丹专著；周师厚《洛阳花木记》和《洛阳牡丹记》
南宋	1127—1279	天彭	杭州	牡丹品种已有191个	陆游《天彭牡丹谱》
辽、金	907		北京	北京牡丹栽培日渐兴盛	明《北京考》
元	1206—1368			牡丹发展的低潮时期	姚燧《序牡丹》
明	1368—1644	亳州	江南太湖周围、北京、洛阳、曹州、成都、灌阳、宁国、铜陵	将牡丹分列六等；园林中品种更加繁多，出现稀有品种；定为"国花"	薛凤翔《亳州牡丹史》《牡丹八书》；苏毓眉《曹楠牡丹谱》
清	1644—1911	曹州	亳州、北京、上海、嘉兴、宁国、成都、洛阳、临夏、兰州	清末颐和园建"国花台"；乾隆时曹州牡丹取代亳州，各地园林中均有栽培	陈淏子《花镜》；计楠《牡丹谱》；赵世学《新增牡丹谱》《桑篱园牡丹谱》

第二章

唐、宋时期
牡丹诗歌文化

　　反映牡丹、芍药的诗最早出现于《诗经》，大量涌现却在唐代、宋代。从唐代起，从皇亲贵胄、文人雅士的喜爱开始，逐步形成了观赏牡丹的风气。其中不同时期的著名诗人，他们的牡丹诗赋，犹如牡丹狂热烈火中的干柴，把对牡丹的观赏喜爱活动推向了一个个高潮。纵观古今，其中唐、宋两代诗人留下的牡丹诗歌经典，诗人以牡丹言志和抒情的酣畅成就了两代牡丹盛世；更成就了他们在中华文学殿堂的一席之地。这些不朽诗作，还依稀还原出那些令人魂牵梦绕盛世时代的政治、经济、文化现象；也给牡丹后来人留下难以计数的牡丹应用的珍贵记录。

一、牡丹诗歌数量

唐代诗人白居易的"花开花落二十日，一城之人皆若狂"和宋代政治家司马光的"谁道群花如锦绣，人将锦绣学群花"这两句诗，分别反映了唐朝和宋朝玩赏牡丹的盛况。根据全唐诗检索系统、全宋诗检索系统将牡丹诗的总数以及所占全唐诗、全宋诗的比例进行了统计，结果见表2-1。

表2-1 唐、宋牡丹诗的总数及所占全唐诗、全宋诗比例

朝代	诗总数	牡丹诗数量	所占比例
唐	57000	241	0.42%
宋	254240	1035	0.41%

从现有统计结果看出，单就诗歌数量看，宋朝牡丹诗的数量远远多于唐朝，约为唐朝的5倍，这也是宋朝时期牡丹审美文化繁荣一个最为关键和直接的标志。但两个朝代中牡丹诗所占的比重基本相同，说明牡丹虽然经历了唐、宋朝代的变迁，人们对牡丹的喜爱并没有减退，其在人们心中的地位并没有改变（张艳云，1995）。

二、牡丹诗歌创作人数

对于唐、宋两朝不同时期创作牡丹诗数量较多的诗人及数量进行了统计，由于宋朝牡丹诗数量过于巨大，故选取作牡丹诗10首以上的诗人进行统计，结果如表2-2、表2-3。

表2-2 唐朝创作牡丹诗较多的诗人及作品数量

时期	诗人	作品数量	数量合计
盛唐	李白	3	3
中唐	白居易	13	21
	元稹	8	
	王建	7	
	刘禹锡	5	
	徐夤	10	
	孙鲂	8	
晚唐及五代	李商隐	5	49
	罗隐	4	
	薛能	4	
	唐彦谦	3	
	温庭筠	3	

根据以上的数据统计和分析可知，牡丹诗的创作以及其数量与唐宋两代牡丹玩赏风习的走向基本一致。唐朝创作牡丹诗数量最多的诗人是白居易，有13首，其次是徐夤，有10首，创作牡丹诗10首及以上

的诗人只有这两位。盛唐和中唐时期牡丹诗的数量和比重都比较少，是因为栽培作为观赏用的牡丹刚刚进入长安城，其传播和被人们熟知和接受还需要一定的时间。牡丹稀少，市价昂贵，只有皇家以及少数官僚贵族才可以拥有，这也是盛唐和中唐时期牡丹诗的数量较少的原因之一（李向丽，2007；刘航，2005；林汉 等，2008）。

唐朝的牡丹诗主要集中在晚唐和五代时期。中唐时期天宝年间（742—755）的"安史之乱"彻底摧毁了开元盛世的繁华，然而这一次政治动乱却使得之前只供王公贵族玩赏的牡丹随着宫廷园艺技师、花匠的出逃而在民间传播开来。因此，唐朝时期的牡丹玩赏活动就以"安史之乱"为分水岭。此后，宫廷牡丹玩赏活动逐渐消歇，而宫廷之外的牡丹玩赏活动逐渐兴盛起来，这也是晚唐及五代牡丹诗较多的原因之一。

表 2-3　宋朝创作牡丹诗 10 首及以上的诗人及作品数量

时期	诗人	作品数量	数量合计
北宋前期	宋白	10	36
	宋祁	14	
	宋庠	12	
北宋中期	蔡襄	14	211
	范纯仁	12	
	韩琦	22	
	黄庭坚	13	
	梅尧臣	15	
	欧阳修	10	
	彭汝砺	14	
	邵雍	29	
	司马光	16	
	苏轼	30	
	苏辙	13	
	韦骧	11	
	文彦博	12	
北宋后期	张耒	12	12
南宋	范成大	25	129
	洪适	15	
	姜特立	10	
	陆游	19	
	杨万里	28	
	虞俦	21	
	周必大	11	

宋朝的牡丹诗不仅从总体数量方面还是创作牡丹诗数量较多的诗人人数方面都远多于唐朝，创作牡丹诗数量最多的诗人是苏轼，有30首；其次是邵雍，有29首。创作牡丹诗10首及以上的共有24人，其中北宋前期有3人，北宋中期有13人，北宋后期有1人，南宋有7人（表2-3）。北宋中前期政治清明，经济繁荣，又有唐朝的牡丹审美文化

作为基础，因此牡丹玩赏活动全面繁荣，牡丹审美文化达到了成熟，这一时期的牡丹诗作所占的比例也最大。北宋后期，时局动荡，北宋王室被金人所灭而集体南渡，因此北宋末期，牡丹诗作的数量有所下降。而南宋政权建立之后，统治者乐于偏居一隅，仍然醉生梦死、夜夜笙歌，因此，牡丹玩赏活动又有所复兴，牡丹诗作的数量也稍有增长（洪树华，2015）。

唐、宋两朝，前后持续600余年，创造了前所未有的中华文化，而诗歌文化，在中华文化史上，达到了难以逾越的巅峰成就。牡丹诗歌，在两朝诗歌题材中占据重要地位，通过赏析两朝牡丹诗歌，不但可以让我们充分领略牡丹诗歌的伟大文学成就，更能帮助我们提高牡丹的鉴赏水平。发掘盛世牡丹文化，古为今用，促进现代牡丹产业向健康高雅方向不断发展。

我们在参考蓝保卿（2009）和贾炳棣（2008）及其他文献资料的基础上，从唐宋有关牡丹诗歌佳作中，仅选择了237首较具代表性的牡丹诗歌，虽数量不足两朝牡丹诗的五分之一，但从中依然可以让喜爱牡丹文化的同道振奋不已。

一、唐朝时期牡丹诗歌选

1. 李白

李白（701—762）：唐代伟大诗人。

清平调词三首①

（一）

云想衣裳花想容②，春风拂槛露华浓③。
若非群玉山头见④，会向瑶台月下逢⑤。

【注释】

① 题：北宋乐史《李翰林别集序》，"天宝中，白供奉翰林。时禁中初重木芍药（牡丹），得四本红、紫、浅红、通白者，移植于兴庆池沉香亭前。会花开，上赏之，太真妃从。上曰：'赏名花，对妃子，焉用旧乐词？'命龟年持金花笺，宣赐李白，立进《清平调》三章。白承诏，宿醒未解，因援笔赋之。龟年歌之。太真持颇梨七宝杯，酌西凉州葡萄酒，笑领歌词，意甚厚。上因调玉笛以倚曲。每曲逡将换，则迟其声以媚之。太真饮罢，敛绣巾重拜。上自是顾李翰林尤异于（他）学士。"太真妃，即杨贵妃（719—756），小字玉环，蒲州永乐（今山西芮城）人。初为玄宗子寿王李瑁妃，后得玄宗喜爱，先入道观，道号太真，后入宫中，被玄宗封为贵妃。

② 花：指牡丹花，此喻指杨贵妃。想：如、像。

③ 槛：亭子周围的栏杆。露华：露水。

④ 群玉山：神话传说中西王母所居的仙山。

⑤ 会：定、当。瑶台：美玉砌成的台，传为神仙所居。王嘉《拾遗记》云，昆仑山"旁有瑶台十二，各广千步，皆五色玉为台基。"

（二）

一枝红艳露凝香①，云雨巫山枉断肠②。
借问汉宫谁得似，可怜飞燕倚新妆③。

【注释】

① 一枝句——描写红牡丹花凝露散香，此喻指杨贵妃。

② 云雨巫山：宋玉《高唐赋》，"楚襄王与宋玉游于云梦之台，望见高唐观上独有云气缭绕。襄王问宋玉：'此何气也？'宋对曰：'所谓朝云者也。昔先王（指楚怀王）尝游高唐，梦见一妇人，曰：'妾巫山之女也，为高唐之客，闻君游高唐，愿荐枕席。'王因幸之。去而辞曰：'妾在巫山之阳，高丘之阻。旦为朝云，暮为行雨。朝朝暮暮，阳台之下。'旦朝视之，如言，故为立庙，号曰朝云。"枉：徒然。断肠：销魂。

③ 可怜：可爱。飞燕：即赵飞燕，汉成帝皇后，以体轻貌美善舞著称。倚新妆：美女依靠新鲜时髦的妆饰而更加美丽。倚：依靠、靠着。

（三）

名花倾国两相欢[1]，常得君王带笑看。
解释春风无限恨[2]，沉香亭北倚阑干[3]。

【注释】

① 名花句——名花：指牡丹花。倾国：一国都为之倾倒。指绝色美女。出自汉代李延年的《李延年歌》，"北方有佳人，绝世而独。一顾倾人城，再顾倾人国。"后以"倾城倾国"作为美人的代称。此处代指杨贵妃。

② 解释春风无限恨句——意思是在融融春风中能消除无限的春愁。解释：消释；消除。

③ 沉香亭句——沉香亭：用沉香木建造的亭子，在长安兴庆宫龙池东面。倚：靠。阑干：栏杆。

2. 裴士淹

裴士淹（生卒年不详）：唐代诗人，河东（今山西永济）人。

白牡丹[1]

长安年少惜春残[2]，争认慈恩紫牡丹[3]。
别有玉盘乘露冷[4]，无人起就月中看[5]。

【注释】

① 题：《西阳杂俎》（前集卷19）载，开元末，裴士淹为郎官，奉使幽、冀，回至汾州众香寺，得白牡丹一窠，植于长安私第。天宝中，为都下奇赏。当时名公，有《裴给事宅看牡丹》诗，诗寻访未获。

② 长安句——长安：今陕西西安。年少：年轻人。

③ 争认句——慈恩：寺名。旧寺在陕西长安东南曲江北，宋时已毁，仅存雁塔，今寺为近代新建，在陕西西安南郊。唐贞观二十二年（648）李治（高宗）为太子时，就隋无漏寺旧址为母后长孙氏建立，故名慈恩寺。唐玄奘自印度学佛归国，曾住该寺翻经院，从事佛经翻译工作达8年之久。紫牡丹，唐初时，牡丹以黄、红、紫等色为重，对白牡丹不甚看重。

④ 别有句——别有：另有。玉盘乘露：汉武帝于建章宫前建神明台，上铸铜仙人，手托丞露盘，以贮露水。此喻指白牡丹花。

⑤ 起就：起身靠近。

3. 李益

李益（748—829）：唐代著名诗人。字君虞，陇西姑臧（今甘肃武威）人。

牡丹①

紫蕊丛开未到家②，却教游客赏繁华③。

始知年少求名处，满眼空中别有花。

【注释】

①题：题目一作《咏牡丹赠从兄正封》。

②紫蕊：一作"紫艳"。

③却教：反让。以上二句说：家中的紫牡丹花开放时，我还未回到家中，反而让游客观赏了牡丹花开时的繁华景象。

4. 武元衡

武元衡（758—815）：唐代著名政治家、诗人。字伯苍，河南缑氏（今河南省洛阳市偃师县）人。

闻王仲周所居牡丹花发因戏赠①

闻说庭花发暮春②，长安才子看须频。

花开花落无人见，借问何人是主人。

【注释】

①王仲周：名昌，字仲周，在同辈宗族兄弟中排行二十八，家住长安城东。武元衡称他为"长安才子"。

②庭：《酬王十八见招》诗云，"王昌家直在城东，落尽庭花昨夜风。"

5. 权德舆

权德舆（759—818）：唐代文学家。字载之，泰州略阳（今甘肃秦安东北部）人。

和李中丞《慈恩寺清上人院牡丹花歌》①

淡荡韶光三月中②，牡丹偏自占春风。

时过宝地寻香径③，已见新花出故丛。

曲水亭西杏园北④，浓芳深院红霞色。

擢秀全胜珠树林⑤，结根幸在青莲域⑥。

艳蕊鲜房次第开⑦，含烟洗露照苍苔。

庞眉倚杖禅僧起⑧，轻翅萦枝舞蝶来。

独坐南台时共美，闲行古刹情何已⑨。

花间一曲奏阳春⑩，应为芬芳比君子⑪。

【注释】

①和（hè）：和诗。李中丞，名未详。中丞，官名。

②淡荡句——淡荡：舒缓恬静。多用来形容春天的景色。韶光：美好的时光，常指春光。

③宝地：佛地。此指慈恩寺清上人院。

④曲水：即曲江。秦为宜春苑，汉为乐游原，有河水水流曲折，故称曲水、曲

江，见李商隐《国中牡丹位于所败二首》（一）注②。

⑤擢秀句——擢秀：植物发荣滋长。擢：抽，拔。珠树：神话传说中结珠的树。

⑥青莲域：指兹恩寺清上人院。青莲，本指青色莲花。借指僧、寺。

⑦次第：依次。

⑧庞眉句——庞眉：大眉。古人多以"庞眉皓首"指老人。禅僧：指清上人。

⑨闲行句——古刹：古寺。此指慈恩寺。已：止。

⑩《阳春》：古乐曲名。此用以称誉李中丞的《慈恩寺清上人院牡丹花歌》。

⑪应为句——为：将。芬芳：此指牡丹花。君子：泛指有才德的人。此指李中丞。

6. 王建

王建（约767—830）：唐代诗人。字仲初，颍川（今河南许昌）人。

同于汝锡赏白牡丹

晓日花初吐，春寒白未凝。

月光裁不得[1]，苏合点难胜[2]。

柔腻于云叶[3]，新鲜掩鹤膺[4]。

统心黄倒晕，侧茎紫重棱。

乍敛看如睡，初开问欲应。

并香幽蕙死[5]，比艳美人憎。

价数千金贵，形相两眼疼。

自知颜色好，愁被彩光凌[6]。

【注释】

①月光句——此句形容白牡丹花色之白，是洁白的月光所不能裁就的。

②苏合句——此句说白牡丹的香气，是苏合难以胜过的。苏合：植物名。自树中可取树胶，制为苏合香，作香料，也入药。

③云叶：片云如叶，此形容白牡丹的花片。

④鹤膺：鹤胸。

⑤并香：比香。形容白牡丹极为美丽，使诗人与于汝锡目不转睛地欣赏，把两只眼睛都用疼了。

⑥凌：侵犯、欺凌。

题所赁宅牡丹花[1]

赁宅得花饶[2]，初开恐是妖[3]。

粉光深紫腻[4]，肉色退红娇。

且愿风留著[5]，惟恐日炙燋[6]。

可怜零落蕊，收取作香烧。

【注释】

①赁：租赁。

②饶：富，多。

③妖：花妖。花妖为美女。此喻指牡丹花。

④粉光：粉白色而有光泽。

⑤著："着"的本字。此为附着。

⑥炙燋：烤焦。

7. 刘禹锡

刘禹锡（772—842）：唐代著名文学家、哲学家。宇梦得，洛阳（今河南洛阳）人。

浑侍中宅牡丹[①]

径尺千馀朵[②]，人间有此花[③]。

今朝见颜色[④]，更不向诸家[⑤]。

【注释】

①浑侍中：即浑瑊（736—799），本名日进，兰州（今甘肃兰州）人。官至宰相。侍中，官名。唐时多为大臣的加衔。

②径尺句——形容牡丹花硕大。唐代段成式《酉阳杂俎》（卷19）："兴唐寺有牡丹一窠，元和中，著花一千二百朵……又有花叶中无抹心者，重台心者，其花面径七八寸。"

③人间句——意为人间竟然有这么大、这么好的牡丹花。

④今朝：今日。

⑤更不句——再不用去其他人家中看牡丹花了。

唐郎中宅与诸公同饮酒看牡丹[①]

今日花前饮，甘心醉数杯。

但愁花有语[②]，不为老人开。

【注释】

①唐郎中：即唐扶，字云翔，并州晋阳（今山西太原）人。《旧唐书·唐扶传》，"大（太）和初，入朝为屯田郎中……俄转司勋郎中……九年，转职方郎中，权知中书舍人事。"郎中，官名。唐时各部均设郎中，分掌各司事务，为尚书、侍郎、丞以下的高级官员。

②但愁：只愁。

赏牡丹

庭前芍药妖无格[①]，池上芙蕖净少情[②]。

惟有牡丹真国色[③]，花开时节动京城[④]。

【注释】

①庭前句——芍药，芍药科多年生草本植物。陆佃《埤雅·芍药》："今群芳中牡丹为第一，芍药第二，故世谓牡丹为花王，芍药为花相，又或以为花王之副也。"妖，艳丽。格：骨骼。牡丹别名"木芍药"，芍药为草本，又称"没骨牡丹"，故云"无格"。

②池上句——芙蕖：即荷花，睡莲科多年生草本植物。为著名观赏花卉。净：清净、洁净。情：此指情韵、情趣。

③惟有句——惟：只，独。

④动京城：轰动京城。

思黯南墅赏牡丹^①

偶然相遇人间世，合在增城阿姥家^②。

有此倾城好颜色^③，天教晚发赛诸花^④。

【注释】

① 黯南：刘禹锡的友人，生平事迹未详。墅：别墅。家宅之外另筑的游息之所。

② 合在句——合：应该。增城：《淮南子·地形》，"据昆仑虚（墟）以下地，中有增城九重，其高万一千里百一十四步二尺六寸。"阿姥：指西王母，古代神话中人名。

③ 倾城：出自汉代李延年的《李延年歌》，"北方有佳人，绝世而独。一顾倾人城，再顾倾人国。"这里以美人倾城的美貌来比喻牡丹花色的艳美。

④ 教：使，令，让。

和令狐相公《别牡丹》^①

平章宅里一栏花^②，临到开时不在家。

莫道两京非远别^③，春明门外即天涯^④。

【注释】

① 令狐相公：即令狐楚。相公指宰相，令狐楚曾任宰相，故称。令狐楚入相在宪宗元和十四年。

② 平章：指宰相。唐时以尚书、中书、门下三省长官为宰相，但不常设置，往往由其他官员代行其职，称为同中书门下平章事，省称同平章事、平章。平章宅，指令狐楚宰相家。

③ 两京：唐代以长安为西京，洛阳为东京，并称"两京"。

④ 春明句——春明门：唐时长安城东门有三，中门为春明门。天涯：天边，指极远的地方。此用夸张手法极言洛阳距长安之远。

8. 白居易

白居易（772—846）：唐朝大诗人，祖籍山西太原，到其曾祖父时迁居陕西渭南，生于河南新郑。

白牡丹和钱学士作^①

城中看花客，旦暮走营营^②。

素华人不顾^③，亦占牡丹名。

开在深寺中，车马无来声。

惟有钱学士，尽日绕丛行。

怜此皓然质^④，无人自芳馨。

众嫌我独赏，移植在中庭。

留景夜不暝，迎光曙先明。

对之心亦静，虚白相向生^⑤。

唐昌玉蕊花^⑥，攀玩众所争。

折来比颜色，一种如瑶琼。

彼因稀见贵，此以多为轻。

始知无正色，爱恶随人情。

岂惟花独尔[7]？理与人事并[8]，

君看入时者[9]，紫艳与红英[10]。

【注释】

①钱学士：钱徽，字蔚章，吴郡（今江苏苏州）人。

②营营：往来不绝的样子。

③素华句——素华：白花，指白牡丹。顾：看。

④怜此句——怜：宠爱，爱惜。皓：白貌。

⑤虚白：《庄子·人间世》，"虚室生白，吉祥止止。"陆德明释文，"崔云：'白者，日光所照也'，司马云：'室，比喻心，心能空虚，则纯白独生也'。"后常来形容一种澄澈明朗的境界。

⑥唐昌句——唐昌，即唐昌观，在长安朱雀门街之西第一街安业坊。玉蕊花：花名。《剧谈录》（卷下），"上都（长安）安业坊唐昌观旧有玉蕊花，其花每发，若瑶林琼树。"

⑦尔：如此，这样。

⑧并：同。

⑨入时：指适合时俗风尚。

⑩紫艳句——紫花和红花。此以颜色比喻人品。古代以紫色、粉色为下等色。诗中以白牡丹喻指品德高尚的人，以紫和红喻指人品低下的人。

看浑家牡丹花，戏赠李二十[1]

香胜烧兰红胜霞[2]，城中最数令公家[3]。

人人散后君须看[4]，归到江南无此花[5]。

【注释】

①题：浑家，指浑瑊家。浑瑊，见刘禹锡《浑侍中宅牡丹》注①。李二十，指李绅（772—846），唐代著名诗人。官至宰相。早年所作《悯农》二首，传诵极广。"二十"是他在同族兄弟中的排行。

②烧兰：即木兰，一种香木。

③令公家：指浑瑊家。令公：隋唐以来称任中书令者为令公。

④君：古代对人的尊称。此指李绅。

⑤无此花：没有像浑瑊家这样好的牡丹花。

微之宅残牡丹[1]

残红零落无人赏，雨打风摧花不全。

诸处见时犹怅望，况当元九小亭前[2]。

【注释】

①题：微之，元稹字微之。

②元九：指元稹。"九"为其在同族兄弟中的排行。

惜牡丹花二首

（一）

惆怅阶前红牡丹，晚来惟有两枝残。

明朝风起应吹尽[1]，夜惜衰红把火看[2]。

①明朝：明天早上。

②夜惜句——衰红，指衰谢的牡丹花。把火，此指手执灯烛。

（二）

寂寞萎红低向雨^①，离披破艳散随风^②。

晴明落地犹惆怅^③，何况飘零泥土中^④？

【注释】

①萎红：同上诗"衰红"，即衰谢牡丹花。

②离披句——纷纷散落。破艳：指牡丹花瓣凋落。

③晴明：晴朗的天气。

④飘零：飘落。

9. 元稹

元稹（779—831）：唐代著名诗人。字微之，河南（今河南洛阳）人。

与杨十二李三早入永寿寺看牡丹^①

晓入白莲宫，琉璃花界净^②。

开敷多喻草，凌乱被幽径^③。

压砌锦地铺^④，当霞日轮映。

蝶舞香暂飘，蜂牵蕊难正。

笼处彩云合，露湛红珠莹^⑤。

结叶影自交，摇风光不定。

繁华有时节，安得保全盛。

色见尽浮荣，希君了真性^⑥。

【注释】

①题：杨十二，即杨巨源（755—?），字景山，河中（今山西永济）人。唐代诗人。

②晓人二句——白莲宫：指佛寺。佛教徒以莲为佛花。琉璃：《集韵》《博雅》云，"琉璃，珠也。"此处与前句白莲相应，意喻纯洁无瑕。

③开敷二句——开敷：开放。被：覆盖。

④砌：台阶。

⑤湛：清。

⑥了：明白。

酬胡三凭人问牡丹^①

窃见胡三问牡丹^②，为言依旧满西栏^③。

花时何处偏相忆，寥落衰红雨后看。

【注释】

①题：酬：应对，应答。凭人，托人。

②窃：谦指作者自己，即私下的意思。

③为言：与言。

10. 卢士衡

卢士衡（生卒年不详）：五代后唐诗人。

题牡丹

万叶红绡剪尽春[1]，丹青任写不如真[2]。

风光九十无多日，难惜尊前折赠人[3]。

【注释】

①万叶句——红绡：此喻红牡丹。绡，生丝织成的薄纱、薄绢。

②丹青：丹砂和青膜，两种可制颜料的矿石。后泛指绘画用的颜色，又代指绘画艺术。任写：随意地画。

③风光二句——九十：指春天的九十天时间。尊前：在酒尊之前。指宴饮时。

11. 张祜

张祜（约785—847）：唐代诗人。字承吉，清河（今河北清河）人。一说南阳（今河南省南阳市卧龙区）人。

杭州开元寺牡丹花

浓艳初开小药栏[1]，人人惆怅出长安。

风流却是钱塘寺[2]，不踏红尘见牡丹[3]。

【注释】

①药：此指牡丹的别名木芍药。

②钱塘寺：即杭州开元寺。钱塘：县名。唐代时杭州治所在钱塘县，故代指杭州。

③红尘：佛道等家称人世为红尘。

12. 徐凝

徐凝（生卒年不详）：唐代诗人，浙江睦州分水（今浙江桐庐）人。

题开元寺牡丹[1]

此花南地知难种，惭愧僧闲用意栽[2]。

海燕解怜频睥睨，胡蜂未识更徘徊[3]。

虚生芍药徒劳妒[4]，羞杀玫瑰不敢开。

惟有数苞红萼在，含芳只待舍人来[5]。

【注释】

①题：一作《咏开元寺牡丹献白乐天》。

②惭愧：难得，有幸喜、侥幸之意。

③海燕二句——解：懂得，知道。怜：爱慕，喜爱。睥睨：觇察观看。胡蜂：昆虫名。黄色及红黑色。我国常见的为金环胡蜂。徘徊：往返回旋。

④虚生句——虚生：白生，空生。徒劳：白费心力。

⑤舍人：官名。唐穆宗长庆元年（821）十月，白居易任中书舍人，长庆二年（822）七月，自中书舍人除杭州刺史。

13. 方干

方干（809—888）：字雄飞，号玄英，睦州青溪（今浙江淳安）人。

牡丹

借问庭芳早晚栽[1]，座中疑展画屏开。

花分浅浅胭脂脸[2]，叶堕殷殷腻粉腮[3]。

红砌不须夸芍药[4]，白蘋何用逞重台[5]。

殷勤为报看花客，莫学游蜂日日来。

【注释】

①庭芳：庭院中的牡丹。早晚：何时。

②胭脂脸：喻指红牡丹。

③腻粉腮：喻指白牡丹。腻：细腻。粉：化妆用的白粉。

④红砌：落满红花的台阶。

⑤白蘋：亦称"田字草"，多年生浅水草本蕨类植物。重台：重瓣。

14. 温庭筠

温庭筠（生卒年不详）：原名岐，字飞卿，唐代诗人、词人。太原祁（今山西祁县）人。

牡丹二首

（一）

轻阴隔翠帏，宿雨泣晴晖[1]。

醉后佳期在，歌馀旧意非。

蝶繁经粉住，蜂重抱香归。

莫惜熏炉夜，因风到舞衣[2]。

【注释】

①轻阴二句——帏：帐。通"帷"。宿雨：隔夜的雨。

②莫惜二句——不要惋惜没有熏炉来熏香衣服，夜赏牡丹时，风已将花香熏染了舞衣。

（二）

水漾晴红压叠波，晓来金粉覆庭莎[1]。

裁成艳思偏应巧，分得春光最数多。

欲绽似含双靥笑[2]，正繁疑有一声歌。

华堂客散帘垂地，想凭阑干敛翠蛾[3]。

【注释】

①水漾二句——晴红：指红牡丹。叠波：指牡丹绿叶。金粉：指牡丹金黄色的花蕊、花粉。莎：草名。

②欲绽句——绽：开裂。靥：颊辅上的微窝，俗称酒窝。

③想凭句——凭：依，靠。阑干：栏杆。翠蛾：蛾，即蛾眉。蚕蛾的触须，弯

曲而细长，如人的眉毛，故常代指女子。此处喻指牡丹。

15. 李商隐

李商隐（约813—858）：字义山，号玉谿生，怀州河内（今河南沁阳）人，晚唐著名诗人。

回中牡丹为雨所败二首①

（一）

下苑他年未可追，西州今日忽相期②。

水亭暮雨寒犹在，罗荐春香暖不知③。

舞蝶殷勤收落蕊，佳人惆怅卧遥帷。

章台街里芳菲伴，且问宫腰损几枝④。

【注释】

①题：回中，回中宫，在今陕西陇县西北部。

②下苑二句——下苑：即宜春苑，亦指曲江池。《汉书·元帝纪》，"（初元二年）水衡禁囿，宜春下苑。"《注》，"师古曰'宜春下苑，即今京城东南隅曲江池。'"故址在今陕西长安南部。西州：泛指西方之州，此指回中宫所在的陇州。期：邀约。这两句写作者往日于宜春苑赏牡丹尚难追忆，今日在西州却与牡丹忽又相会。

③罗荐句——典出《汉武帝内传》，"七月七日，设座殿上。以紫罗荐地，燔百和之香，以候云驾。""紫罗"为紫色的丝织品，"荐地"指铺在地上，"百和"为一种香名。这两句的意思是回中宫的牡丹被寒雨所败，却不知京城的牡丹有织罗避寒。

④章台二句——章台街：指汉长安城西南隅章台宫（章台宫，春秋时楚国离宫，以宫内有章台而名，又称章华宫）下街名，旧指勾栏、妓院。有"走马章台"典故，原指骑马经过章台，后指涉足勾栏。出自《汉书》（卷76）《赵尹韩张两王列传·张敞》"然（张）敞无威仪，时罢朝会，过走马章台街，使御史驱，自以便面抚马"此处借章台街来表现回中宫牡丹为雨所败之景象，与"杨柳枝，芳菲节"相对应。芳菲伴：指柳树。芳菲，此指牡丹花。此处用"章台柳"典故。唐代韩翃有姬柳氏，安史之乱中，两人奔散，柳氏出家为尼。韩翃为平卢节度使侯希逸书记，使人寄柳氏诗曰："章台柳，章台柳，昔日青青今在乎？纵使长条似旧垂，亦应攀折他人手。"柳氏复书，答诗曰："杨柳枝，芳菲节，可恨年年赠离别。一叶随风忽报秋，纵使君来岂堪折？"后柳氏为藩将沙吒利所劫，韩翃以虞候许俊以计夺还，重得团圆。这两句说，牡丹既为雨所败，柳枝亦当折损。

（二）

浪笑榴花不及春，先期零落更愁人①。

玉盘迸泪伤心数，锦瑟惊弦破梦频②。

万里重阴非旧圃，一年生意属流尘③。

前溪舞罢君回顾，并觉今朝粉态新④。

【注释】

①浪笑二句——浪笑：嘲笑。浪，轻脱之辞。榴花不及春：《旧唐书·孔绍安传》，"时高祖（李渊）为隋讨贼于河东，诏绍安监高祖之军，深见接遇。及高祖受禅，绍安自洛阳间行来奔。高祖见之甚悦，拜内史舍人……时夏侯端亦尝为御史，监

高祖军，先绍安归朝，授秘书监。绍安因侍宴，应诏咏《石榴诗》曰：'只为时来晚，开花不及春。'时人称之"，石榴花于阴历五月开花，如朱庆《题榴花》诗，"五月榴花照眼明。"故说"榴花不及春"。先期：期日之先。此二句以榴花衬托牡丹，说"先期零落"的牡丹花比"不及春"的榴花更为可悲。

②玉盘二句——玉盘进泪：指雨滴在牡丹花冠上进溅如同落泪。锦瑟惊弦：指雨滴急落，频击牡丹，如同锦瑟疾奏扣人心弦。这两句写牡丹花因为雨所败，希望落空，故极为悲伤。

③万里二句——万里重阴，万里长空浓云密布，极言阴云浓重，天色阴沉。旧圃，即前诗中的下苑曲江池的牡丹园。生意：生机。属：付诸于。流尘：游尘，飞荡的尘土。

④前溪二句——前溪：村名，在武康（今浙江临安）。于兢《大唐传》，"前溪村，南朝习乐之所……所谓舞出前溪者也。"前溪舞罢：指朝廷舞女舞蹈完毕。并觉：尚且觉得。粉态：舞女的美态。这两句说，在前溪的舞歌生平停息后若再回头看看，尚会感觉到花圃里牡丹虽已饱经风雨，其娇美姿容仍然新奇。

牡丹

压径复缘沟[1]，当窗又映楼。

终销一国破，不啻万金求[2]。

鸾凤戏三岛，神仙居十洲[3]。

应怜萱草淡，却得号忘忧[4]。

【注释】

①径：小路。这两句描述牡丹长势繁茂。

②终销二句——不啻，不止。这两句意牡丹艳丽如倾国美女，纵然耗资万金也难以求得。

③鸾凤二句——鸾、凤，皆为古代传说中的神鸟。三岛：即东海三仙山，蓬莱、瀛洲、方丈，又称三壶。十洲：古代传说中仙人居住的十个岛，《海内十洲记》中有，"汉武帝既闻西王母说八方巨海之中有祖洲、瀛洲、玄洲、炎洲、长洲、元洲、流洲、生洲、凤麟洲、聚窟洲。有此十洲，乃人迹所稀绝处。"古代诗词中的十洲三岛常泛指仙境。

④应怜二句——怜：爱。萱草：又名"忘忧草"，《神农经》，"合欢蠲忿，萱草忘忧。"南北朝梁代陶弘景《本草经集注》，"萱草味甘，令人好欢，乐而忘忧。"

僧院牡丹

叶薄风才倚，枝轻雾不胜[1]。

开先如避客，色浅为依僧。

粉壁正荡水，细帏初卷灯[2]。

倾城惟待笑，要裂几多缯[3]。

【注释】

①叶薄二句——胜：力能担任，经得起。这两句极言牡丹枝叶单薄轻盈。

②粉壁二句——粉壁，粉白墙壁。荡水，指花影在粉壁上荡漾如水。细帏：浅黄色的帐幕，这里代指牡丹色泽光彩照人，如同灯光映照下淡黄色的帷幕。

③倾城二句——倾城，见刘禹锡《思黯南墅赏牡丹》注③。待笑：出自西汉司马迁《史记·周本纪》，"褒姒不好笑，幽王欲其笑万方，故不笑。幽王为烽燧大鼓，有寇至则举烽火。诸侯悉至，至而无寇，褒姒乃大笑。"裂缯：出自东汉皇甫谧《帝王世纪》，"妹喜好闻裂缯之声而笑，桀为发缯裂之，以顺适其意。"作者引用这两个典故极言牡丹含苞待放的美丽姿态。

16. 皮日休

皮日休（约834—883）：字逸少，后改字袭美，复州竟陵（今湖北天门）人。

牡丹

落尽残红始吐芳，佳名唤作百花王[1]。
竞夸天下无双艳，独占人间第一香[2]。

【注释】

①落尽二句——落尽残红：指春季百花凋零。红，代指花，此泛指春季百花。百花王：牡丹别名，《本草·牡丹》，"释名：鼠姑、鹿韭、百两金、木芍药、花王。"

②竞夸二句——无双艳：即美艳无双，美好无比，独一无二。第一香：指花中最芳香者，后多以"第一香"作为牡丹的别名。

17. 唐彦谦

唐彦谦（？—893）：字茂业，号鹿门先生，并州晋阳（今山西太原）人。

牡丹

颜色无因饶锦绣，馨香惟解掩兰荪[1]。
那堪更被烟蒙蔽，南国西施泣断魂[2]。

【注释】

①颜色二句——无因：无故，没有缘由。饶：犹娇，"娆"的本字，佳美的意思。馨：散布很远的香气。惟解：只知道，只懂得。兰荪：香草，即菖蒲。生于水边，根可入药。

②那堪二句——那堪：何堪，不堪，不能忍受的意思。南国：此指越国。断魂：形容伤心至极。

牡丹

真宰多情巧思新，固将能事送残春[1]。
为云为雨徒虚语，倾国倾城不在人[2]。
开日绮霞应失色，落时青帝合伤神[3]。
嫦娥婺女曾相送，留下鸦黄作蕊尘[4]。

【注释】

①真宰二句——真宰：万物的主宰，即造物主。能事：所能之事，特别擅长之事。

②为云二句——为云为雨，见前薛能《牡丹四首》（其三）注①。徒，空。倾国倾城，见李白《清平调词三首》（三）注①。

③开日二句——绮霞：美丽的云霞，绮：素地织纹起花的丝织物。织彩为文曰锦，织素为文曰绮。青帝：天帝名，东方之神。因东方为春，故帝又为春神。合：应该。

④嫦娥二句——嫦娥：神话传说中后羿的妻子。后羿从西王母处得到不死之药，嫦娥偷吃后，遂奔月宫。婺女：星名，即女宿，二十八宿之一，属玄武七宿的第三宿，有四星，古代用作妇女的颂词。鸦黄：唐时妇女涂额的黄粉，此指牡丹花粉。

18. 郑谷

郑谷（约851—910）：唐朝末期著名诗人。字守愚，江西宜春市袁州区人。

牡丹

画堂帘卷张清宴[1]，含香带雾情无限。
春风爱惜未放开，柘枝鼓振红英绽[2]。

【注释】

①画堂句——画堂：在汉未央宫，因有画饰，故称。此泛指有画饰的厅堂。清宴：清雅的宴会。

②柘枝句——柘枝：古代歌舞名，是从西域传入中原的著名健舞。来自西域的石国，石国又名柘支。唐卢肇《湖南观双柘枝舞赋》中，"有古也郅支之伎，今也柘枝之"名句。郅支为西域古城名，在今中亚江布林一带。古羽调有柘枝曲，商调有屈柘枝，此舞因曲而名。红英：此指红牡丹花。

19. 吴融

吴融（850—903）：字子华，越州山阴（今浙江绍兴）人。唐代诗人。

红白牡丹

不必繁弦不必歌，静中相对更情多。
殷鲜一半霞分绮，洁澈旁边月飐波[1]。
看久愿成庄叟梦，惜留须倩鲁阳戈[2]。
重来应共今来别，风堕香残衬绿莎[3]。

【注释】

①殷鲜二句——殷鲜：红鲜。殷，暗红色。飐：随风颤动的样子。

②看久二句——庄叟梦，《庄子·齐物论》，"昔者庄周梦为蝴蝶，栩栩然蝴蝶也"。自喻适志与，不知周也。俄然觉，则蘧蘧然周也。庄叟，庄子（约公元前369—前286），名周。

③莎：草名。

僧舍白牡丹二首

（一）

腻若裁云薄缀霜，春残独自殿群芳[1]。
梅妆向日霏霏暖，纨扇摇风闪闪光[2]。

月魄照来空见影，露华凝后更多香③。

天生洁白宜清净，何必殷红映洞房④。

【注释】

①殷：镇后，殿后。

②梅妆二句——梅妆：相传南朝宋武帝女寿阳公主人日卧于含章檐下，梅花落于公主额上，成五出之花，拂之不去，自后有梅化妆。此以梅妆写白牡丹。霏霏：繁密的样子。纨扇：细绢制成的团扇。

③月魄二句——月魄：月初生或始缺时不明亮的部分，出自《汉武帝内传》，此处泛指月亮。露华：即露珠。

④洞房：深邃的内室，又指连接相通的房间，此处指僧舍。

（二）

侯家万朵簇霞丹，若并霜林素艳难①。

合影只应天际月，分香多是畹中兰②。

虽饶百卉争先发，还在三春向后残③。

想得惠林凭此槛，肯将荣落意来看④。

【注释】

①侯家二句——侯家：泛指贵族之家。簇霞丹：像一簇簇红霞的牡丹。并：比。霜林素艳，指僧舍的白牡丹。

②畹中兰：指屈原所咏之兰。畹，本指十二亩。屈原《离骚》，"余既滋兰之畹九兮，又树蕙之百亩。"此泛指田亩。

③虽饶二句——饶，让。三春，春季三个月。农历正月称孟春，二月称仲春，三月称季春，合称三春。

④想得二句——惠林：南朝著名僧人汤休。荣落：荣衰，兴衰。

20. 张蠙

张蠙（生卒年不详）：字象文，清河（今河北清河）人。

观江南牡丹

北地花开南地风，寄根还与客心同。

群芳尽怯千般态，几醉能消一番红。

举世只将华胜实，真禅元喻色为空①。

近年明主思王道，不许新栽满六宫②。

【注释】

①举世二句——举世：举国，全国。华胜实：重华（花）胜过重实，实则是说只重华（花），不重实。色为空，佛教谓有形之万物为色，而万物为因缘而生，本非实有，故云"色即是空"。

②近年二句——明主，此为对当朝皇帝的称呼。王道，儒家称以"仁义"治天下，与"霸道"相对。六宫，相传古代天子有六宫，后泛指皇后妃嫔居住的地方。

21. 孙鲂

孙鲂（940年前后在世）：字伯鱼，江西乐安（全唐诗作南昌）人，为五代南唐著名诗人。

看牡丹二首

（一）

莫将红粉比秾华，红粉那堪比此花[1]。

隔院闻香谁不惜，出栏呈艳自应夸。

北方有态须倾国，西子能言亦丧家[2]。

输我一枝和晓露，真珠帘外向人斜[3]。

【注释】

① 莫将二句——红粉：胭脂铅粉，古代女子化妆品，此代指女子。秾华：繁盛的花朵。此指牡丹花。

② 北方二句——北方句：见李商隐《僧院牡丹》注③。西子：西施。

③ 输我二句——输：送。真珠帘，用珍珠穿成的帘子。

（二）

看花长到牡丹月[1]，万事全忘身不知。

风促乍开方可惜[2]，雨淋将谢可堪悲。

闲年对坐浑成偶，醉后抛眠恐负伊[3]。

也拟便休还改过，迢迢争奈一年期[4]。

【注释】

① 牡丹月——农历三月，牡丹开放，故称三月为牡丹月。

② 乍开：刚刚开放。

③ 闲年二句——浑：简直，几乎。偶：双数。抛眠：抛开牡丹花自己去独自睡眠。负：背弃。伊：你，指牡丹。

④ 迢迢句——迢迢：此指时间久长。争：怎。

又题牡丹上主人司空

一年芳胜一年芳，爱重贤侯意异常。

手擘红房看阔狭，自张青幄盖馨香[1]。

白疑美玉无多润，紫觉灵芝不是祥。

只恐梦徵他日去，又须疑向凤池旁。

【注释】

① 手擘二句——手擘：通"擘"，用手分开。红房：花房。青幄：青纱帐。馨，远播的香气。馨香：此代指牡丹。

牡丹落后有作

未发先愁有一朝[1]，如今零落更魂销。

青丛别后无多色^②，红线穿来已半焦。

蓄恨绮罗犹眷眷^③，薄情蜂蝶去飘飘。

明年虽道还期在，争奈凭栏乍寂寥^④。

【注释】

① 未发句——有一朝：有朝一日（牡丹会落）。魂销：比喻极度痛苦。

② 青丛句——青丛：牡丹丛。

③ 蓄恨句——绮罗：美丽的丝织品，喻指牡丹。眷眷：恋恋不舍的样子。

④ 明年二句——争奈：怎奈。期：希望。乍：忽然。

22. 罗隐

罗隐（833—909）：本名横，字昭谏，自号江东生，新城（今浙江富阳）人。唐末五代时期诗人、文学家、思想家。

牡丹

似共东风别有因，绛罗高卷不胜春¹。

若教解语应倾国，任是无情亦动人²。

芍药与君为近侍，芙蓉何处避芳尘³。

可怜韩令功成后，辜负秾华过此身⁴。

【注释】

① 似共二句——共：和，与。别有因：另有特别的因缘。绛：深红色。罗：丝织品绛罗，指用绛罗做的遮护牡丹的帐幕。不胜：承受不起。

② 若教二句——教：使。解语，五代后周王仁裕《开元天宝遗事·解语花》，"明皇（唐玄宗李隆基）秋八月，太液池有千叶白莲数枝盛开，帝与贵戚宴赏焉。左右皆叹羡久之。帝指贵妃示左右曰：'争如我解语花？'"后常代指美人。倾国：绝代美人，见李商隐《僧院牡丹》注③。

③ 芍药二句——芍药句，古代称芍药为小牡丹，又称牡丹为"花王"，芍药为"花相"、"花王"之"副"或"近侍"。近侍：亲近侍从之人，这里是说芍药为牡丹之"近臣"。《广事类赋·芍药》："肯低头兮近侍，合开口兮封词"。芙蓉：莲花的别名。芳尘：香尘，出自旧题王嘉《拾遗记》，"晋末后赵石虎于太极殿前起楼，高四十丈，春杂宝异香为屑，使数百人于楼上吹散之，名曰'芳尘'"。此指牡丹的芳香。

④ 可怜二句——可怜：可惜。韩令：指韩湘。《古今图书集成·博物汇编·草木典》（卷292）《牡丹部纪事》载《修武县志》，"唐韩湘，字清夫，（韩）愈侄。尝劝之学，湘曰：'所学非公所知。'作诗以见志中有'能开顷刻花'句。公曰：'子能夺造化耶？'即取盆覆土，须臾花开，叶上有金字一联：'云横秦岭家何在？雪拥蓝关马不前。'公不解。后公贬潮阳，道阻雪，湘来，谓曰：'公忘昔日花间句乎？'讯其地，秦岭山蓝关也。遂足成诗以贻之。"又见《青琐高议》。秾华：繁盛的花朵。"华"，同"花"。此指牡丹花。

牡丹

艳多烟重欲开难，红蕊当心一抹檀¹。

公子醉归灯下见，美人朝插镜中看²。

当庭始觉春风贵，带雨方知国色寒③。

日晚更将何所似，太真无力凭阑干④。

【注释】

①艳多二句——艳：指牡丹艳丽。烟：烟支，胭脂。红蕊：花苞。檀：红色。

②公子二句——看：此押上平十四寒韵，读作平声。

③当庭二句——国色：唐代李正封《牡丹诗》，"国色朝酣酒，天香夜染衣。"这里形容牡丹花的颜色之美丽。

④日晚二句——太真：即杨贵妃（719—756）的道号，见李白《清平调词三首》注①。凭：倚，靠。

23. 韩琮

韩琮（约835年前后在世）：字成封，唐代诗人。

牡丹

桃时杏日不争浓，叶帐阴成始放红①。

晓艳远分金掌露，暮香深惹玉堂风②。

名移兰杜千年后，贵擅笙歌百醉中③。

如梦如仙忽零落，暮霞何处绿屏空④。

【注释】

①桃时二句——浓：花色浓艳。叶帐：形容牡丹绿叶繁盛犹如帐幕。放红，指牡丹花开放。

②晓艳二句——金掌露：《三辅黄图》，"建章有神明台，武帝造祭仙人处。上有承露盘，有铜仙人舒掌捧铜盘玉杯，以承云表之露。"此指牡丹花上的露珠。金掌：指铜制的仙人掌器，状如仙人以手举擎盘承受甘露。玉堂：神仙的居所，宫殿的美称，唐宋以后，又称翰林院为玉堂。

③名移二句——名：名气。移：移动，动摇。兰杜：兰草和杜若，均为香草，泛指百花。擅：据有。笙歌百醉：形容人们欢赏牡丹时奏乐欢歌如痴如狂的情景。

④如梦二句——绿屏，指花谢后的牡丹丛。

24. 韦庄

韦庄（836—910）：字端己，长安杜陵（今陕西西安西南部）人。五代前蜀著名诗人。

咏白牡丹

闺中莫妒新妆妇，陌上须惭傅粉郎①。

昨夜月明浑似水，入门惟觉一庭香②。

【注释】

①陌上句——闺中，女子的卧室。啼妆，古代妇女的一种妆式，流行于东汉。陌上，街道上。傅粉郎，色如傅粉的美男。

②昨夜二句——浑似，绝像，极像。

25. 翁承赞

翁承赞（859—932）：字文尧（一作文饶），晚年号狎鸥翁，莆阳兴福里竹啸庄（今福建莆省田市北高镇竹庄村）人。五代后梁诗人。

万寿寺牡丹[①]

烂漫春风引贵游[②]，高僧移步亦迟留。
可怜殿角长松色，不得王孙一举头[③]。

【注释】

① 题：万寿寺，未详何处。
② 烂漫句——烂漫：此形容春风，和畅之意。贵游：无官职的王公贵族。
③ 可怜二句——可怜：值得怜悯、哀怜。长松：高大的松树。王孙，王者之孙或后代。

26. 司空图

司空图（837—908）：字表圣，自号知非子、耐辱居士，河中虞乡（今山西永济）人。唐代著名诗人、评论家。

牡丹

得地牡丹盛，晓添龙麝香[1]。
主人犹自惜，锦幕护春霜[2]。

【注释】

① 得地二句——得地，占得地利。龙麝香：龙涎香和麝香，代指牡丹香气。
② 主人二句——锦幕，用锦制作的帐幕。护春霜：指护蔽牡丹，不被春霜冻坏。

27. 李山甫

李山甫（约874年前后在世）：字明叟，一字公晦，号龙溪钓叟，建昌军南城县龙溪保（今江西省资溪县高田乡龙荫村）人，唐代诗人。

牡丹

邀勒春风不早开，众芳飘后上楼台[1]。
数苞仙艳火中出，一片异香天上来[2]。
晓露精神妖欲动，暮烟情态恨成堆[3]。
知君也解相轻薄，斜倚阑干首重回[4]。

【注释】

① 邀勒二句——邀勒：邀，阻拦，勒，逼迫。众芳：指春季百花。飘后：落后。
② 数苞二句——苞：指牡丹花苞。仙艳：异乎寻常的奇丽，非同于一般花卉。
③ 晓露二句——妖，艳丽，妖媚。

④ 知君二句——君，对人的尊称，指作者。解，明白，知道。阑干，同"栏杆"。

28. 齐己

齐己（863～937）：俗名胡得生，唐代潭州益阳（今湖南宁乡）人。

题南平后园牡丹①

暖披烟艳照西园，翠幄朱栏护列仙②。

玉帐笙歌留尽日，瑶台伴侣待归天③。

香多觉受风光剩，红重知含雨露偏。

上客分明记开处，明年开更胜今年。

【注释】

① 题：南平，五代十国之一。也叫荆南。唐朝末年，高季兴为荆南留守，后唐封为南平王，占有今湖北荆州一带地方。至高继冲，归降宋朝。此指高季兴之时。

② 暖披二句——西园：即诗题中所云"南平后园"。翠幄：青绿色的帐幕。列仙，此指牡丹。

③ 玉帐二句——玉帐：洁白如玉的帐幕。瑶台：见前李白《清平调词三首》注（一）⑤。

29. 罗邺

罗邺（生卒年不详）：余杭（今浙江省杭州市余杭县）人。唐代诗人。

牡丹

落尽春红始著花，花时比屋事豪奢①。

买栽池馆恐无地，看到子孙能几家②。

门倚长衢攒绣毂，幄笼轻日护香霞。

歌钟满座争欢赏，肯信流年鬓有华③。

【注释】

① 落尽二句——春红：春花。著，"着"的本字。著花：开花。比屋：每家。事：从事。豪奢，豪华奢侈。

② 门倚二句——长衢：长街。攒：会聚。绣毂：绣饰华美的车。幄，帐幕。

③ 歌钟二句——歌钟：歌乐。钟：此代指乐器。流年，光阴，年华。

30. 王贞白

王贞白（875—958）：字有道，号灵溪，信州永丰（今江西省上饶市广丰区）人。唐末五代十国著名诗人。

看天王院牡丹①

前年帝里探春时②，寺寺名花我尽知。

今日长安已灰烬，忍随南国对芳枝③。

【注释】

①题：天王院，未详何处。

②帝里：京都。

③南国：江南。

31. 花蕊夫人

花蕊夫人（约883—926）：姓徐，美而奇艳，为前蜀主王建之妃，称小徐妃，号花蕊夫人。

宫词二首

（一）

牡丹移向苑中栽，尽是藩方进入来[1]。

未到末春缘地暖，数般颜色一时开。

【注释】

①藩方：封建王朝的属国或属地。亦泛指偏远的地域。

（二）

亭高百尺立春风，引得君王到此中。

床上翠屏开六扇，折枝花绽牡丹红[1]。

【注释】

①枝句——折枝：花卉画法之一。花卉不带根，故名。

32. 徐夤

徐夤（约873年前后在世）：字昭梦，莆田（今福建莆田）人。唐代诗人。

牡丹花二首

（一）

看遍花无胜此花，剪云披雪蘸丹砂[1]。

开当青律二三月[2]，破却长安千万家。

天纵秾华刳鄙吝，春教妖艳毒豪奢[3]。

不随寒令同时放，信种双松与辟邪[4]。

【注释】

①剪云句——蘸，原指将东西浸入水中。引申为以液体沾染他物或用手、物蘸取液体。丹砂，即辰砂。一种矿物质，朱红色，可作颜料。此指红牡丹花像蘸了丹砂颜料的水一样鲜艳。

②青律：春天。

③天纵二句——纵：任。秾华：繁盛的花朵。刳：剖。鄙吝，浅俗、计较得失之念。教：使、令、让。毒：苦，极。豪奢：豪华奢侈。

④不随二句——寒令：冬令，冬季。辟邪：避除邪恶。

（二）

万万花中第一流，残霞轻染嫩银瓯[1]。

能狂绮陌千金子，也惑朱门万户侯[2]。

朝日照开携酒看[3]，暮风吹落绕栏收。

诗书满架尘埃外，尽日无人略举头[4]。

【注释】

①嫩银瓯：喻牡丹花苞。瓯：盆盂类瓦器。

②能狂二句——能狂：能使……狂。绮陌：纵横交错的进路。千金子，指富家之子。世人称谨慎保身的富家子为千金子。《史记·袁盎传》，"千金之子，坐不垂堂，百金之子，不骑衡。"惑：迷乱。朱门：红漆门。古代王侯贵族住宅的大门漆为红色，以表示尊贵。万户侯，被封为食邑万户的侯。按汉代制度，列侯所封食邑，大者万户，小者五六百户。

③朝：早上。

④略：稍微。

郡庭惜牡丹[1]

肠断东风落牡丹，为祥为瑞久留难。

青春不驻堪垂泪，红艳已空犹倚栏。

积藓下销香蕊尽，晴阳高照露华乾[2]。

明年万叶千枝长，倍发芳菲借客看[3]。

【注释】

①题：郡，古代行政区划名。秦统一六国名，置三十六郡，以统其县。隋唐后，州郡互称。

②露华：露珠。

③芳菲：本指花草。引申指花草的芳香。此指牡丹的芳香。

追和白舍人咏牡丹[1]

蓓蕾抽开素练囊，琼葩薰出白龙香[2]。

裁分楚女朝云片，剪取姮娥夜月光[3]。

雪句岂须征柳絮，粉腮应恨帖梅妆[4]。

槛边几笑东篱菊[5]？冷折金风待降霜。

【注释】

①题：白舍人，指白居易。舍人，见徐凝《题开元寺牡丹》注⑤。

②蓓蕾二句——素练：白色绢帛。琼葩：琼花。白龙香：香名。

③裁分二句——楚女朝云：见李白《清平调词三首》（二）注②。

④雪句二句——雪句句：典出《世说新语·言语》，"东晋王凝之妻谢道蕴，聪明有才辩。叔父谢安寒雪日尝内集，天骤雪。安曰：'白雪纷纷何所似？'兄子朗曰：'撒盐空中差可拟。'道蕴曰：'未若柳絮因风起。'安大悦"。征：证明，证验。梅妆：即梅花妆。相传南朝宋武帝刘裕女寿阳公主日卧于含章簷下，梅花落于公主额上，成五出之花，拂之不去，自后有梅妆。

⑤东篱菊：东晋陶潜《饮酒二十首并序》（其五）："采菊东篱下，悠然见南山"。

忆牡丹

绿树多知雪霰栽①,长安一别十年来。

王孙买得价偏重②,桃李落残花始开。

宋玉邻边腮正嫩,文君机上锦初裁③。

沧洲春暮空肠断④,画看犹将劝酒杯。

【注释】

①霰:雪珠,雨点下降遇冷凝结而成的微小冰粒。俗称"米雪"。

②王孙:王者之孙或后代。

③宋玉二句——宋玉(生卒年不详),战国楚著名辞赋家。稍晚于屈原,与唐勒、景差同时。或称是屈原弟子,曾为楚顷襄王大夫。有《九辩》等。文君,汉临邛大富商卓王孙女,寡居在家。司马相如过饮于卓氏,以琴心挑之,文君夜奔相如,同归成都。因家贫又返临邛,与相如卖酒,文君当炉,相如和佣保杂作。卓王孙深以为耻,分财产与之,使回成都。又说后来相如拟聘茂陵人女为妾,文君作《白头吟》以自绝,相如乃止。

④沧州:滨水的地方。古称隐者所居。

33. 李建勋

李建勋(872—952):字致尧,陇西(今甘肃东南部)人。

晚春送牡丹

携觞邀客绕朱栏①,肠断残春送牡丹。

风雨数来留不得,离披将谢忍重看②。

氛氲兰麝香初减③,零落云霞色渐乾。

借问少年能几许④,不须推酒厌杯盘。

【注释】

①觞:盛有酒的杯。此代指酒。

②离披:散乱的样子。

③氛氲句——氛氲,盛貌。兰麝,兰与麝香,均为香料。

④几许:若干,多少。

34. 捧剑仆

捧剑仆(姓名生卒籍里均未详):唐代咸阳郭氏之仆。

题牡丹

一种芳菲出后庭①,却输桃李得佳名。

谁能为向天人说,从此移根近太清②。

【注释】

①一种句——一种:一样,同是芳菲,花草。

②谁能二句——为:代,替。太清:天。

35. 徐铉

徐铉（916—991）：字鼎臣，原籍会稽（今浙江绍兴），五代宋初著名文字学家、文学家。

严相公宅牡丹①

但是豪家重牡丹，争如丞相阁前看②。

凤楼日暖开偏早，鸡树阴浓谢更难。

数朵已应迷国艳③，一枝何幸上尘冠。

不知更许凭栏否？烂漫春光未肯残。

【注释】

①题：严相公，名未详。相公，指丞相。

②但是二句——但是，只是。争如，怎如。

③国艳：同"国色"。全国最美之色。

36. 殷益

殷益（生卒年不详）：唐代诗人。

看牡丹

拥毳对芳丛，由来趣不同①。

发从今日白，花是去年红。

艳色随朝露，馨香逐晚风②。

何须待零落，然后始知空。

【注释】

①拥毳二句——毳，粗糙的毛织物。由来，从来。

②馨香：远播的香气。

37. 窦梁宾

窦梁宾（生卒年不详）：汴州（今河南开封）人。唐代女诗人。

雨中看牡丹

东风未放晓泥干，红药花开不奈寒①。

待得天晴花已老，不如携手雨中看。

【注释】

①红药：此指红牡丹。药，即木芍药，牡丹的别名。

38. 佚名

水古（鼓）子①

牡丹昨日吐深红，移向新城殿院中。

欲得且留颜色好，每窠皆着碧纱笼②。

【注释】

① 题：水古（鼓）子，敦煌词曲调名。

② 碧纱笼：典出五代王定保《唐摭言》（卷7）《起自寒苦》，"王播少孤贫，尝客扬州惠照寺木兰院，随僧斋餐。诸僧厌怠，（王）播至，已饭矣。后二纪，播自重位出镇是邦，因访旧游，向之题已皆碧纱幕其上。播继之二绝句曰：'二十年前此院游，木兰花发院新修。而今再到经行处，树老无花僧白头。''上堂已了各西东，惭愧阇黎饭后钟。二十年来尘扑面，如今始得碧纱笼。'"。

二、宋朝时期牡丹诗歌选

1. 刘兼

刘兼（生卒年不详）：长安（今陕西西安）人。五代宋初诗人。

再看光福寺牡丹①

去年曾看牡丹花，蛱蝶迎人傍彩蕖。

今日再游光福寺，春风吹我入仙家。

当筵芬馥歌唇动②，倚槛娇羞醉眼斜。

来岁未朝金阙去③，依前和露载归衙④。

【注释】

① 题：光福寺，未详。

② 芬馥：芳香。馥，香。

③ 金阙：《全宋诗》作"京阙"。古代宫殿和某些高建筑物门前两边建楼，中间是路，叫阙。金阙（京阙），指皇宫，也用来代指京城。

④ 衙：官署。

2. 李防

李防（925—996）：北宋初诗人。字明远，深州饶阳（今河北饶阳）人。

独赏牡丹因而成咏

绕东丛了绕西丛，为爱丛丛紫间红①。

怨望乍疑啼晓雾②，妖饶浑欲殢春风③。

香苞半绽丹砂吐④，细朵齐开烈焰烘⑤。

病老情怀慢慢相对，满栏应笑白头翁。

【注释】

① 间：间隔。

② 怨望：怨恨。

③ 妖：艳丽，娇媚。饶：丰富。浑：完全，简直。殢：滞留。

④ 香苞：花蕾。

⑤ 细朵：精致的花朵。烘：烘烤。

3. 李建中

李建中（945—1013）：字得中，其先京兆（今陕西西安）人。

题洛阳观音院牡丹

微动风枝生丽态，半开檀口露浓香[1]。

秦时避世宫娥老，旧日颜容旧日妆。

【注释】

①檀：浅红色。

4. 李至

李至（947—1001）：字言几，真定（今河北正定）人。官至宰相。

奉和《独赏牡丹》

绕台依榭一丛丛[1]，紫映黄苞白映红。

烂漫只因前夜雨，馨香无奈此时风[2]。

暖融春色交相妒，繁晒晴阳艳欲烘。

应恨官高少同赏，樽前不得召邻翁。

【注释】

①榭：在台上建的高屋。

②馨香：远播的香气。

奉和《牡丹盛开》之作

主人多思惜芬芳，醉绕吟攀自是常。

烂欲烧丛浑是焰[1]，秾来薰物甚于香。

妩偃罗绮迷春眼，狂聒笙歌费酒肠[2]。

久病劳公误相问，不同前作粉闱郎[3]。

【注释】

①浑：全，都。

②聒：喧扰，声音嘈杂。

③粉闱：即粉署。尚书省的别称。汉代尚书省皆用胡粉涂壁，画古贤人列女。后世因称尚书省为粉署。粉闱郎，即尚书郎。官名。东汉之制，取孝廉中有才能者入尚书台，在皇帝左右处理政务，初入台称守尚书郎中，满一年称尚书郎，三年称侍郎。魏晋以后尚书各曹有侍郎、郎中等官，综理职务，统称为尚书郎。

5. 王禹偁

王禹偁（954—1001）：字元之，济州钜野（今山东巨野）人。

山僧雨中送牡丹

数枝香带雨霏霏[1]，雨里携来叩竹扉[2]。

拟戴却休成怅望[3]，御园曾插满头归[4]。

　①霏霏：飘扬纷飞很盛的样子。
　②扉：门窗。
　③怅：失落犹豫的样子。
　④御园：皇家园圃。

牡丹十六韵

艳绝百花惭，花中面合南[1]。

赋诗情莫倦，中酒病先甘[2]。

国色浑无对，天香亦不堪[3]。

遮须施锦障，戴好上瑶簪[4]。

苞拆深擎露，枝拖翠出蓝。

半倾留粉蝶，微亚摘宜男[5]。

邻妓临妆妒，胡蜂得蕊贪。

忽翻晴吹动，浓睡晚烟含。

话别年经一，相逢月又三。

遣吾挦白发[6]，为尔换新衫。

池馆邀宾看，衙庭放吏参。

仙娥喧道院，魔女逼禅庵。

乱折窠难惜，分题韵更探[7]。

歌欢殊未厌，零落痛曾谙。

谷雨供汤沐，黄鹂助笑谈。

颜生见如此，未免也醺酣[8]。

【注释】
　①花中面合南：意为在百花中应南面称王。古代以坐北朝南为尊位，故天子诸侯见群臣，或卿大夫见僚属，皆南面而坐。合：应该。
　②中酒：酒酣。后称酒醉。
　③浑：全，都。浑无对：言牡丹全无匹对。不堪：承受不住。
　④锦障：遮蔽风尘或视线的锦制行幕。瑶簪：玉簪。
　⑤亚：低垂的样子。宜男：萱草的别名。古代迷信，说孕妇佩之则生男，故名。
　⑥挦：摘取。此为拔除的意思。
　⑦分题：作诗时，分取题目和韵字。探：本义为摸取，此引申为分取。
　⑧颜生：指颜回，孔子弟子。好学：乐道安贫，一箪食，一瓢饮，不改其乐。后尊其为"复圣"。醺酣：酒醉貌。此为陶醉的样子。

朱红牡丹

渥丹容貌着霓裾，何事僧轩只一株[1]。

应是吴宫歌舞罢，西施因醉误施朱[2]。

【注释】
　①渥丹：涂以赤色。指红润而有光泽。着：穿。霓裾：以虹所制之衣，为传说

中仙人所穿之服。裙：本指衣服的前襟或裙子，这里借指衣服。何事：因为什么。
轩：有窗槛的长廊或小室。

②吴宫：此指春秋吴王夫差为美女西施所建的馆娃宫。在今江苏苏州灵岩山
上，今灵岩寺即其故址。

长洲种牡丹

偶学豪家种牡丹，数枝擎露出朱栏[1]。

晚来低面开檀口[2]，似笑穷愁病长官。

【注释】

①擎：往上托。朱栏：红色的栏杆。

②檀口：艳红的嘴唇。此喻指花蕾绽放。檀，檀木，呈红色。

③病长官：作者自指。

6. 夏竦

夏竦（985—1051）：字子乔，江州德安（今江西德安）人。官至
宰相。

延福宫双头牡丹[1]

禁籞阳和异，华丛造化殊[2]。

两宫方共治，双花故联跗[3]。

向日檀心并[4]，承烟翠干孤。

游蜂须并翼，凝露亦骈珠[5]。

晓槛香俱发，晴阶影对铺。

君王重天贶，临写冠珍图[6]。

【注释】

①题：延福宫，清代周城《宋东京考》（卷1）《宫城》："延福宫，政和三年
秋，作于大内拱宸门外。按旧宫在后苑之西南，今其地乃百司供应之所，凡内酒坊、
裁造院、油醋、柴炭、鞍辔等库，悉移他处，又迁两僧寺、两军营而作新宫焉。"

②禁籞二句——禁籞：禁苑，即帝王苑囿。阳和：春天的暖气。华：同"花"。

③联跗：即双头。跗：花萼的基部。同"柎"。

④檀心：浅红色的花心。

⑤骈：并列。

⑥贶：赐与、加惠。《冠珍图》：即牡丹图。冠珍：超出一切珍奇的花卉。

咏牡丹

云罩觚棱斗影寒[1]，一丛香压玉栏杆。

东皇用意交裁剪，留待君王驻跸看[2]。

【注释】

①觚棱：殿堂屋角的瓦脊成方角棱瓣之形，故名。

②东皇：司春之神。驻跸：帝王出行时中途暂住。跸，指帝王车驾。

7. 范仲淹

范仲淹（989—1052）：字希文，吴县（今江苏苏州）人。官至宰相。

西溪见牡丹①

阳和不择地，海角亦逢春②。

忆得上林色，相看如故人③。

【注释】

①题：西溪，泰州海陵（今江苏东台西南部）。

②阳和二句——阳和：春天的暖气，此借指春天暖气催开牡丹。海角：沿海辟远之地。

③上林：即上林苑。上林色，此借指洛阳牡丹花色。

8. 晏殊

晏殊（991—1055）：字同叔，抚州临川（今江西临川）人。官至宰相。

牡丹

水晶宫殿接龙津¹，碧树阳春晓色新。

朱户曲房能驻日，酥盘金胜自生春²。

【注释】

①龙津：桥名。清周城《宋东京考》（卷20）《桥梁》："龙津桥，在府治东南蔡河上。又名新桥。"

②朱户：泛指豪门贵族。曲房：深邃的廊室。酥盘：松软盘绕的发髻，此指牡丹花。

9. 胡宿

胡宿（995—1067）：宋代诗人。字武平，常州晋陵（今江苏常州）人。

忆荐福寺牡丹①

十日春风隔翠岑，只应繁朵自成荫。

樽前可要人颓玉²，树底遥知地侧金³。

花界三千春渺渺，铜盘十二夜沉沉。

雕盘分篆何由得⁴，空作西州拥鼻吟。

【注释】

①题：荐福寺，清代徐松《唐西京城坊考》（卷2）《西京·外郭城》，"次南开化坊：半以南，大荐福寺。"

②颓玉：即玉山颓，指酒醉。《书言故事·酒类》："言醉云玉山颓。"
③地侧金——指长安，其位置于大西北东部边缘，西方配五行为金。
④雕盘二句——雕盘，雕饰华美的盘。分簪："簪"通"簪"，分簪，分牡丹花以让人簪于头上。何由：何，从何处。西州，此指洛州（今河南洛阳）。拥鼻吟：《世说新语·雅量》，"方作洛生咏讽。"刘孝标注引宋明帝《文章志》，"（谢）安作洛下书生咏，而少有鼻疾，语音浊。后名流多学其咏，弗能及，手掩鼻而吟焉。"后指用雅音曼声吟咏。

10. 宋庠

宋庠（xiáng）（996—1066）：初名郊，字伯庠，入仕后改名庠，更字公序。开封府雍丘县双塔乡（今河南省商丘市民权县双塔乡）人宋代诗人、政治家。官至宰相。

魏花千叶①

露畹移珍树，丹房一绀帏②。
绡轻无奈叠，霞碎却相依③。
傃日香难歛④，擎风力自微。
他时零落恨，千片为谁飞。

【注释】

①题：魏花：即魏紫。洛阳牡丹的名品之一。见前宋石延年《牡丹》诗注②。
②露畹二句——畹，古代地积单位。珍树，此指魏紫牡丹。丹方，护花的房子。绀帏，天青色的帐幕。
③绡轻二句——绡，薄纱，此喻指牡丹花瓣。霞，喻指牡丹花冠。
④傃日：向日。

11. 余靖

余靖（1000—1064）:字安道，韶州曲江（今广东韶关）人。

先赏牡丹寄提刑考功①

花期何事早追陪，莺未迁乔燕未来②。
曲槛为逢春日暖，香苞先逐晓风开。
旋邀歌舞同侪乐③，却叹光阴急景催。
可惜韶妍莫虚掷④，馀芳留待使车回。

【注释】

①题：提刑，官名。提点刑狱公事的简称。考功：官名。古官制，吏部下设考功司，掌管吏考课升降之事。这里所说任提刑及考功两职的人名未详。
②迁乔：迁往高处。
③同侪：同辈。
④韶妍：美策。多指春录。

12. 杜安世

杜安世（约1040年前后在世）：字寿域，京兆（今陕西西安）人。

玉楼春

三月牡丹呈艳态，壮观人间春世界。

鲛绡玉槛作扃栊，淹雅洞中王母队[1]。

不奈风吹兼日晒[2]，国貌天香无物赛。

直须共赏莫轻孤[3]，回首万金何时买。

【注释】

① 鲛绡：相传为鲛人所织之绡，入水不湿。又名笼纱。鲛人，相传为居于水中的怪人。玉槛：玉栏杆。扃栊：门窗。淹雅：指人博学高雅。王母：即西王母。此二句写牡丹园雕饰华美，好像是西王母淹雅洞中的仙女下凡一样。

② 晒（赛）：同"晒"。

③ 直须：直须，即须。孤：负。

13. 梅尧臣

梅尧臣（1002—1060）：宋代著名诗人。字圣俞，宣城（今安徽宣城）人。

胡武平遗牡丹一盘[1]

畴昔居洛阳[2]，看尽名园花。

临水复荫竹，艳色照彤霞[3]。

良友相与至，竞饮欢无涯。

而今犹老翁，鬓发但未华。

昨日到湖上，碧水涵蒲芽[4]。

此情颇已惬，薄宦非所嗟[5]。

况乃蒙见怜，带雨摘春葩。

虽无向时乐[6]，惠好仍有加。

【注释】

① 题：胡武平，生卒籍里未详。遗：赠送。

② 畴昔：往日。

③ 彤霞：红霞。

④ 涵：沉浸。蒲：草名。

⑤ 薄宦：卑微的官职。

⑥ 向时乐：旧时乐。指作者"畴昔居洛阳，看尽名园花"之乐。

牡丹

洛阳牡丹名品多，自谓天下无能过[1]。

及来江南花亦好，绛紫浅红如舞娥[2]。

竹阴水照增颜色，春服帖妥裁轻罗[3]。

时结游朋去寻玩，香吹酒面生红波。

粉英不忿付狂蝶④，白发强插成悲歌。

明年更开余已去，风雨摧残可奈何。

【注释】

① 谓：说，以为。

② 及：到达。绛：大红色。舞娥：舞女。

③ 帖妥：即"妥帖"，合适。轻罗：一种质地较薄的丝织品。此喻指牡丹花瓣。

④ 粉英：白花。忿：怨恨。

韩钦圣问西洛牡丹之盛①

韩君问我洛阳花，争新较旧无穷已。

今年夸好方绝伦，明年更好还相比。

君疑造化特着意，果乃区区可羞耻②。

尝闻都邑有胜意，既不踵人必踵此③。

由是其中立品名，红紫叶繁矜色美④。

萌芽始见长蒿莱，气焰旋看压桃李。

乃知得地偶增异，遂出群葩号奇伟。

亦如广陵多芍药，间井荒残无可齿⑤。

淮山邃秀付草树⑥，不产髦英产佳卉。

人于天地亦一物，固与万类同生死。

天意无私任自然，损益推迁宁有彼⑦。

彼盛此衰皆一时，岂关覆焘为偏委⑧。

呼儿持纸书此说，为我缄之报韩子⑨。

【注释】

① 题：韩钦圣，未详。西洛：即洛阳。

② 造化：自然的创造化育。果：信。乃：才。区区：小。

③ 既：终。踵：跟随。

④ 由是：因此。矜：崇尚。

⑤ 广陵：今江苏扬州。齿：重视。

⑥ 淮山：淮河一带的山。邃秀：深秀。髦英：才智出众的人。

⑦ 损益：增减。推迁：推移变迁。

⑧ 覆焘：天覆地载，指天地。偏委：偏向。

⑨ 缄：封。子：古代对人的尊称。

和王待制清凉院观牡丹赋诗①

公言牡丹盛，未睹古人诗。

品众自争贵，叶多方见奇。

名因他姓著，色为别根移②。

华发我何感，洛阳年少时③。

【注释】

① 题：王待制，指王素（1007—1073），字仲仪，开封（今河南开封）人。赐进

士出身，官至工郎尚书。他曾任天章阁待制，故称"王待制"。

②著：显。移：移接。指牡丹须用嫁接法，其色则愈来愈佳。

③华发：白发。梅尧臣于宋仁宗天圣九年（1031）调任河南（今河南洛阳）主簿，时年29岁，故云"年少"。

十月三日相公花下小饮赋四题（选一）①

九月二十八日牡丹

香包已向青春发，又见秋深特地开②。

应笑菊残无意思，不能邀赋洛阳才③。

【注释】

①题：相公，此指宰相。

②香包：同"香苞"，芬芳的花苞。青春：指春季。《楚辞·大招》，"青春受谢，白日昭只。"注，"青，东方春位，其色青也。"特地：特意。

③意思：意味。洛阳才：洛阳才子。潘岳《西征赋》："终童山东之英妙，贾生洛阳之才子。"

延羲阁牡丹①

花中第一品，天上见应难。

近署多红药，层城有射干②。

生虽由地势，开不许人看。

天子何时赏，宫娥捧玉盘。

【注释】

①题：延羲阁，应为"延曦阁"。

②署：办理公务的机关。层城：高城。射干：草名，根可入药。

再观牡丹

闻说偷觅近玉栏，肠如车毂走千盘①。

无人忆著洛阳日，走马魏王堤上看②。

【注释】

①车毂：车轮中心插轴的部分。亦泛指车轮。

②著：同"着"。走马：跑马，骑马疾走。魏王堤：唐时名胜之一。魏王即李泰，字惠褒，唐太宗之子。隋唐时，洛水贯流于洛阳都城之内，过皇城端门，经尚善坊、旌善坊北，南溢为池。唐太宗贞观中赐予魏王李泰，名魏王池。池北有堤与洛水相隔，名魏王堤。

白牡丹

白云堆里紫霞心①，不与姚黄色斗深。

闲伴春风有时歇，岂能长在玉阶阴②。

【注释】

①白云堆：指白牡丹的花瓣。紫霞心：指白牡丹的花蕊。

②玉阶：玉石台阶。

紫牡丹

叶底风吹紫锦囊[1]，宫炉应近更添香。

试看沉色浓如泼[2]，不愧逢君翰墨场[3]。

【注释】

① 紫锦囊：此指紫牡丹的花苞。

② 沉色：深色。

③ 君：此指紫牡丹。翰墨：笔墨，借指文章书画。

14. 文彦博

文彦博（1006—1097）：宋代诗人、政治家。字宽夫，汾州介休（今山西介休）人，官至宰相。

家园花开与陈大师饮茶同赏呈伯寿刘正叔楚昌言张[1]

今朝自赏家园花，浓艳繁英粗可夸[2]。

外监上坡俱不至，紫园仙客共烹茶。

【注释】

① 题：家园，指文彦博的私人花园。其园中多种牡丹，并曾培育出一种名叫'文公红'的名品。伯寿刘：即刘伯寿。正叔楚：即楚正叔。昌言张：即张昌言。

② 粗：粗略。

15. 欧阳修

欧阳修（1007—1072）：字永叔，号醉翁，晚号六一居士，庐陵（今江西吉安）人。宋代著名文学家。

禁中见鞓红牡丹[1]

盛游西洛年方少[2]，晚落南谯号醉翁[3]。

白首归来玉堂署[4]，君王殿后见鞓红。

【注释】

① 题：禁中，皇帝宫中。

② 盛游：盛，美好欢乐之游。西洛：北宋时以洛阳为西京，故称西洛。年方少：欧阳修于宋仁宗天圣八年（1030）登进士第，初仕西京留守推官，时年23岁。

③ 晚落：晚年流落。欧阳修于宋仁宗庆历五年（1045）十月到滁州任，时年38岁。

④ 白首：白首，白头。玉堂：唐宋以后，称翰林院为玉堂。署：官署。

白牡丹

蟾精雪魄孕云荄[1]，春入香腴一夜开[2]。

宿露枝头藏玉块[3]，晴风庭面揭银杯。

【注释】

① 蟾精：蟾，是月亮的代称，蟾，指蟾蜍。传说后羿的妻子姮娥（一作嫦娥）因窃食西王母的仙药而奔月宫，变为蟾蜍。后即以蟾蜍作为月亮的代称。雪魄：

白雪的精神。荄：又通"核"，这里指牡丹根。

　　②香腴：喻指花蕾。

　　③宿露：隔夜的露。玉块：喻指白牡丹的花瓣。银杯：喻指牡丹花。这句说，暖风吹拂，白牡丹的花朵倾斜，露水滴下来，像银杯在倒水一样。

16. 韩琦

　　韩琦（1008—1075）：字稚圭，相州安阳（今河省安阳）人。宋代诗人、政治家。官至宰相。

感花①

雕堂瞰宝栏，有花病不妍②。

谁知穷山颠，牡丹一尺圆。

宝栏锄溉足，穷山风日煎。

彼此不得地，天道胡为然③。

两适终难得，兹恨无穷年。

【注释】

　　①题：花，此指一般花卉。

　　②雕堂：雕堂，雕饰华美的堂。瞰：此为俯视的意思。宝栏：精美的栏杆。妍：美。

　　③天道句——天道：自然之道，即自然规律。胡为：何为，为什么。然：如此。

牡丹初芽为鸦啄之感而成咏

牡丹经雨发香芽，满地新红困饿鸦。

利嘴可能伤国艳，只教春色入凡花①。

【注释】

　　①利嘴二句——国艳：国中之最艳者。通常用以指牡丹花。紫姑《瑞鹤仙》词，"双靥姚黄，国艳魏紫。"教：使，令，让。

新植牡丹

去岁栽花遍小栏，只忧芳艳不禁寒。

年来醉赏春风里，无限边人见牡丹①。

【注释】

　　①边人：边境之人。

牡丹二首（选一）

真是群芳主，群芳更孰过？

艳新知品少，开晚得春多。

几日瑶姬梦，平生金缕歌①。

塞边今幸活②，风雨莫相魔。

【注释】

　　①几日二句——瑶姬，即巫山神女朝云。传说为炎帝之女。袁珂《中国神话

传说词典》"瑶姬"条释云，"炎帝女"。《文选·宋玉（高唐赋）》注引《襄阳耆旧传》，"赤帝（炎帝）女曰瑶姬（原作'姚姬'，据《诸宫旧事》三引改），未行而卒，葬于巫山之阳，故曰巫山之女"。

②塞边：边境。

牡丹

（《阅古堂八咏》选一）

极塞将何奉燕娱[1]，牡丹池馆一株无。

谁人会我栽培意，欲见吴宫小阵图。

【注释】

①极塞（必赛）句——极塞，最遥远的边塞。燕娱：宴饮娱乐。

赏北禅牡丹[1]

一春颜色与花王，况在庄严北道场[2]。

美艳且推三辅冠，嘉名谁较两京强[3]。

已攒仙府霞为叶，更夺熏炉麝作香[4]。

会得轻寒天意绪，故延芳景助飞觞[5]。

【注释】

①题：北禅，未详何处。禅，梵语"禅那"的省称。意译"思维修"，即静思之意。此指禅寺。

②一春二句——一春：整个春天。北道场：即指北禅寺。道场：佛、道二教诵经礼拜成道修道的地方。此指佛寺。

③美艳二句——三辅，本指西汉治理京後地区的三个职官。西汉建都长安，京畿官统称内史。汉景帝时分置左右内史及都尉，即有三辅的名称。汉武帝太初元年（前104），改右内史为京兆尹，治长安以东；左内史为左冯翊，治长陵以北；都尉为右扶风，治渭城以西。此以三辅代指长安。两京，此指北宋的东京汴京（今河南开封），西京洛阳（今河南洛阳）。

④已攒二句——形容牡丹花瓣美如仙府的云霞，香如熏炉的麝香。

⑤觞：盛有酒的杯子。

次韵和都运孙永待制广教院三头牡丹[1]

骈枝三出牡丹红[2]，奇有双头结未工。

宛似灵芝相并秀，瑞云攒处起香风[3]。

【注释】

①题：都运，官名。都转运使的省称。孙永，生卒年及籍里未详。

②骈：并列，对偶。

③宛似二句——宛似：好像。灵芝：菌类植物。古以芝为瑞草，故名灵芝。瑞云：形容牡丹的花瓣。

赏西禅牡丹[1]

几酌西禅对牡丹[2]，秾芳还似北禅看。

千球紫绣擎熏炷，万叶红云砌宝冠。

直把醉容欺玉斝，满将春色上金盘。

魏花一本须称后，十朵齐开面曲栏。

【注释】

①题：西禅，未详何处。

②酌：斟酒、饮酒。

安正堂观牡丹^①

何须风雨苦相催，自结东君不在媒^②。

开晚要当三月盛，艳高宜作百花魁。

好期天上香魂返，长对樽前醉玉颓^③。

谁道元舆能体物，只教羞死刺玫瑰^④。

【注释】

①题：安正堂，未详何处。

②东君：司春之神。

③长对句——玉颓：玉山颓，指酒醉。

④谁道二句——元舆，指舒元舆（？—835），婺州东阳（今浙江东阳）人。唐代著名文学家。唐宪宗元和八年（813）登进士第，官至宰相。《全唐诗》录存其诗6首，《全唐文》录存其文16篇。其文最著名的是《牡丹赋》。舒元舆死后，唐文宗观牡丹，吟诵《牡丹赋》中的名句，"拆者如语，含者如咽，俯者如愁，仰者如悦"，吟罢叹息，潸然泣下。体物，铺陈描摹事物的形态。教，使、令、让。羞死刺玫瑰，舒元舆《牡丹赋》："玫瑰羞死，芍药自失。"

北第洛花新开^①

移得花王自洛川，格高须许擅春权。

管弦围簇生来贵，天地工夫到此全。

绝艳好将金作屋^②，清香宜引玉飞钱。

一声旧幕行云曲，醉斝争挥不论船。

【注释】

①题：北第，北边的房屋。帝王赐给臣下的房屋有甲乙次第，故称房屋为"第"。洛花，指洛阳牡丹。

②金作屋：极言屋的华丽。汉武帝为太子时，长公主欲以女配帝，问曰："阿娇好否？"帝曰："好！若得阿娇作妇，当作金屋贮之。"

昼锦堂同赏牡丹

牡丹亲植锦堂前，回首光阴二十年。

一见开颜如有旧，三来经赏岂无缘？

竞新品目应输洛^①，独守单平似信天。

欲寄朝云皆大笔，愿搜豪句饰妖妍^②。

【注释】

①洛：洛阳。

②欲寄二句——豪句，特别好的句子。饰妖妍，夸牡丹的美丽。

昼锦堂再赏牡丹

锦堂重赏牡丹红，不惜残英数日空。

嘉艳岂无来岁好，清欢难得故人同。

谁言山下曾为雨，只恐身轻去逐风。

且共对花开口笑，莫持姚左较雌雄[1]。

【注释】

①莫持句——姚：指姚黄牡丹。左：指左紫牡丹，又称左花。较雌雄：较量胜负、高下。

北第同赏牡丹

正是花王谷雨天，此携尊酒一凭轩。

阳台几日徒惊梦，息国经年又不言[1]。

但得留连词客醉，算难回避蜜蜂喧。

自从标锦输先手，羞见妖红作状元[2]。

【注释】

①阳台二句——息国：周诸侯国名。故址在今河南息县。此指息夫人，即息妫，春秋时息侯的夫人，妫姓。楚文王灭息国，以息妫归，生堵敖及成王。传说息夫人因为国亡夫死之痛，与楚文王始终不说一句话。见《左传·庄公十四年》。经年，经过一年。

②自从二句——标：指夺标。旧时龙舟竞渡，优胜者夺得锦标。也借以比喻科举考试得元锦，指夺锦。《新唐书·宋之问传》，"武后游洛南龙门，诏从臣赋诗。左史东方虬诗先成，后赐锦袍，之问俄顷献，后览之嗟赏，更夺袍以赐。"后因称出人之才为夺锦才。状元：指状元红牡丹。

观王推官园牡丹[1]

风养花王接舜薰，始知仙圃别藏春[2]。

欣闻东道招来数，得见西京谱外新[3]。

九萼压丛看易失，万金邀客日须频。

群芳面我应相识，便是宜轻不退人。

【注释】

①题：王推官，名未详。推官，官名。唐代在节度、观察等使下置推官，掌勘问刑狱。

②风养句——舜：草。薰：香草名。又名薰草。

③欣闻二句——《左传·僖公三十年》有，"若舍郑以为东道主"语，后省"主"字，以东道做主人的代称。西京：洛阳。谱：指欧阳修的《洛阳牡丹记》。

乙卯昼锦堂同赏牡丹[1]

从来三月赏芳妍，开晚今逢首夏天。

料得东君私此老[2]，且留西子久当筵。

柳丝偷学伤春绪，榆英争飞买笑钱。

我是至和亲植者，雨中相见似潸然^③。

【注释】

①题：乙卯，宋神宗熙宁八年（1075）。

②料得句——东君：司春之神。私：此指偏爱。此老：指作者自己。时作者已68岁。

③我是二句——至和：宋仁宗年号（1054—1055）。潸然：涕下貌。

17. 邵雍

邵雍（1011—1077）：字尧夫，号安乐先生，其先范阳（今河北涿县）人，宋代著名诗人。

春游五首（选一）

三月牡丹方盛开，鼓声多处是亭台。

车中游女自笑语，楼下看人闲往来。

积翠波光摇帐幄，上阳花气扑樽罍^①。

西都风气所宜者，草木空妖谁复哀^②。

【注释】

①积翠二句——积翠：此指积翠宫、积翠池。罍：古代酒器。

②西都二句——西都：指洛阳。北宋以洛阳为西京。妖：美丽。

和张子望《洛城观花》^①

造化从来不负人，万般红紫见天真^②。

满城车马空撩乱，未必逢春便时春^③。

【注释】

①题：张子望，即张峤。生卒年及籍里未详。

②造化二句——造化：自然的创造化育。《天真庄子·渔父》，"礼者，世俗之所为也。真者，所以受于天也，自然不可易也。故圣人法天贵真，不拘于俗。"后即以未受礼俗影响的本性为天真。

③未必句——意为未必遇到春天便得到真正的春天。因为按农历的正月为孟春、二月为仲春、三月为季春（暮春），应该说都是春天，但洛阳人认为正月、二月并不算是真正的春天，只有季春三月牡丹花开时节才是真正的春天。

东轩前添色牡丹一株开二十四枝成两绝呈诸公二首^①

（一）

牡丹一株开绝伦，二十四枝娇娥颦^②。

天下惟洛十分春，邵家独得七八分。

（二）

牡丹一株开绝奇，二十四枝娇娥围。

满洛城人都不知，邵家独占春风时。

谢君实端明惠牡丹①

霜台何处得奇葩，分送天津小隐家②。

初讶山妻忽惊走，寻常只惯插葵花③。

梦游洛中十首有序（选其一）①

名花百种结春芳②，天与称华更与香。

每忆月陂堤下路，便开图画觅姚黄③。

二十二日山堂小饮和元郎中牡丹向谢之什①

几家园馆见千枝，白发虽多意不衰。

香泽最深风静处，醉红须在月明时。

已知佳节无馀日，更向残芳卷一卮②。

拟放春归还自语，来年老信莫先期。

李阁使新种洛花二首①

（一）

堂下朱栏小魏红②，一枝浓艳占春风。

新闻洛下传佳种[3]，未必开时胜旧丛。

【注释】

①题：李阁使，名未详。阁使，官名。洛花，指洛阳牡丹。

②魏红：即魏花、魏紫。

③洛下：洛阳。

（二）

园馆春游只帝京，可怜哀悴海边城[1]。

纵然得酒心犹在，若也逢花眼亦生。

【注释】

①园馆二句：帝京，此指北宋的都城东京汴京（今河南开封）和西京洛阳（今河南洛阳）。海边城，指泉州（今福建福州）。

18. 韩绛

韩绛（1012—1088）：字子华，开封雍丘（今河南杞县）人。宋代诗人。官至宰相。

和范蜀公题《蜀中花图》[1]

径尺千馀朵，矜夸古复今[2]。

锦城春物异[3]，粉面瑞云深。

赏爱难忘酒，珍奇不费金。

应知空色理，梦幻即惟心。

【注释】

①题：范蜀公，指范镇。范曾累封"蜀郡公"，故称。

②径尺二句——径尺句，见刘禹锡《浑侍中宅牡丹》注②。矜夸，骄傲自大。

③锦城：成都的别称。又称锦官城。锦官谓主治锦之官，因以为城名，在今四川成都南。成都旧有大城、少城，少城在大城西，即锦官城。后人泛称成都为锦城或锦官城。

19. 陈襄

陈襄（1017—1080）：字述古，福州侯官（今福建福州）人。宋代诗人。

春晚赏牡丹奉呈席上诸君

逍遥为吏厌衣冠[1]，花谢还来访牡丹。

颜色只留春别后，精神宁似日前看。

雨馀花萼啼残粉，风静奇香喷宝檀。

只恐明年开更好，不知谁与并栏干。

【注释】

①衣冠：此指士大夫的穿戴。冠，指礼帽。

20. 韩维

韩维（1017—1098）：字持国，祖籍真定灵寿（今属河北），开封雍丘（今河南省开封市杞县）人。

明叔惠洛中花走笔为谢①

弱枝称艳逐归轮，装出雕盘露色新②。
满酌酒卮聊自庆，一年齐见两邦春③。

【注释】

① 题：明叔，未详。洛中花，指洛阳牡丹。走笔，指运笔疾书。
② 雕盘：雕饰精美的盘。
③ 满酌二句——酌，斟，倒酒。卮：杯。两邦春：两地春。

21. 黄庶

黄庶（1019—1058）：字亚夫（或作亚父），晚号青社，洪州分宁（今江西省九江市修水县）人。黄庭坚的父亲。宋代诗人。

题人移牡丹

林上春来恰恰忙①，安排颜色与春装。
栽培欲报应先发，根柢虽移不改芳。
红药便随心减价②，黄蜂偷喜蜜添香。
凭君剩酿看花酒，待插花枝满首尝。

【注释】

① 恰恰：自然，和谐。
② 红药：此指红牡丹花。药：指木芍药，牡丹的别名。

次韵居正《四月牡丹》①

时饮过客于丞相后园

四月残红日日稀，平阳园槛正芳菲②。
春知东馆酣宾客，应是阳和未放归。

【注释】

① 题：居正，未详。
② 平阳：今山西省临汾市。

和元伯《走马看牡丹》①

城中走马趁残春，诗别余花句句新。
何似园家不吟醉，姚黄魏紫属游人。

【注释】

① 题：元伯，未详。走马，跑马。

22. 曾巩

曾巩（1019—1083）：字子固，世称南先生，建昌军南丰县（今江西南丰）人。南宋著名文学家。

种牡丹

经冬种牡丹，明年待看花。
春条始秀出，蠹已病其芽[1]。
柯枯叶亦落，重寻但空槎[2]。
朱栏犹照耀，所待已泥沙。
本不固其根，今朝谩咨嗟[3]。

【注释】

[1] 蠹：蛀虫。
[2] 槎：此同"楂""杈"。
[3] 今朝句——谩，徒然。同"漫"。咨嗟：叹息。

23. 刘敞

刘敞（1019—1068）：北宋史学家、经学家、散文家。字原父，一作原甫，临江新喻荻斜（今江西樟树）人。

牡丹三首（选一）

刻成红玉万枝香，排出华灯四照光。
闻道阆风有琪树[1]，可能一二敌芬芳。

【注释】

[1] 闻道句——琪树：神话中的玉树。

一百五多叶白牡丹答陈度支二首[1]

（一）

玉色天香无与俦，猝风暴雨判多愁[2]。
君知大半春将过，初识人间第一流[3]。

【注释】

[1] 题：一百五，牡丹名品之一。《广群芳谱》（卷20）《花谱·牡丹一》，"一百五：多叶，白花，大如盘，瓣长三寸许，黄蕊深檀心。枝叶高大，亦如天香，而叶大尖长。洛花以谷雨为开候，而此花常至一百五日开最先，古名灯笼。"陈度支，名未详。度支，即度支使。官名。"度支"原意是入为出。唐制，户部的度支司掌管国家的财政收支。安史之乱后，多以户部尚书、侍郎，或他官兼领度支事务，称度支使或判度支、知度支事，权任极重。
[2] 玉色二句——天香。俦，同辈，伴侣。猝（说醋），突然。判，分，别。
[3] 君知二句——牡丹开放时节为季春（三月），故云"大半春将过"。第一流，指牡丹。

（二）

嵩少雨晴寒食时，年年驿使按瑶墀[1]。

尘埃落莫长安陌[2]，笑倚春风不自知。

【注释】

①嵩少二句——嵩少：採山的别名。嵩山西为少室，故称嵩少。寒食：节令名。驿使：驿站传送文书的人。瑶墀：玉阶。

②尘埃句——落莫：铺陈。长安，旧称西京现指陕西西安。此诗首句言"嵩少"，次句言驿使进花，故此"长安"借指北宋的西京洛阳（今河南洛阳）。

24. 王珪

王珪（1019—1085）：字禹玉，华阳（今四川成都）人。官至宰相。

宫词（一百零一首选其二）

洛阳新进牡丹丛，种在蓬莱第几宫[1]。

压晓看花传驾入[2]，露苞先坼御袍红。

【注释】

①蓬莱：本指古代神话传说的三神山（蓬莱、方丈、瀛洲）之一，在海中。此指皇城。

②压晓二句——压晓：近晓。坼：开裂。此指开放。御袍红：牡丹名品之一。

25. 司马光

司马光（1019—1086）：字君实，号迂夫，晚号迂叟，陕州夏县（今山西夏县）涑水乡人，世称涑水先生。宋代著名诗人、史学家。官至宰相。

和君锡《雪后招探春》（选其一）[1]

莫嫌微雪压梅芽，已有归鸿泊浦沙[2]。

天上诏来难久驻，直须早看洛阳花[3]。

【注释】

①题：君锡，未详。

②已有句——归鸿：从南向北飞的大雁。浦：水滨。

③洛阳花——指牡丹。

和君贶《老君庙姚黄牡丹》[1]

芳菲触目已萧然[2]，独著金衣奉老仙。

若占上春先秀发[3]，千花百卉不成研。

【注释】

①题：君贶，王拱辰（1012—1085），字君贶，旧名拱寿，仁宗赐今名，开封咸平（今河南通许）人。宋代诗人。老君庙：供奉老子的庙宇。

②芳菲二句——芳菲：花草。此泛指春日的白花。萧然：萧条、衰残的样子。著：同"者"。金衣：姚黄牡丹花瓣为金黄色，故称"金衣老仙"，指老子。

③若占二句——上春：即孟春，农历正月。妍：美。

看花四绝句（选二首）^①

（一）

洛阳相望尽名园，墙外花胜墙里看。

手摘青梅供接酒，何须一一具杯盘^②。

【注释】

①洛阳句——因洛阳为中国历史上北宋的西京，故王公贵族多居于此。除皇家苑囿之外，王公贵族也均有私家园，故洛阳名园为中国之最。"洛中花甚多种，而独名牡丹曰花，凡园皆植牡丹……"。司马光的私家园圃为独乐园。

②手摘二句——青青梅，梅子未熟为青色，熟时为黄色。具：备。

（二）

洛阳春日最繁华^①，红绿荫中十万家。

谁道群花如锦绣，人将锦绣学群花^②。

【注释】

①洛阳春日：此指洛阳牡丹花开时节，不是指洛阳早春（正月）、仲春（二月）之时。

②群花：指众多品种的牡丹花，不是泛指百花。

和君贶《寄河阳侍中牡丹》^①

真宰无私姁煦同，洛花何事占全功^②。

山河势胜帝王宅，寒暑气和天地中^③。

尽日玉盘堆秀色，满城绣毂走香风^④。

谢公高兴看春物，倍忆清伊与碧嵩^⑤。

【注释】

①题：君贶，即王拱辰。见司马光《和君贶〈老君庙姚黄牡丹〉》注①。《寄河阳侍中牡丹》，王拱辰原诗已佚。河阳，今河南孟县。因在黄河以北，故名。侍中，官名。北宋时仅作为大臣的加衔。

②真宰二句——真宰：指天。旧时认为天为万物的主宰，故称真宰。这里实指天地。姁煦：生养抚育。姁：指地赋物以形体；煦：指天降气以养物。洛花，指洛阳牡丹。何事：为什么。

③山河二句——写洛阳形势雄伟，气候温和，所以适宜于牡丹生长。帝王宅：帝王的京都。

④尽日二句——尽日：全天。堆秀色，盛放着牡丹。绣毂：雕饰精美的车毂。毂：车轮中间的圆木，代指车轮，又代指车子。香风：此指夹带着牡丹芳香的春风。

⑤谢公二句——公：对王拱辰的尊称。春物：春天的尤物。物：指尤物，珍贵的物品，此指牡丹。清伊：指伊河。碧嵩：指中岳嵩山。在河南登封北。嵩山位于洛阳东南，晴明时，站在洛阳桥上可见嵩峰。

又和《安国寺及诸园赏牡》^①

洛邑牡丹天下最，西南土沃得春多^②。

一城奇品推安国，四面名园接月波^③。

山相著书称上药，翰林弄笔作新歌[4]。

人间朱粉无因学，浪把菱花百遍磨[5]。

【注释】

①题：安国寺，清徐松《唐两京城坊考》（卷5）《东眔外郭城》，"次北宣风坊……安国寺。寺旧在水南宜风坊，本隋杨文思宅，后赐樊子盖。唐为宗楚客宅。楚客流岭南，为节愍太子宅。太子升储，神龙三年建为崇因尼寺，复改卫国寺，景云元年改安国寺。会昌中废，后复葺之，改为僧居。诸院牡丹特盛。"

②洛邑二句——洛邑，洛阳。西南，指洛阳西南。安国寺在宣风坊，位于洛阳城西南。

③月波：未详。

④山相二句——山相：即山中宰相。南朝梁陶弘录隐居句曲山（即茅山，在江苏西南部），武帝时礼聘不出，国有大事，辄就咨询，时称"山中宰相"，省称"山相"。上药，上等的药物。翰林：官名。唐玄宗初置翰林待诏，为文学侍从之官。至德宗以后，翰林学士职掌为撰拟机要文书。

⑤人间二句——朱粉：胭脂和铅粉。多用作化妆品。浪：此为徒然的意思。菱花：镜名。古铜镜中，六角形的或镜背刻有菱花的，叫菱花镜。

其日雨中闻姚黄开戏成诗二章呈子骏尧夫[①]

（一）

谷雨后来花更浓，前时已见玉玲珑[2]。

客来更说姚黄发，只在街西相第东[3]。

【注释】

①题：其日，此诗前接《三月三十日微雨偶成诗二十四韵书献留守开府太尉兼呈真率诸公》诗，可知"其日"指三月三十日。姚黄，洛阳牡丹名品之一。子骏，即鲜于侁（1019—1087），字子骏，阆州（今四川阆中）人。宋，诗人。宋仁宗景祐五年（1038）登进士第，官终集贤殿修撰、知陈州。尧夫，即邵雍。

②谷雨二句——谷雨句：又见唐李山甫的《牡丹》诗句："嫚黄妖紫间轻红，谷雨初晴早景中。"谷雨：二十四节气之一。此指春雨。前时句，作者《自注》，"前时与尧夫游西街，得新出白千叶花以呈潞公，潞公名之曰'玉玲珑'。"潞公，即文彦博。文彦博被封为"潞国公"，故称。见前文，文彦博《家园花开与陈大师饮茶同赏呈伯寿刘正叔楚昌言张》中的作者简介。

③客来二句——作者自注，"园夫张八，家在富相宅东。"富相，即富弼（1004—1083），字彦国，河南洛阳（今河南洛阳）人。官至宰相。王安石为相时，他退居洛阳。相第：宰相的宅第。

（二）

小雨留春春未归，好花虽有恐行稀[1]。

劝君披取渔蓑去，走看姚黄判湿衣[2]。

【注释】

①行：且，将要。

②劝君二句——君，古代对人的尊称。此用以尊称鲜于侁、邵雍。渔蓑：蓑衣，一种雨具。走：疾趋，即跑。和现代汉语中的"走"含义不同。判：不顾，豁出去。

和子华《喜潞公入觐归置酒游诸园赏牡丹》[1]

介圭成礼下中天，春物虽阑色尚娇[2]。

园吏望尘皆辟户，肩舆回步即开筵[3]。

波涛零乱靴旁锦，风雨纵横拨底弦。

洛邑衣冠陪后乘[4]，寻花载酒愿年年。

【注释】

①题：子华，未详。潞公，即文彦博。入觐，入朝廷朝见皇帝。觐，本义为古代诸侯秋朝天子称觐。后泛指朝见皇帝。

②介圭二句——介圭：大圭，即大玉，古代诸侯执者。成礼：此指完成了朝见皇帝的大礼。中天：古史称舜尧时为中天之世，犹言盛世，后来成为对帝王歌功颂德的套语。此指朝廷。春物：此指牡丹。阑：晚。娇：美好。

③园吏二句——辟户：开门。肩舆：用人力抬、扛的代步工具。后成为轿舆。唐宋大臣乘马，老病者得乘肩舆。

④洛邑句——洛邑：洛阳。衣冠：士大夫的穿戴。冠，礼帽。

酬尧夫招看牡丹二首[1]

（一）

君家牡丹深浅红，二十四枝为一丛。

不惟春光占七八，才华自是诗人雄。

【注释】

①题：尧夫，即邵雍。

（二）

君家牡丹今盛开，二十四枝为一栽。

主人果然青眼待[1]，正忙亦须偷眼来。

【注释】

①青眼：黑色的眼珠在眼眶中间，其旁白色。正视则见青处，斜视则见白处。语出白居易《春雪过皇甫家》诗"惟要主人青眼待，琴诗谈笑自将来。"

26. 张公庠

张公庠（生卒年不详）：宋代诗人。

宫词（一百零一首选四首）

（一）

御柳丝长挂玉栏，不须惆怅百花残。

还知三月春虽晚，好从金舆看牡丹[1]。

【注释】

①金舆：指皇帝的车驾。

（二）

三月韶妍赏牡丹，更宜疏雨湿阑干[1]。

隔帘催唤陪春设，不道新妆粉未乾。

【注释】

①三月二句：韶妍，美景。阑干，栏杆。

（三）

牡丹尊贵出群芳，销得宸游奉玉觞[1]。

侍宴佳人相与语，姚黄争及御袍黄[2]。

【注释】

①销得句——宸游，指皇帝出游。玉觞：玉制的酒杯。

②姚黄句——姚黄：姚黄，洛阳牡丹名品之一。御袍，皇帝的龙袍。

（四）

牡丹花品最为尊，内苑栽培特地繁[1]。

宫女多情看未足，不离雕槛到黄昏[2]。

【注释】

①内苑：皇家园囿内，室，内室。后称皇帝所居为内，尊称大内。特地：特意，特别。

②雕槛：雕饰精美的栏杆。

27. 王安石

王安石（1021—1086）：字介甫，晚号半山，抚州临川（今江西临川）人。宋代著名文学家、政治家。官至宰相。

后殿牡丹未开

红襆未开知婉娩，紫囊犹结想芳菲[1]。

此花似欲留人住，山鸟无端劝我归[2]。

【注释】

①红襆二句——襆：包袱，巾帕。此以红襆指红牡丹花苞。婉娩：美好的样子。紫囊犹结：指紫牡丹花苞尚未打开，还在扎着。芳菲：香气。此指牡丹的香气。

②山鸟句——山鸟：此指杜鹃。此鸟鸣声犹似"不如归去"。无端：没有因由。

28. 强至

强至（1022—1077）：字几圣，钱塘（今杭州）人。

席上次韵纯甫《牡丹》[1]

绝艳浓香一倍繁，青春归去已珊珊[2]。

障风护恐檀心损[3]，和雨攀应玉手寒。

今日我来频举爵^④，明年谁共凭栏干。

盛传京洛多名品，未得寻芳洗眼看^⑤。

【注释】

①题：纯甫，未详。

②青春句——青春：春天。珊珊：此即步履缓慢。

③檀心：浅红色的花心。

④爵：酒器。

⑤盛传二句——京洛：此指北宋的西京洛阳。洗眼看：洗清眼睛来看，指仔细观看。

题姚氏三头牡丹^①

姚黄容易洛阳观，吾土姚花洗眼看。

一抹胭脂匀作艳，千窠蜀锦合成团^②。

春风应笑香心乱，晓日那伤片影单。

好为太平图绝瑞，却愁难下彩毫端^③。

【注释】

①题：姚氏三头牡丹，指三头的姚黄牡丹。

②蜀锦：古代四川所出产的一种丝织物。

③彩毫：彩笔。此指姚氏三头牡丹。

依韵奉和《司徒侍中同赏牡丹》^①

按谱新求洛下栽^②，朱栏围土事深培。

半妆晓日争光照，一笑春风喜竞开。

得地自依孙相阁，飞香欲绕邺王台^③。

绣帘对赏犹嫌远，剪上金盘近酒杯。

【注释】

①题：司徒，官名。西周始置。掌管国家的土地和人民。官司籍田，负责征发徒役。侍中，官名。

②按谱句——洛下：洛阳。

③得地二句——孙相：名未详。邺王台：即铜雀台。汉末建安十五年曹操建铜雀、金虎、冰井三台，故址在今河北省邯郸市临漳县西南。铜雀台高10丈，周围殿屋120间。于楼顶置大铜雀，舒翼若飞，故名铜雀台。邺王：即魏王曹操（155—220）。

29. 范纯仁

范纯仁（1027—1101）：字尧夫，谥忠宣。北宋大臣，人称"布衣宰相"。参知政事范仲淹次子。

和王端太中《牡丹》^①

盈尺吐红房，春丛占上阳^②。

佳名过百品，绝艳冠群芳。

嫩玉舒韶脸^③，鲜霞避晓光。

楚妃殊众色，洛浦谢浓妆⁴。

露重珠如缀，风回麝不香。

倦游稀爱赏，得此浣愁肠⁵。

【注释】

①题：王端，生卒年籍里未详。太中，官名。

②上阳：宫名。

③韶脸：美丽的脸。

④楚妃二句——楚妃，楚王之妃。所指因文而异。有指楚庄王姬樊姬，有指楚文王夫人息为（即息夫人）。洛浦：洛水之滨。此指洛水女神宓妃。

⑤浣：洗。

和孙曼叔《北禅牡丹一蒂三花》^①

三花骈蒂吐芳丛，曲尽东皇造化功²。

疑是神山仙子会，霞衣鼎立驭轻风³。

【注释】

①题：孙曼叔，生卒年籍里未详。北禅，佛寺。

②三花二句——骈：并列。曲尽：费尽。东皇：司春之神。

③霞衣：用云霞做成的衣服。传说中为仙人的衣服。鼎立：三方并峙如鼎足而立，形容牡丹一蒂三花之状。驭：驾，乘。轻风：清风。

牡丹二首

（一）

牡丹奇擅洛都春，百卉千花浪纠纷¹。

国色鲜明舒嫩脸，仙冠重叠剪红云。

竞驰经品供天赏²，旋立佳名竦众闻。

园吏遮藏恐凋落，直敧青盖过残曛³。

（二）

夺尽春光胜尽花，都人巧植斗鲜华。

搜奇不惮过民舍，醉赏惟愁污相车⁴。

密蕊攒心承晓露，繁红添色映朝霞。

何妨纵步家家到，园圃相望幸不赊⁵。

【注释】

①牡丹二句——擅：占有。洛都：洛阳。浪：徒然，纠纷：纷扰。

②经品：典范名贵的品种。

③残曛：残阳。曛，日落的余光。

④搜奇二句——不惮，此指不怕劳苦。相车，宰相所乘之车。

⑤不赊：不远。

30. 徐积

徐积（1028—1103）：字仲车，淮安山阳（今江苏淮安）人。

恨君不作洛阳客

余虽不作洛阳客[1]，自有吟魂兼醉魄[2]。

吟魂醉魄御风行[3]，看尽千花万花色。

宁知洛浦有人留[4]，挽定春衫归不得。

脱身误入嵩山中，山中逢见白须翁。

欢然借我双金童，须臾引入花林中[5]。

乱花深处迷西东，花光照天香熏空。

金盆挹酒双瑶钟，酒酣邀我吟春风[6]。

绀云千丈挥玉虹，搜罗万变穷神功[7]。

有人飞下紫霄峰，酬诗解佩声玲珑。

余方却步不与语，笑余不似郑交甫。

【注释】

①洛阳客：语出宋欧阳修《戏答元珍》诗，"曾是洛阳花下客，野芳虽晚不须嗟。"

②自有句——吟魂：吟咏之怀，即吟心。醉魄，与吟魂上下互文相对，指醉吟之心，痴吟之心。此指作者痴吟洛阳牡丹之心。

③御风：驾风，乘风。

④宁知句——宁：怎么。洛浦：洛河之滨。

⑤欢然二句——金童，道家谓供山人役使的童男。须臾：片刻，一会儿。

⑥金盆二句——挹：舀，酌取。瑶钟：玉杯。酣，饮酒而乐。

⑦绀云二句——绀云：青云。绀：天青色，深青透红之色。穷，尽，极。

31. 沈辽

沈辽（1032—1085）：字睿达，钱塘（今浙江杭州）人。宋代诗人。

奉陪颖叔赋锁院牡丹[1]

昔年曾到洛城中[2]，玉椀金盘深浅红。

行上荆溪溪畔寺[3]，愧将白发对东风。

【注释】

①题：颖叔，未详。锁院，此指试院。

②洛城：洛阳城。

③行上句——行，将。荆溪，水名。在今江苏宜兴县南，以近荆山得名。上承永阳江，下注太湖，为游览胜地。

32. 韦襄

韦襄（1033—1105）：原名让，字子骏，世居衢州，父徙钱塘（今浙江杭州）。

小雪后牡丹号朝天红者开于县宅西圃[1]

西林枯蘖著繁霜，一品仙葩独自芳[2]。

天意似教惊世俗，岁寒方信属花王。

才迎晓日仍添色，不得春风也倍香。

修竹茂松应内愧[3]，后凋从此是寻常。

【注释】

①题：朝天红，牡丹品种花。

②西林二句——桥：树木经砍伐后重新生长的枝条。著：同"着"。一品仙葩，指牡丹。

③修竹：长竹，高竹。修：长，高。

和《以双头牡丹赠叔康太守》[1]

盈盈仙花忽双开，似把轻罗一样裁。

绿蒂相扶真艳出，芳心齐送异香来。

浪吟莫惜诗千首，烂赏何妨酒百杯[2]。

剪寄黄堂有馀爱[3]，也应蝶梦不空回。

【注释】

①题：叔康太守，未详。

②浪吟二句——浪吟，即纵情地吟诗赏花。

③黄堂：太守办事的厅堂。黄堂本为天子便殿，犹黄门为宫中侧门。正僚则以黄堂为正厅，其后乃专属于太守，且增饰传闻之辞，称战国春申君子假君有殿，其后太守居之，数失火，涂以雄黄乃止，因名黄堂。见宋范成大《吴郡志》（卷6）《官宇》。

赋牡丹黄斋[1]

倚栏凋谢若为情[2]，旋拾残英入鼎烹。

吞秀嚼香须细细，送春惟此一杯羹。

【注释】

①题：黄斋，黄粉

②若为：如何，怎样。

33. 郭祥正

郭祥正（1035—1113）：字功父（甫），自号醉吟居士、谢公山人、漳南浪士，当涂（今安徽当涂）人。宋代诗人。

牡丹吟

三月金张启仙馆[1]，百种名花此尤罕。

昭君晓怯胡地寒，太真昼卧华清暖[2]。

梦为庄叟蝴蝶狂，散作襄王云雨短。

莫笑空山芝与兰，冷艳不随金剪断。

【注释】

①金张：汉金日䃅家，自武帝至平帝，七世为内侍。张汤后世，自宣帝、元帝以来为侍中、中常侍者十余人。后因以金张为功臣世族的代称。

②昭君二句——昭君：即王昭君。胡地：指今内蒙古呼和浩特市一带。太真，

指杨贵妃。华清，指华清宫，唐宫名。

34. 苏轼

苏轼（1037—1101）：字子瞻，号东坡居士，眉州眉山（今四川眉山）人。宋代著名的文学家、书画家。

雨中明庆赏牡丹^①

霏霏雨露作清妍，烁烁明灯照欲然^②。
明月春阴花未老，故应未忍著酥煎^③。

【注释】

①题：明庆，寺名。《苏轼诗集》查注，"《咸淳临安志》：明庆寺，在木子巷北。唐大中二年，僧景初建为灵隐院，祥符五年改今额。《武林梵志》：明庆寺有苏文忠公书《观音经碑》。"

②霏霏二句——霏霏：纷飞貌。妍：美好。烁烁：光闪动貌。然：同"燃"。

③煮酥煎：《苏轼诗集》冯注，"《洛阳贵尚录》：孟蜀时，兵部贰卿李昊，每牡丹花开，分遗亲友，以金凤笺成歌诗以致之。又以兴平酥同赠，花谢时煎食之。"

吉祥寺赏牡丹^①

人老簪花不自羞^②，花应羞上老人头。
醉归扶路人应笑，十里珠帘半上钩^③。

【注释】

①题：吉祥寺，据《武林梵志》："吉祥律寺，在杭州安国坊。乾德三年，睦州刺吏薛温舍地为寺。治平二年，改曰广福，其地多牡丹。"苏轼《牡丹记叙》："熙宁五年三月二十三日，余从太守沈公观花于吉祥寺僧守璘之圃。圃中花千本，其品以百数。酒酣乐作，州人大集。金盘彩篮以献于坐者，五十有三人。饮酒乐甚，素不饮者毕醉。自舆台皂隶皆插花以从，观者数万人。"

②簪：此作动词用，插戴的意思。

③醉归二句——扶路，沿路。十里句，唐杜牧《赠别二首》（其一）："春风十里扬州路，卷上珠帘总不如"。

吉祥寺花将落而述古不至^①

今岁东风巧剪裁，含情只待使君来^②。
对花无信花应恨，直恐明年便不开。

【注释】

①题：花，此指牡丹。述古，即陈襄，字述古。

②使君：汉代称刺史为使君，汉代以后对州郡长官尊称为使君。

和述古《冬日牡丹》四首

（一）

一朵妖红翠欲流¹，春光回照雪霜羞。
化工只欲呈新巧，不放闲花得少休²。

（二）

花开时节雨连风，却向霜馀染烂红[3]。

漏洩春光私一物，此心未信出天工[4]。

（三）

当时只道鹤林仙，解遣秋光发杜鹃[5]。

谁信诗能回造化，直教霜桥放春妍[6]。

（四）

不分清霜入小园，故将诗律变寒暄[7]。

使君欲见蓝关咏，更倩韩郎为染根。

【注释】

①妖：妍，美好的样子。

②化工二句——化工，自然的创造力。《东坡乌台诗案》："熙宁二年（苏轼）任杭州通判时，知州系知制诰陈襄，字述古。是年冬十月内，一僧寺开牡丹数朵，陈襄作诗四绝，（苏）轼尝和云云……此诗皆讥讽当时执政大臣，以比化工，但欲出新意擘画，今（令）小民不得暂闲也。"

③花开二句——花开时节，此指春季牡丹花开之时。却向句：写冬日牡丹开放。烂：华美鲜明的样子。

④漏洩二句——私一物：此指偏爱牡丹。天工：同"天公"。指造物者。《苏轼诗集》有合注："述古诗，有'直疑天与凌霄色，不假东皇运化工'句，故此云然。又似言新法之害，由于时相，不尽出神宗之本意也。"

⑤当时二句——只道：只说。鹤林：杭州佛寺名。解遣秋光：一作"能遣秋花"。解遣：押送，派遣。杜鹃：花名。又名映山红、满山红、羊踟躅等。

⑥谁信二句——教：使，令，让。霜桥：此指冬日牡丹之根荄。春妍：春日美丽之牡丹花。妍：美好。

⑦暄：此指寒暖。

常州太平寺观牡丹[①]

武林千叶照观空，别后湖山几信风[2]。

自笑眼花红绿眩，还将白首对鞓红[3]。

【注释】

①题：常州，今江苏常州。太平寺，《苏轼诗集》查《注》，"《咸淳毗陵志》：太平寺，在郡东门外，齐高祖创建。乾元中，僧法侣始大之。宋改太平兴国禅寺。"

①武林二句——武林：山名。在今浙江杭州西灵隐山。后借以代指杭州。观空：杭州吉祥寺阁名。信风：季候风，即随时令变化定期定向变化之风。

②自笑二句——眩，迷惑，迷乱。还将句——化用宋欧阳修《禁中见鞓红牡丹》诗意。欧阳修诗云："白首归来玉堂署，君王殿后见程红。"

游太平寺净土院观牡丹中有淡黄一朵特奇为作小诗[①]

醉中眼缬自斓斑，天雨曼陀照玉盘[2]。

一朵淡黄微拂掠，鞓红魏紫不须看[3]。

【注释】

①题：太平寺，在常州。净土院，在常州太平寺中。《苏轼诗集》有《合注》："外集题云：'同状元行老学士秉道先辈，游太平寺净土院观牡丹，中有淡黄一朵，特奇绝，为作小诗。'"

②醉中二句——缬，眼发花。斓斑，色彩错杂貌。天雨句——《苏轼诗集》王《注》，"《法华经》：佛说法已入于无义量处三昧，是时，天雨曼陀罗花。"雨，此作动词用，降雨的意思。曼陀：即曼陀罗，花名。梵语音译，义译为悦意花。

③鞓红句——鞓红，牡丹名品之一。魏紫，牡丹名品之一。

杭州牡丹开时，仆犹在常、润，周令作诗见寄，
次其韵，复次一首送赴阙（二首选一）①

羞归应为负花期，已见成阴结子时。
与物寡情怜我老，遣春无恨赖君诗²。
玉台不见朝酣酒，金缕犹歌空折枝³。
从此年年定相见，欲师老圃问樊迟⁴。

【注释】

①题：仆，此为作者的谦称。常，指常州，今江苏常州。润，润州，今江苏镇江。周令，名未详。赴阙，赴汴京朝廷。阙，古代宫庙及墓门立双柱者谓之阙，此指皇帝所居的京城。

②与物二句——物：此指牡丹。寡情：少情。遣春：送春。

③玉台二句——玉台，台观名。《文选》汉张平子（张衡）《西京赋》，"朝堂承东，温调延北。西有玉台，联以昆德。"《注》："皆殿与台名也。"也泛指宫廷的台观。曹植《冬至献袜履表》："拜表奉贺，并献纹履七量，袜若干副。茅茨之陋，不足以入金门、登玉台也。"金缕：饰以金缕的舞衣。

③欲师句——师：此指拜樊迟为师。老圃：老农及老菜农。

谢郡人田贺二生献花①

城里田员外，城西贺秀才²。
不愁家四壁，自有锦千堆³。
珍重尤奇品，艰难最后开⁴。
芳心困落日，薄艳战轻雷⁵。
老守仍多病，壮怀先已灰⁶。
殷勤此粲者，攀折为谁哉⁷？
玉腕揎红袖，金樽泻白醅⁸。
何当镊霜鬓，强插满头回⁹。

【注释】

①题：郡，古代行政区划名。历代沿革不同。献花，《苏轼诗集》王文诰（案）："献牡丹也"。

②城里二句——田员外，名未详。员外，六朝以来，始有员外郎，以别于郎中。员外指正员以外的官职，可用钱捐买。贺秀才，名未详。秀才，意谓才能优秀。

③不愁二句——家四壁：即家徒壁立，家徒四壁，意即家贫一无所有。锦千

堆：苏轼《惜花》诗，"吉祥寺中锦千堆。"作者自注云，"钱塘花最盛处。"故此"锦千堆"则指田、贺二生的私家花园中牡丹为数不少。

④珍重二句——指牡丹。唐代皮日休《牡丹》诗，"落尽残红始吐芳，佳名唤作百花王。"

⑤轻雷：作者自注，"昨日雷雨。"

⑥老守二句——老守：老太守，此指作者自己。壮怀：壮心。

⑦殷勤句：作者自注："贺献'魏花'三朵。"粲，本指美的样子。《诗·唐风·绸缪》："今夕何夕，见此粲者。"《疏》："女三为粲。粲，美物也……然粲者，众女之美称也。"此指"魏花"三朵为粲。

⑧玉腕二句——玉腕：玉手，形容洁白如玉的手。腕：臂与手掌相连接的地方。此代指手。揎：捋袖出臂。红袖：指妇女的红色衣袖。金樽：金杯。白醅：白酒。醅：未滤之酒。

⑨何当二句——何当：何妨，何如。镊：本指镊子。此指用镊子拔取。霜鬓：耳边白发。强：勉强。

留别释迦院牡丹呈赵倅①

春风小院却来时，壁间惟见使君诗[2]。

应问使君何处去，凭花说与春风知。

年年岁岁何穷已，花似今年人老矣。

去年崔护若重来，前度刘郎在千里[3]。

【注释】

①题：释迦院，佛教寺院。赵倅，名未详。倅，古代地方佐贰副官叫丞、倅。

②春风二句：却来，回来，归来。使君：对州郡长官的尊称。

③去年二句：崔护（生卒年不详），字殷功，博陵（今河北定县）人。唐代诗人。

雨中看牡丹三首①

（一）

雾雨不成点，映空疑有无。

时于花上见，的皪走明珠[2]。

秀色洗红粉，暗香生雪肤[3]。

黄昏更萧瑟[4]，头重欲相扶。

（二）

明日雨当止，晨光在松枝。

清寒入花骨，肃肃初自持[5]。

午景发浓艳，一笑当及时。

依然暮还敛[6]，亦自惜幽姿。

（三）

幽姿不可惜，后日东风起。

酒醒何所见，金粉抱青子[7]。

千花与百草，共尽无妍鄙[8]。

未忍污泥沙，牛酥煎落蕊[9]。

【注释】

①题：《苏轼诗集》（卷20）施注，"此诗墨迹在玉山汪氏，尝摹刻之，后题《黄州天庆观牡丹三首》。"

②时于二句——时：时时地，不时地。的皪：明亮鲜明的样子。走：此为滚动的意思。明珠，此指晶莹的水珠。

③秀色二句——秀色：丽色。洗红粉：指洗浴的美人，比喻红牡丹。雪肤：白皙如雪般的肤色，比喻白牡丹。

④萧瑟：此指寂静的样子。

⑤肃肃：清静、幽静貌。

⑥敛，收缩。幽姿，幽雅安闲的姿态。

⑦金粉句——指牡丹花将谢，留下青青的果实正在生长。青子：青青的果实。

⑧妍鄙：犹美丑。妍，美好；鄙，鄙陋、丑陋。

⑨牛酥：牛乳所制的食品，状似浓酒。

又和景文韵[①]

牡丹松桧一时栽，付与春风自在开[2]。

试问壁间题字客，几人不为看花来[3]。

【注释】

①题：景文，即刘季孙（生卒年不详），字景文，开封祥符（今河南开封）人。宋代诗人。

②牡丹二句——桧：又称"桧柏""圆柏"。一种常绿观赏乔木，高可达20m。自在，安闲舒适。按此诗为苏轼与刘季孙同游杭州真觉院时所作。苏轼同时写有《真觉院有洛花，花时不暇往。四月十八日，与刘景文同往赏枇杷》诗。真觉院在杭州西湖龙山稍北玉厨山上。查慎行注引《长公外纪》云，"牡丹，唐时杭州无此种。长庆开元寺僧惠澄，自都下乍得一本，谓之'洛花（洛阳牡丹）'。"

③试问二句——试问：请问。壁间题字客，在真觉院墙壁上题字的骚人墨客。几人句，唐刘禹锡《元和十年自朗州召至京戏赠看花诸君子诗》，"紫陌红尘拂面来，无人不道看花回。"苏轼于此活用之。

牡丹[①]

小槛徘徊日自斜，只愁春尽委泥沙[2]。

丹青欲写倾城色，世上今无杨子华[3]。

【注释】

①题：按此诗不见《东坡集》，见于《全芳备祖》，后收入《苏轼诗集》。

②小槛二句——徘徊：来回地行走。委泥沙：杜甫《花底》诗，"莫作委泥沙。"委：弃。

③丹青二句——丹青：丹砂和青雘，两种可制颜料的矿石。也泛指绘画用的颜色或绘画艺术。杨子华（生卒年及籍里未详），北齐著名画家。齐世祖时任直阁将军员外散骑常侍。相传他尝画马于壁，夜听蹄啮长鸣如索水草。图龙于素，舒卷辄云气萦集。齐世祖重之，使居禁中，天下号为"画圣"。

牡丹和韵

光风为花好，奕奕弄清温①。

撩理莺情趣②，留连蝶梦魂。

饮酣浮倒晕，舞倦怯新翻。

水竹傍边意，明红似故园。

【注释】

①光风二句——光风，雨止日出、日丽风和的景象。奕奕：姿态悠闲，神采焕发。

②撩理句——撩：引逗。理：答，顾。

35. 朱长文

朱长文（1039—1098）：字伯原，吴郡（今江苏苏州）人。宋代诗人。

淮南牡丹

奇姿须赖接花工，未必妖华限洛中①。

应是春皇偏与色②，却教仙女愧乘风。

朱栏共约他年赏，翠幄休嗟数日空③。

谁就东吴为品第，清晨子细阅芳丛④。

【注释】

①未必句——妖华：艳丽的花朵。洛中：指洛阳。

②春皇：东皇、东君，司春之神。

③翠幄句——翠幄：青绿色的帐幕。嗟：叹词。

④谁就二句——东吴，此指苏州（今江苏苏州）一带。子细，即仔细。

36. 苏辙

苏辙（1039—1112）：字子由，号颍滨遗老，眉州眉山（今四川眉山）人。宋代著名文学家。官至宰相。

谢任亮教授送千叶牡丹①

花从单叶成千叶，家住汝南疑洛南②。

乱剥浮苞任狼籍，并偷春色恣醺酣③。

香浓得露久弥馥④，头重迎风似不堪。

居士谁知已离畏，金盘剪送病中庵⑤。

【注释】

①题：任亮，未详。

②家住句——汝南：郡名。治所在今河南汝南。

③乱剥二句——狼籍：散乱不整的样子。醺酣：酒醉的样子。

④弥馥：更香。

⑤居士二句——居士：指在家的佛教徒。庵：旧时文人谦称自己的书斋。

次迟韵千叶牡丹二首

（一）

溪上名园似洛滨，花头种种斗尖新[1]。

共传青帝开金屋，欲遣姚黄比玉真[2]。

秦岭犹应篆诗句，杜鹃直恐降天神[3]。

老人发少花头重，起舞欹斜酒力匀[4]。

（二）

老人无力年年懒，世事如花种种新。

百巧从来知是妄，一机何处定非真[5]。

园夫漫接曾无种，物化相乘岂是神[6]。

毕竟春风不拣择，随开随落自匀匀[7]。

【注释】

①溪上二句——溪，水名。《说文·水部》，"溪水，出河南密县大隗山，南入颍。"洛：洛河。斗：竞，赛。

②共传二句——青帝，司春之神。金屋：见韩琦《北第洛花新开》注②。玉真：即杨贵妃。

③秦岭二句——秦岭：用韩湘与韩愈典故。见罗隐《牡丹》注④。杜鹃：花名。

④欹斜：倾斜。

⑤机：事物变化之迹象，此指事物。

⑥物化句——物化：事物的变化。乘：战胜。

⑦匀匀：均匀。

谢人惠千叶牡丹

东风催趁百花新，不出门庭一老人。

天女要知摩诘病，银瓶满送洛阳春[1]。

可怜最后开千叶[2]，细数馀芳尚一旬。

更待游人归去尽，试将童冠浴湖滨[3]。

【注释】

①天女二句——天女：仙女。摩诘：即维摩诘，释迦同时人，也作毗摩罗诘。义译无垢称，或作净名。曾向佛弟子舍利弗、弥勒、文殊师利等说大乘教义。南朝梁萧统（昭明太子）小字维摩，唐王维字摩诘，皆取此为义。洛阳春：指牡丹。牡丹花又称洛阳花、洛阳春。

②可怜：可爱。

③试将句——童冠：指年将及冠的童子。童：指童子，儿童。冠：指冠者，指已成年的青年人。古代男子到20岁时举行冠礼，表示已经成年。语出《论语·先进》，"暮春者，春服既成，冠者五六人，童子六七人，浴乎沂，风乎舞雩，咏而归。"

移陈州牡丹偶得千叶二本喜作①

小圃初开清溉岸，名花近取宛丘城②。
争言千叶根难认，忽发双葩眼自明。
谪堕神仙终不俗，飞来鸾凤有馀清③。
细锄瓦砾除荆棘，未可令齐众草生。

【注释】

①题：陈州，今河南淮阳。

②小圃二句——溉名。宛丘城，春秋时陈国国都，即今河南淮阳。

③谪堕二句——谪堕神仙：谪居世间的仙人。谪：罚罪。鸾凤：古代神话传说中的神鸟。淮阳春秋时有宛丘，是祭神游乐的高台。

同迟赋千叶牡丹

未换中庭三尺土，漫种数丛千叶花。
造物不违遗老意，一枝颇似洛人家①。
名园不放寻芳客，陋巷希闻载酒车。
未忍画瓶修佛供，清樽酌尽试山茶②。

【注释】

①造物二句——造物，此指天，即今之自然。洛，洛阳。

②清樽句——樽，酒器。酌，斟，倒。

补种牡丹二绝

（一）

野草凡花著地生，洛阳千叶种难成①。
姚黄性似天人洁，粪壤埋根气不平。

（二）

换土移根花性安，犹嫌入伏午阴烦②。
清泉翠幄非难办，绝色浓香别眼看③。

【注释】

①野草二句——著：同"着"。洛阳千叶，指洛阳重瓣牡丹。如'姚黄''魏紫'等。

②伏：即伏日，也叫伏天，三伏的总称。农历夏至后第三庚日起为初伏，第四庚日起为中伏，立秋后第一庚日为末伏。三伏是一年中最热的时候。

③清泉二句——翠幄，青绿色的帐幕。别眼，另眼。

37. 张岷

张岷（生卒年不详）：字子望，荥阳（今河南荥阳）人。宋代诗人。

观洛城花呈尧夫先生①

平生自是爱花人，到处寻芳不遇真②。

只道人间无正色，今朝初见洛阳春③。

【注释】

①题：洛城花，指洛阳牡丹。

②平生二句——平生：此指一生。真：指真正美丽的花。

③只道二句——人间无正色：欧阳修的《洛阳牡丹图》中"古称天下无正色，但恐世好随时迁。"的诗句。正色：古人以朱为正色，以红、紫为杂色。洛阳春，指洛阳牡丹开放的暮春时节。此指洛阳牡丹。

38. 方唯深

方唯深（1040—1122）：字子通，原籍莆田（今福建莆田）。

牡丹

嫚黄妖紫间轻红，谷雨初晴早景中①。

静女不言还爱日，彩云无定只愁风②。

炉烟坐觉沉檀薄，妆面回看粉黛空③。

此别又须经岁月，酒阑携烛绕芳丛④。

【注释】

①嫚黄句——嫚，和缓。妖：美好。间：此为更迭的意思。轻红：浅红。

②静女二句——静女：《诗·邶风·静女》，"静女其姝，俟我于城隅。"静，闲雅。此以静女比拟牡丹。彩云：此指朝云。见李白《清平调词三首》（二）注②。

③炉烟二句——沉檀：沉香与檀香。粉黛：妇女化妆品。粉以傅面，黛以画眉。此借指美女。

④阑：残，尽。

39. 彭汝励

彭汝励（1047—1095）：字器资，饶州鄱阳（今江西波阳）人。宋代诗人。

谢德华惠牡丹因招同官会饮①

交情淡薄爱天真，亲寄韶容到窭贫②。

便乞诸公城壁饮，风前同醉一枝春③。

【注释】

①题：德华，未详。

②亲寄句——韶容：美好的容颜，此指牡丹。窭：贫寒。此指诗人的居所。

③一枝春：此指牡丹。

40. 释道潜

释道潜（1043—1102）：本名昙潜，苏轼为更名道潜，号参寥子，赐号妙总大师，俗姓王，杭州於潜（今浙江临安西南部）人。

僧首然师院北轩观牡丹[1]

鸟声鸣春春渐融，千花万草争春工。

纷纷桃李自缭乱，牡丹得体能从容。

雕栏玉砌升晓日，轻烟薄雾初冥蒙[2]。

深红浅紫忽烂漫，如以蜀锦罗庭中[3]。

姚黄贵极未易睹，绿叶遮护藏深丛。

露华膏沐披正色，肯事夭冶分纤秾[4]。

从来品目压天下，百卉羞涩莫敢同。

清净老禅根道妙，即此幻色淡真空[5]。

上人封植匪玩好，庶敬先烈存遗风[6]。

遨芳公子应未耳，且乐樽俎怡歌钟[7]。

【注释】

①题：首然师院，未详。

②雕栏二句——雕栏：雕饰精美的栏杆。玉砌：玉石台阶。冥蒙：幽暗不明。

③深红二句——深红浅紫：指牡丹。以：用。蜀锦：蜀地（今四川）出产的锦。

④露华二句——露华：露珠。膏沐：妇女润发的油脂。夭冶：盛美。

⑤即此句——又见宋代范镇《成都观牡丹》诗句"要知空色论，聊见主人心。"空色：佛教指超乎色相现实的境界为空。色，佛教用语。凡诸事物如五根（眼、耳、鼻、舌、身）、五境（色、声、香、味、触）等足以引起变碍者，皆称色。

⑥上人二句——上人：佛教称具备德智善行的人。匪：同"非"。庶：将近，差不多。

⑦遨芳二句——遨芳：嬉游观花。樽俎：本为盛酒食的器具。樽以盛酒，俎以盛肉。引申借指宴席、宴会。怡：和悦。歌钟，此泛指歌曲和音乐。

41. 黄庭坚

黄庭坚（1045—1105）：字鲁直，号山谷道人，晚号涪翁。洪州分宁（今江西修水）人。宋代著名文学家、书法家。

效王仲至少监咏姚花用其韵四首[1]

（一）

映日低风整复斜，绿玉眉心黄袖遮。

大梁城里虽罕见，心知不是牛家花[2]。

（二）

九疑山中萼绿华，黄云承袜到羊家[3]。

真筌虫蚀诗句断[4]，犹托馀情开此花。

（三）

仙衣襞积驾黄鹄，草木无光一笑开。

人间风日不可奈，故待成阴叶下来。

（四）

汤沐冰肌照春色，海牛压帘风不开[5]。

直言红尘无路入[6]，犹傍蜂须蝶翅来。

【注释】

①题：王仲至，未详。少监，官名。姚花，即'姚黄'牡丹。

②大梁二句——大梁：今河南开封。牛家花：即'牛黄'牡丹。洛阳牡丹名品之一。

③九疑二句——九疑：山名。在今湖南宁远南。萼绿华：传说中女仙名，自云是九疑山中得道女罗郁。晋穆帝时，夜降羊权家，赠羊权诗一篇，火瀚手巾一方，金玉条脱各一枚。南朝梁陶弘景《真诰·运象》，"萼绿华自言是九嶷山中，得道女罗郁，年约二十，穿青衣，姿容美丽。晋穆帝升平三年十一月，夜降于羊权家，此后经常往来，一月之中，六过羊权家。后授羊权以仙药引其登仙。"羊家：即羊权家。

④真筌：对所奉经典的正确解释。

⑤汤沐二句——汤沐：即沐浴。冰肌：形容女性肌肤莹洁光润。海牛，犀牛的一种。

⑥红尘：佛教、道教等称人世为红尘。

王才元舍人许牡丹求诗[①]

闻道潜溪千叶紫[2]，主人不剪要题诗。

欲搜佳句恐春老，试遣七言赊一枝[3]。

【注释】

①题：王才元，未详。舍人，官职名。

②闻道句——潜溪千叶紫：即'潜溪绯'牡丹，洛阳牡丹名品之一。

③试遣句——试遣：试送。赊，赊欠，先取物后付其钱。

谢王舍人剪送状元红[①]

清香拂袖剪来红，似绕名园晓露丛。

欲作短章凭阿素[2]，缓歌夸与落花风。

【注释】

①题：王舍人，即王才元舍人。

②欲作句：短章，短诗。阿素，歌女。

42. 晁补之

晁补之（1053—1110）：字无咎，号归来子，济州钜野（今山东巨野）人。宋代著名诗人。

次韵李秬约赏牡丹①

夭红秾绿总教回②，更待清明谷雨催。
一朵故应偏晚出，百花浑似不曾开③。
常夸西洛青屏簇④，久说南滁紫锦堆。
任是无情还有意，不知千里为谁来。

【注释】

① 题：李秬，曾任信州（今江西上饶）太守。

② 夭、秾：均形容草木繁茂。

③ 浑：完全；简直。

④ 洛：洛阳。

次韵李秬双头牡丹

寒食春光欲尽头①，谁抛两两路傍球。
二乔新获吴宫怯，双隗初临晋帐羞②。
月底故应相伴语，风前各是一般愁。
使君腹有诗千首，为尔情如篆印缪③。

【注释】

① 又见唐代薛能《牡丹四首》（其一）诗句"品格如寒食，精光似少年。"寒食：节令名。在农历清明的前一或二日。相传春秋时晋国介之推辅佐重耳（晋文公）回国后，隐于山中，重耳烧山逼他出来，之推抱树而死。文公为悼念他，禁止在之推死日生火煮饮，只吃冷食。以后便相沿成俗，叫做寒食禁火。以此寒食代指介之推。

② 二乔二句——二乔：三国时东吴乔公的两个女儿，皆国色，一嫁孙策，称大乔；二嫁周瑜，称小乔，合称"二乔"。此称双头牡丹。后称一朵牡丹花上有两种颜色者为"二乔"，与此不同。吴宫，此指三国时东吴的宫殿。双隗，《左传·僖公二十三年》："狄人伐廧咎如，获其二女叔隗、季隗，纳诸公子（重耳，即晋文公）。

③ 使君二句——尔：你。篆印缪：缪篆是古代一种字体，汉以来为府玺专用。缪：缠绵。

43. 张耒

张耒（1054—1114）：字文潜，号柯山，人称宛丘先生。祖籍亳州谯县（今安徽亳州），生长于楚州淮阴（今江苏淮阴西南）。

与潘仲达二首①（选其二）

淮阳牡丹花，盛不数京洛②。
姚黄一枝开，众艳气如削。
亭亭风尘表③，独立朝万萼。
谁知临老眼，更复美葵藿④。

【注释】

① 题：潘仲达，未详。

② 淮阳二句——淮阳，今河南淮阳。京洛，北宋的西京洛阳。

③ 亭亭句——亭亭：耸立的样子。表：古代测日影的标杆，引申为仪范、表

率。萼，此指花。

④葵藿：本指野茶名。后也偏指葵。

和陈器之《谢王渑池牡丹》①

十首新诗换牡丹，故邀春色入深山。

御袍黄粉天然薄，醉脸胭脂分外殷[2]。

开晚东君留意厚[3]，落迟晴昼伴春闲。

狂来满插乌纱帽，未拟尊前感鬓斑[4]。

【注释】

①题：陈器之、王渑池，均未详。

②醉脸句：胭脂，一种红色颜料，供化妆用。殷，赤黑色。

③东君：司春之神。

④狂来二句——乌纱帽：帽名。东晋时官宦着乌纱帽。南朝宋明帝初，建安王休仁置乌纱帽，以乌纱抽扎帽边，民间谓之司徒状。其后逐渐行于民间，贵贱皆服。

春日怀淮阳六首①（选其六）

城中万枝木芍药[2]，姚黄一萼得春多。

日日踏春浑坐此，人间无醉奈渠何[3]。

【注释】

①题：淮阳，今河南省周口市淮阳区。

②城中一句——木芍药，牡丹的别名

③日日二句——浑：全，都。坐：因。渠：你，此处指牡丹。

牡丹

天女奇姿云锦囊，故应听法傍禅床[1]。

静中独有维摩觉，触鼻惟闻净戒香[2]。

【注释】

①故应句——法，梵文"Dhanna"的意译，音译"达磨""达摩"。佛教名词。有三种意思：第一，指佛的教法，或称佛法；第二，泛指一切事物和现象，包括物质和精神的、存在的和不存在的、过去的、现在的和未来的，如说"一切法""三世诸法"等；第三，特指某一事物和现象。如说"色法""心法"等。此处指佛法。禅床：禅坐、僧人的坐具。

②静中二句——维摩：梵文"Vimaia-kirti"的音译，另译"Bit摩罗诘"等，意译"净名"或"无垢称"，简称"维摩"。佛教菩萨名。觉：省悟，明白。净戒：佛教指清净的戒法。

44. 晁说之

晁说之（1059—1129）：宇以道，一字伯以，济州钜野（今山东省菏泽市巨野县）人。宋代诗人。

牡丹

牡丹千叶千枝并，不似荒凉在塞垣①。

宜圣殿前知几许，感时肠断侍臣孙。

【注释】

① 塞垣：指边境地带。

谢季和朝议牡丹①

侍无童子懒焚香，君送花来恨便忘。

尽日清芬与风竞，熏炉谩使令君狂②。

【注释】

① 题：季和，从诗之末句知，时任尚书令。

② 熏炉句：熏炉，用来熏香或取暖的炉子。谩：浮夸。令君：汉末，尚书令称
令君。此称季和。

45. 邹浩

邹浩（1060—1111）：字至完，遇赦归里后于周线巷住处辟一园名
"道乡"，故自号道乡居士，常州晋陵（今江苏常州）人。

对牡丹

轻云笼日雨收尘，天作奇花照眼明。

莫道岭边无好况，吾今春在洛阳城①。

【注释】

① 吾今句——洛阳，今河南洛阳。

46. 李新

李新（1062—? ）：字元应，号跨鳌先生，仙井（今四川仁寿）人。

次赵继公得未开牡丹之什①

洛阳二月三月春，车轮马足飘香尘②。

金钱散尽花不见，买得桃李犹非真③。

【注释】

① 题：赵继公，未详。什，箱什。

② 洛阳二句——香尘，芳香之尘。多指女子之步履所扬起之尘。

③ 金钱二句——花：指牡丹花。宋代张齐贤《答西京留守惠花酒》诗云"有花
无酒头慵举，有酒无花眼倦开。"其中花亦指牡丹花。

47. 洪炎

洪炎（约1067—1133）：字玉父，南昌（今江西南昌）人。宋代诗
人。黄庭坚的外甥。

次韵许子大《李丞相宅牡丹芍药诗》①

山丹丽质冠年华，复有馀容殿百花②。

看取三春如转影，折来一笑是生涯。

绮罗不妒倾城色，蜂蝶难窥上相家③。

京国十年昏病眼④，可怜风雨落朝霞。

【注释】

①题：许子大、李丞相，均未详。

②山丹二句——山丹：草名，一名山大丹。四月开红花，似百合花。有红百合、连珠、红花菜、不夜花等名。根、花均可入药。按诗题云，"牡丹芍药"，诗中又有"三春""倾城"等词，可证"山丹"应为"牡丹山"字误。丽质：美丽的姿质。殿，行军的尾部。

③绮罗二句——上相：对宰相的尊称。此指李丞相。

④京国：京都，京城。此指北宋的京都汴京（今河南开封）。

48. 苏过

苏过（1072—1123）：字叔党，号斜川居士，眉州眉山（今四川眉山）人。宋代诗人。苏轼第三子。

次韵伯元咏牡丹二首①

（一）

珍重谁移洛②下根，玉盘径尺露花新。

不劳铅粉强为色，自是肌肤淑且真。

美恶本非春有意，栽培直恐伎凝神③。

空斋独嗅无人赏，鼻送幽香息息匀。

【注释】

①题：伯元，未详。

②洛下：洛阳。

③伎：歌女，舞女。

（二）

草木无情解悦人，徒①因见少得名新。

剪裁罗绮空争似，研合丹青太逼真。

尤物端能耗地力②，痴儿竟欲费精神。

愿回春色归南亩，变作秋成玉粒匀。

【注释】

①徒：空。

②尤物：珍贵的物品。此指牡丹。

49. 周紫芝

周紫芝（1082—？）：字少隐，号竹坡居士、静观老人、提馆主人，宣城（今安徽宣州）人。宋代著名诗人。

王元道剪牡丹见饷二绝①

（一）

知君流落在天涯，八节滩头忆旧家②。

想对东风开病眼，几行和泪洛西花③。

【注释】

①题：王元道，未详。饷，馈赠。

②知君二句——君：古代对人的尊称。此尊称王元道。天涯：天边，极远的地方。八节滩：遗址在今河南洛阳市龙门县南伊河中，为一险滩。

③洛西花：指牡丹花。

（二）

已是飞花落絮天，东风犹入竹坡寒。

绿樽恨我无醇酎，红艳烦君送牡丹①。

【注释】

①绿樽二句——樽：酒器。醇酎：醇酒。红艳：指红牡丹。

50. 李纲

李纲（1083—1140）：字伯纪，号梁溪居士，邵武（今福建邵武）人。自其祖始居无锡（今江苏无锡）。官至宰相。

牡丹

我昔驱车游洛阳，正值名圃开花王②。

嫣然万本斗妍媚，雕槛绰约罗红妆③。

风枝似响湘浦佩，露苞如浴骊山汤④。

乍惊照眼国色好⑤，更觉扑鼻春风香。

鞓红檀点玉版白，细叶次第舒幽房⑥。

玉奴纤指尚馀捻，鹤翎坐恐随风翔⑦。

就中品格最奇特，共许魏紫并姚黄⑧。

千金不惜买一醉，少年浑欲花底狂⑨。

归来试作牡丹谱，未服秉笔惟欧阳⑩。

自从游宦多感伤，况此远谪闽山傍⑪。

谛观世味如嚼蜡，惜花未免犹膏肓⑫。

亦知春色到庭户，不见此花如未尝。

子于何处得一本⑬，赠我意厚诚难忘。

戏言剑浦此为最⑭，聊试呼作道州长。

化工雕刻无厚薄[15]，地气培植非其乡。
虽云单叶不入品，无那富艳踰群芳[16]。
愿言爱惜勿嘲诮，且醉玉斝酬韶光[17]。

【注释】

①题：志宏，未详。酴醾，花名。因色似酴醾酒，故名。遗，赠。饷，馈赠。

②我昔二句——洛阳，今河南洛阳。花王，指牡丹。

③嫣然二句——嫣：美。妍媚：美好艳丽。雕槛：雕饰精美的栏杆。绰约，姿态柔美貌。

④风枝二句——风枝：风吹牡丹枝叶。湘浦：湘江滨。佩：玉佩，佩带的饰物。湘浦佩，指湘夫人（舜帝的两个妃子娥皇、女英）的玉佩。骊山汤，指骊山温泉，即华清池。在今陕西临潼东南骊山。唐玄宗杨贵妃常于冬日在此度假。

⑤乍惊句：乍，初，刚。

⑥鞓红二句——鞓红：牡丹名品之一。檀点：指“倒晕檀心”牡丹，洛阳牡丹名品之一。檀，浅红色。又引申单指红色。玉版白：洛阳牡丹名品之一。细叶次第，指细叶、粗叶寿安牡丹，洛阳牡丹名品之一。次第：次序。幽房：幽芳，幽香，清芬的香气。

⑦玉奴二句——玉奴，唐代杨贵妃（太真）小字玉环，故称“玉奴”。旧题唐牛僧孺《周秦行纪》：“太真视潘妃而对曰：‘潘妃向玉奴说：懊恼东君侯疏狂，终日出猎，故不得时谒耳。’”此指‘一撷红’牡丹，洛阳牡丹名品之一。鹤翎：指‘鹤翎红’牡丹，洛阳牡丹名品之一。鹤：鸟名。有丹顶鹤，灰鹤、蓑羽鹤等类。

⑧就中二句——就中：其中。共许：共同赞同、认可。魏紫、姚黄：洛阳牡丹名品之一。

⑨千金二句——千金：古代称一斤金子为一金，千金喻其价值极为昂贵。浑：简直、几乎。

⑩未服句——秉笔.执笔。欧阳，指欧阳修。见前文，欧阳修《禁中见鞓红牡丹》。他作有《洛阳牡丹记》，属“牡丹谱”中较早的一种，极为有名，堪称经典之作。

⑪自从二句——游宦，春秋战国时士人离开本国至他国求官谋职称“游宦”，后泛指离家在外做官。谪，罚罪。凡官吏降级、调往边外地方均称“谪”。闽山，闽地的山。闽，古代民族名，聚居在今福建境内，后因简称福建为闽。傍，同“旁”。

⑫谛观二句——谛观：仔细观察。世味：人世滋味，和世情（世态人情）义同。嚼蜡，比喻无味。

⑬子：古代对人的尊称。此用以尊称志宏。

⑭戏言二句——剑浦：即剑津，又称延平津。在今福建南平东南，为闽江上游。道州：州名。隋置，故址在今河南郾城西南部。一为唐置，今湖南道县。

⑮化工：天工，自然的创造生长万物的能力。

⑯无那句——无那：无奈。踰：超越。

⑰愿言二句——诮：责备。玉斝：饰玉的酒器。斝：古代铜制酒器。似爵而较大，盛行于商代。韶光：美好的时光。多指春光。

志宏见和再次前韵（其一）[1]

牡丹

半夜疏钟来景阳[2]，美人梳洗随君王。

天然意态已倾国，何用苦死催严妆[3]。

朱颜半酡宁著酒，玉肤自滑非临汤[4]。

铅华固美岂真色，兰麝虽馥非天香[5]。

我观牡丹正如此，勾栏横槛为雕房[6]。

乍惊神女峡中见，只恐弄玉云间翔[7]。

檀心点点晕深紫[8]，金蕊簇簇摇金黄。

坐令杂花为婢妾，解使蜂蝶成颠狂[9]。

临风袅袅更妍好，浑如舞袖踏春阳[10]。

芳根最是洛中盛，安得千本栽砌傍[11]。

惜花惟怕春色老，此癖谁与针其肓[12]。

沙阳春晚始一见[13]，如有异味争先尝。

蜡封剪处持送我，念子[14]此意何时忘。

禅关兀坐无与语[15]，迟迟昼景方舒长。

对花把酒[16]不知醉，醒后还复悲殊乡。

佳篇酬和慰落寞，清丽欲与花争芳。

吟哦愈苦诗愈好，去去惜此窗前光。

【注释】

①题：见和（贺）义同赐和。和，应和。次，次韵，和别人的诗并依原诗所用之韵。前韵，前首诗之韵。指和前首李纲《志宏以牡丹以报之》之韵。

②景阳：此指景阳钟。南齐武帝（萧赜）以宫深不闻端门鼓漏声，置钟于景阳楼上。宫人闻钟声，早起装饰。后人称之为景阳钟。景阳楼故址在今江苏南京玄武湖侧。

③天然二句——天然：自然，天赋。意态：神情姿态。苦死，极力，竭力。严妆，整齐装束。

④朱颜二句——朱颜，红润的面容。也泛指少时美好的面容。酡，饮酒面红貌。著，同"着"。玉肤，如玉一样洁白晶莹的皮肤。汤，热水，开水。此指汤泉，即温泉。

⑤铅华二句——铅华：搽脸之粉。固：本来。兰麝：兰草之香和麝香。馥，香。

⑥勾栏句——勾栏：弯曲的栏杆。横槛：横栏杆。雕房：雕饰精美的房子。

⑦乍惊二句——乍：初，刚。神女：指巫山神女。峡：指巫峡。长江三峡之一。在湖北巴东西，与四川巫山接界，因巫山得名。弄玉，相传为春秋时期秦穆公之女，萧史之妻。萧史（一作萧史）善吹箫，作凤鸣。秦穆公以女弄玉妻之。为作凤台以居。一夕吹箫引凤，与弄玉共乘之，升天而去。秦人作凤女祠于雍宫内。

⑧檀心句——浅红色花心有点点深紫色晕斑，一簇簇花蕊摇动显现中间的金黄。

⑨坐令二句——坐：因。令：使。解：懂得，知道。

⑩临风二句——袅袅：此为轻盈柔美貌。妍好：美好。浑：简直，几乎。春阳，春天的和煦阳光。

⑪芳根二句——洛中：洛阳城中。砌：台阶。

⑫此癖句——癖：成为习惯的嗜好。肓（荒）：中医指心脏与隔膜之间的位置。

⑬沙阳：县名。晋置。在今湖北嘉鱼北。

⑭子：古代对人的尊称。此用以尊称志宏。

⑮禅关句——整天像僧人坐禅不和人讲话。禅关，禅定状态。兀坐，长时间静坐。

⑯把酒：端着酒。

51. 朱淑真

朱淑真（生卒年不详）：自号幽栖居士，钱塘（今浙江杭州）人。宋代才女。

偶得牡丹数本移植窗外将有著花意二首①

王种元从上苑分，拥培围护怕因循②。

快晴快雨随人意，正为墙阴作好春。

【注释】

①题：著花，开花。

②王种二句——上苑：即上林苑。此指帝王宫苑。因循，守旧法而不知变更。

52. 曾几

曾几（1085—1166）：字吉甫，其先赣州（今江西赣县）人，徙居河南府（今河南洛阳），遂为洛阳人。宋代著名诗人。

曾宏甫见过因问讯鞓红花则云已落矣惊呼之馀戏成三首①

茶山老子竟成痴，谩说寻芳去不迟②。

浪蕊飘残犹自可，名花落尽不曾知③。

【注释】

①题：曾宏甫，未详。鞓红，牡丹名品之一。

②茶山二句——茶山老子，指作者自己。曾几曾侨居江西上饶七年，自称"茶山居士"。谩，泛。通"漫"。

③浪蕊二句——浪蕊：指一般花草。名花：此指程红牡丹。不曾知：此处意为"竟不曾知"，有惊呼之意。

53. 刘才邵

刘才邵（1086—1157）：字美中，吉州庐陵（今江西吉安）人。宋代诗人。

冬日牡丹五绝句

（一）

百花头上有江梅，更向江梅头上开①。

便使诗人惭未识②，春前还解上楼台。

【注释】

①百花二句——梅花开在百花之先，故称"百花头上"，而冬日牡丹比梅花开得更早，故云"更向江梅头上开"。

②便使——即便，即使。

（二）

天公用意太勤勤，时遣花王为报春①。

从此梅花应有语，漏他消息莫冤人②。

【注释】

①天公二句——天公：天。公：敬称。以天拟人，故称天帝为天公。用意，用心。勤勤，殷勤。遣，派，使。

②漏他句——漏：漏泄。他：指天公。消息：指春天的消息。莫冤人：不要冤枉别人（即不要冤枉梅花）。此将牡丹与梅花拟人化。

（三）

谁谓冰霜惨刻辰，暗中和气自生春①。

花神显现东君意，说似何劳解语人②。

【注释】

①谁谓二句——谓：说。惨刻：同惨苛，残酷。辰：时。和气：指阴阳之气相和合。

②花神二句——花神，司花之神。东君，司春之神，解语人，五代后周王仁裕《开元天宝遗事》下《解语花》："明皇秋八月，太液池有千叶白莲数枝盛开，帝与贵戚宴赏焉。左右皆叹羡久之，帝指贵妃示于左右曰：'争如我解语花？'"后因以解语花比喻美人，此则以"解语人"指杨贵妃。

（四）

聊将芳醑发微殷，岂是冰肌不耐寒①。

对立亭亭真妙绝，可将近侍乏雌丹②。

【注释】

①聊将二句——芳醑：美酒。殷（烟）：赤黑色。冰肌：形容女性肌肤莹洁光润。此指牡丹花。

②对立二句——亭亭：耸立的样子。近侍：亲近侍奉。古人称牡丹花为"花王"，芍药为其"近侍"。雌丹：作者自注："芍药一名雌丹。"

（五）

芳丛不遣雪霜封①，已是青腰独见容。

更况东风重著意，行看拂槛露华浓②。

【注释】

①芳丛句——遣：派，使。青腰：主霜雪的神女，世称"青要"。

②更况二句——著意：同"着意"，注意，用心。行：将。露华：露珠。

54. 郑刚中

郑刚中（1088—1154）：字亨仲，一字汉章，号北山，又号观如，婺州金华（今浙江金华）人。宋代诗人。

牡丹

既全国色与天香，底用家人紫共黄[1]。

却喜骚人称第一，至今唤作百花王[2]。

【注释】

① 既全二句——底用：何用。家人：平民之家。此指凡人。

② 却喜二句——骚人：指诗人。自战国楚屈原《离骚》以来，作者多仿效之，故称诗人为"骚人"。第一、百花王，均出唐皮日休《牡丹》诗。

55. 李弥逊

李弥逊（1085—1153）：字似之，号筠西翁、筠溪居士、普现居士等，祖籍福建连江，生于吴县（今江苏苏州）。

同坐客赋席上牡丹酴醿海棠三首（选其一）[1]

品题芳事有春工，姚魏风流胜浅红[2]。

莫傍沉香亭北看，只宜厄酒对山翁[3]。

【注释】

① 题：酴醿，花名。因色似酴醿酒，故名。海棠，植物名。落叶乔木。春季开花。花未放时深红色，开后淡红色。产于我国，久经栽培，供观赏。

② 品题二句——姚魏，指姚黄、魏紫牡丹，均为洛阳牡丹名品。

③ 莫傍二句——沉香亭北。厄：酒杯。山翁：山中老人。此为作者自称。

56. 傅察

傅察（1088—1125）：字公晦，孟州济源（今河南济源）人。宋代诗人。

李良宠示牡丹长句谨赋三首[1]

（一）

一枝奇葩泼眼明，两川风物寄争新[2]。

十家京洛供长日，万朵东秦照暮春[3]。

谛视尚疑倾国女，醉吟犹付谪仙人[4]。

定知不是无情物，为有真香暗度频[5]。

【注释】

① 题：李良宠，未详。长句，唐人以七言古诗为长句。

② 一枝二句——奇葩：奇花。两川：指洛川、伊川，即洛河、伊河。风物，风光，景物。

③ 十家二句——十家：指十宅诸王。京洛：即洛阳。长日：指夏日昼永。东

秦，战国时秦昭王曾称西帝，齐缗王曾称东帝，因齐在秦东，故称东秦。后也称齐地为东秦。

④谛视二句——谛视：细看。谪仙人：谪居世间的仙人。古人往往称誉才行高迈的人为谪仙，言非人间所有。唐代李白《对酒忆贺监诗序》："太子宾客贺公（知章）于长安紫极宫一见余，呼余为谪仙人，因解金龟换酒为乐。"

⑤定知二句——作者于诗后《自注》："仆家近洛阳而常官青社，故云。"青社，祀东方上神处。借指东方，意为洛阳牡丹乃东方土神所赐之物。

（二）

紫檀刻蕊香初吐，红粉匀葩色正新①。
孤艳最宜微带雨②，众芳谁复与争春。
无端应恨风惊叶③，不醉却宜花笑人。
从此径须连夜赏，绕栏百匝未为频④。

【注释】

①葩：花。
②孤艳句——孤艳，指牡丹。微带雨，牡丹花开时，最宜轻阴微雨，阴晴相半.谓之养花天。南唐郑文宝《送曹纬刘鼎二秀才》诗："小舟闻笛夜，微雨养花天。"
③无端：没有来由。
④匝：围绕一周为一匝。

（三）

如酥小雨压芳尘，曲槛重来花更新①。
莫怪东风钟异美，独将仙种殿馀春②。
愧非阿母池边客，喜见阳台梦里人③。
犹恨此生输蛱蝶，偷香抱蕊往来频。

【注释】

①如酥二句——酥：酪类。以牛羊乳制成。如酥小雨：极言春雨对万物的滋润。曲槛，弯曲的栏杆。
②莫怪二句——钟：中意、钟情。仙种：指牡丹。殿，行军的尾部。馀春，暮春。
③愧非二句——阿母：指西王母。神话中的女神。池：指瑶池。古代神话中神仙所居。《穆天子传》（卷3），"乙丑天子觞西王母于瑶池之上。西王母为天子瑶。"阳台梦里人：指巫山神女。此将牡丹比喻为作者爱慕的对象。

牡丹三首

（一）

侍中宅畔千馀朵①，兴庆池边四五枝。
何似城南王处士②，满园无数斗新奇。

【注释】

①侍中：古代职官名。
②王处士：名未详。处士，未仕或不仕的士人

（二）

无奈狂风日日催，东君欲去复徘徊[1]。

应缘众卉羞相并，故遣妖姿最后开[2]。

【注释】

① 东君：司春之神。

② 故遣句——遣：让，使。妖姿：美姿。

（三）

半醉西施晕晓妆[1]，天香一夜染衣裳。

踌躇欲画无穷意，笔法何人继赵昌。

【注释】

① 半醉句——西施，此指醉西施牡丹。

闻有游蔡氏园看牡丹诗戏作一绝呈季长[1]

车骑雍容驻道傍，小园寻胜见花王[2]。

应知异日传佳句，处处人称黄四娘[3]。

【注释】

① 题：季长，未详。

② 车骑二句——骑，古代一人一马的合称。雍容：指容仪温文驻，车马停往。胜，事物优越美好曰胜。此指胜策。花王：指牡丹。

③ 黄四娘：杜甫《江畔独步寻花七绝句》（其六），"黄四娘家花满蹊，千朵万朵压枝低。留连戏蝶时时舞，自在娇莺恰恰啼。"黄四娘：唐代四川成都人。此借比"蔡氏"。

57. 陈与义

陈与义（1090—1138）：字去非，号简斋，洛阳（今河南洛阳）人。宋代著名诗人。

牡丹

一自胡尘入汉关，十年伊洛路漫漫[1]。

青墩溪畔龙钟客，独立东风看牡丹[2]。

【注释】

① 一自二句——一自：一从。胡：此指女真贵族。胡尘：指入侵的金军。汉关，此指宋朝的关塞。伊洛：即伊水和洛水，伊水为洛水支流，洛水为黄河支流，均流经洛阳。

② 青墩二句——青墩溪：地名，在今浙江桐乡北二十五里。龙钟，泪流的样子。

58. 王十朋

王十朋（1112—1171）：字龟龄，号梅溪。生于温州乐清四都左原（今浙江乐清）梅溪村。南宋著名政治家、诗人、爱国名臣。

次韵濮十太尉咏知宗牡丹七绝（其二）

月陂春色满花枝，国色天香照雪肌[1]。
当日栽培恐无地，如今谁保旧园池[2]。

【注释】

[1] 月陂二句——月陂：清徐松《唐两京城坊考》（卷5）《东京·外郭城》，"次北积善坊……太微宫……坊北月陂。〈河南图经〉曰：雒水自苑内上阳宫南，弥漫东注。隋宇文恺版筑之。时因筑斜堤，束令东北流，当水冲捺堰，作九折，形如偃月，谓之月陂。"雪肌：形容女性肌肤莹洁光润。

[2] 当日二句——当日：指唐及北宋时。如今：指北宋灭亡、宋室南渡后，洛阳已沦于金人手中，又有谁来保护这些旧日的名园名池呢？故国之思，至极悲痛！

次韵濮十太尉咏知宗牡丹七绝（其六）

香苞初拆晓霞凝，甲第名园冠绍兴[1]。
玉叶金枝老诗伯，更将好语为褒称[2]。

【注释】

[1] 香苞二句——香苞：指牡丹花苞。拆：分开，裂开。甲第：旧时豪门贵族的宅第。绍兴：今浙江绍兴。

[2] 玉叶二句——玉叶金枝：指皇族。诗伯：诗坛领袖。褒称：赞扬称颂。

59. 吴皇后

吴皇后（1115—1197）：开封（今河南开封）人。宋代诗人。年十四，高宗为康王时，被选入宫。宋高宗绍兴十三年（1143）被立为皇后。

题徐熙《牡丹图》[1]

吉祥亭下万年枝，看尽将开欲落时。
却是双红有深意[2]，故留春色缓人思。

【注释】

[1] 题：徐熙（生卒年不详），五代南唐江宁（今江苏南京）人。一作钟陵（今江西进贤西北部）人。著名画家。擅画江湖间汀花水鸟，虫鱼蔬果，亦擅长画牡丹、芍药等。

[2] 双红：指并蒂红牡丹花。

60. 汪元量

汪元量（1241—1317）：南宋末诗人、词人、宫廷琴师。字大有，号水云，亦自号水云子、楚狂、江南倦客，钱塘（今浙江杭州）人。

废苑见牡丹黄色者①

西园兵后草茫茫，亭北犹存御爱黄②。

晴日暖风生百媚，不知作意为谁香③。

【注释】

①题：废苑，此指南宋皇帝的废苑。

②西园二句——西园：指南宋皇帝的西园，即诗题中所说的"废苑"。兵后，指元兵攻破杭州的兵祸之后。草茫茫：形容西园在南宋灭亡之后的荒凉景象。御爱黄：君王喜爱的一种黄牡丹。

③晴日二句——百媚：各种美好的姿色。唐白居易《长恨歌》，"回头一笑百媚生，六宫粉黛无颜色。"作意：起意，决意。

61. 戴昺

戴昺（约1233年前后在世）：字景明，号东野，天台（今浙江天台）人。

牡丹

万巧千奇费剪裁，琼瑶锦绣簇成堆¹。

世间妖女轮回魄，天上仙姬降谪胎²。

笑脸倚风娇欲语，醉颜酣日困难抬³。

东君若使先春放⁴，羞杀群花不敢开。

【注释】

①琼瑶：美玉。

②世间二句——妖女：美女。轮回：循环不息。此为佛教语。佛家认为世界众生莫不辗转生死于六道之中。如车轮旋转，称为轮回。惟成佛之人始能免受轮回之苦。魄：古指人身中依附形体而显现的精神，以别于能离开形体的魂。仙姬：仙女。罚罪。凡官吏降级、调往边外地方皆称"谪"。此指天上的仙女被罚罪降生人间。

③醉颜句——醉脸。语出唐代李正封《牡丹诗》，"国色朝酣酒，天香夜染衣。"

④东君：司春之神。

62. 释仲皎

释仲皎（生卒年不详）：字如晦。宋代诗僧。

咏牡丹

玉棱金线晓妆寒，妙入天工不可干①。

老去只知空境界，浅红深绿梦中看②。

【注释】

①玉棱二句——玉棱、金线：指牡丹。玉楼：指白牡丹，起楼子。金线：指牡丹金黄色的花蕊。天工：天公。干：凌犯。

②老去二句——空：佛教指超乎色相现实的境界为空。浅红深绿：指红、绿牡丹。看：此处押上平十四寒韵部，应读作平声。

63. 佚名

牡丹

去年岐路遇春残[1]，满院笙歌赏牡丹。

今岁杜陵千万朵，却垂衰泪洒阑干[2]。

【注释】

①去年句——去年，指宋钦宗靖康元年（1126）。岐：岐山。县名。今陕西岐山。

②今岁二句——今岁：指宋高宗建炎元年（1127）。杜陵：地名。在今陕西西安东南。古为杜伯国，本名杜原，又名乐游原。秦置杜县。汉宣帝在此筑陵，改名杜陵。杜陵东南十余里有小陵，为许后葬处，称少陵。唐杜甫居此，故自称"杜陵布衣""少陵野老"。阑干：栏杆。又指泪流纵横的样子。唐代白居易《长恨歌》"玉容寂寞泪阑干，梨花一枝春带雨"。

第三章

唐、宋时期牡丹园林的
分布及类型

　　了解牡丹园林的历史分布和类型，对于我们当今牡丹
发展具有重要的参考价值，因为在很大程度上，至少在几百
上千年前，我们先民已经为牡丹的分布做了大量区域试验，
这些依然具有重要的借鉴作用。

目前没有专门的文献，来记录历史上已有的牡丹园林或者牡丹园的情况。所幸的是，在牡丹兴盛的唐宋时期，有无数辛勤的诗人，他们的诗作为牡丹园林的分布提供另外一种特殊的记录形式。我们通过对这些诗歌的蛛丝马迹的考证，可以大致了解当时的牡丹园林或牡丹园的分布情况。

一、唐朝时期牡丹园林的分布考证

根据全唐诗检索系统统计，除了都城长安之外，其他有诗作记载的牡丹种植的地区见表3-1所列。

中唐"安史之乱"之后，随着社会局面的逐渐稳定，牡丹文化也逐步走向繁荣，牡丹玩赏发展形成了第一次高潮。以京城长安为牡丹玩赏的中心，牡丹热潮开始向全国扩散。北方的牡丹玩赏活动还是以长安最为集中，东都洛阳虽有玩赏活动，一些寺院内也有牡丹种植，但程度和规模都远不及长安。因此，令狐楚在《赴东都别牡丹》中，才会流露出因见不到自家庭院的牡丹而忧伤。这一时期北方的甘肃一带也有了牡丹的栽植，南方地区在杭州、江西、湖北、湖南以及浙江、江苏等东南沿海地区也有了牡丹的栽植，但还是零星的小规模栽植，没有形成可与长安媲美的牡丹观赏重地（刘航，2005；苏丹，2010；朱丽娟，2010）。

二、宋朝时期牡丹园林的分布考证

根据《全宋诗》检索系统统计，除了都城汴京以及洛阳之外，其他有诗作记载的牡丹种植的地区见表3-2，表3-3。

宋朝的中前期，牡丹就在洛阳迅速兴起，并掀起了一个史无前例的高潮。洛阳牡丹的兴起也带动了周边地区牡丹玩赏活动的兴盛。主要地区有今属河南的周口、安阳、焦作、南阳、汝南、淮阳；今属河北的正定；今属陕西的富县、大荔；今属四川的彭州、金沙；今属山西的临汾；今属湖北的襄阳、武汉、安州、黄冈；今属江苏的泰州、

表 3-1　《全唐诗》中记载的除长安之外的牡丹种植区域

牡丹栽培地点	存在与诗作题目中
洛阳	刘禹锡《思黯南墅赏牡丹》
杭州	徐凝《题开元寺牡丹》
江西九江	李咸用《远公亭牡丹》
回中（今甘肃固原）	李商隐《回中牡丹为雨所败二首》
金陵（今江苏南京）	孙鲂《主人司空后亭牡丹》
越中（今浙江绍兴）	徐夤《尚书座上赋牡丹花得轻字韵其花自越中移植》
南平（今湖北荆州）	齐己《题南平后园牡丹》
湘中（湖南中部）	齐己《湘中春兴》

表3-2 《全宋诗》中记载的除汴京、洛阳之外的牡丹种
植区域（存在于诗作题目中）

牡丹栽培地点	存在于诗作题目中
杭州	苏轼《雨中明庆寺赏牡丹》
常州	苏轼《常州太平寺观牡丹》
苏州长洲（今属江苏苏州）	王禹偁《长洲种牡丹》
密州（今山东诸城）	苏轼《留别释迦院牡丹呈赵悴》
德安（今江西德安）	杨万里《新安德安牡丹，透根生孙，枝皆千叶种也。即非接头，三月二日瑞云红初开，晴晓起看，喜而赋之》
新安（今杭州淳安）	杨万里《新安德安牡丹，透根生孙，枝皆千叶种也。即非接头，三月二日瑞云红初开，晴晓起看，喜而赋之》
歙州（今安徽歙县）	洪适《和景卢咏新得歙县牡丹》
金陵（今江苏南京）	范成大《蜀花以状元红为第一，金陵东御园紫绣球为最》
池州（今安徽贵池）	范仲淹《依韵酬池州钱绮翁》
吴门（今江苏苏州）	许纶《赵漕从善送吴门牡丹》
赤松（今浙江金华北部）	姜特立《赋赤松金宣义十月牡丹》
维扬（今江苏扬州）	潘阆《维扬秋日牡丹因寄六合县尉郭承范》
鄜州（今陕西富县）	晁以道《题鄜州牡丹》
安州（今湖北境内）	洪适《次韵景卢喜得安州牡丹》
安吉（今浙江湖州）	赵孟坚《安吉州赋牡丹》
黔江县（今安徽黟县）	韩元吉《去岁得黔江县牡丹数种今年开一枝盖白者谱中所谓水晶也》
金沙（今属四川成都）	何梦桂《和石庵洪府理金沙酴釄牡丹二首》
南都（今河南南阳）	刘挚《次韵赵伯坚令铄郎中忆南都牡丹兼寄子由》
西溪（今属江苏泰州）	范仲淹《西溪见牡丹》
同州（今陕西大荔）	夏竦《五月同州奏牡丹一枝开三花》
真定（今河北正定）	韩琦《谢真定李密学惠牡丹》
平阳（今山西临汾）	"平阳园槛正芳菲。"黄庶《次韵居正〈四月牡丹〉》
陈州（今河南周口）	苏辙《移陈州牡丹偶得千叶二本喜作》
河阳（今河南焦作）	司马光《和君贶寄河阳侍中牡丹》

表3-3 《全宋诗》中记载的除汴京、洛阳之外的牡丹种
植区域（存在于诗句或注释中）

牡丹栽培地点	存在于诗句或注释中
浙江永嘉	徐公仪《咏牡丹》（这首诗见于浙江永嘉枫林《徐氏宗谱·公仪传》）
湖北襄阳	"三年不见洛阳花，今日襄阳看转嘉。"〔彭汝砺《和执中及谢检法》（其二）
江西铅山	辛弃疾《同杜叔高祝彦集观天保庵瀑布主人留饮两日且约牡丹之饮》注释
鄂城（今湖北武汉）	"地近京畿种偏好，鄂城栽接不草草。"（周弼《牡丹》）
淮阳（今河南省周口市淮阳县）	"淮阳牡丹花，盛不数京洛"（张耒《与潘仲达二首》第二首）
阳州（今山东东平北部）	"阳州地远牡丹少"（王洋《戏咏酴釄示邑宰》）
信州（今江西上饶）	"水南闻有牡丹花"（赵蕃《观徐复州家书画七首》注释）

牡丹栽培地点	存在于诗句或注释中
常山（今河南安阳）	"咫尺常山似洛城"（韩琦《谢真定李密学惠牡丹》）
松江（今上海西南）	"洛花移种到松江"（杨万里《和张侍子仪送鞓红、魏紫、崇宁红醉、西子四种牡丹二首》之二）
彭州（今四川彭州）	"常记彭州送牡丹"（陆游《忆天彭牡丹之盛有感》）
鄱阳（今江西鄱阳）	范注，"鄱阳牡丹有四时开者"（范仲淹《依韵酬池州钱绮翁》）
汝南（今河南汝南）	"花从单叶成千叶，家住汝南疑洛南。"（苏辙《谢任亮教授送千叶牡丹》）
青州（今山东青州）	"东秦西洛景相望，只候花开是醉乡。"（黄裳《牡丹五首》）
齐安（今湖北黄冈）	"明年太昊城中色，来作齐安江上春。"（张耒《秋移宛丘牡丹植圭窦斋前作二绝示秬秸和》）
山阴（今浙江绍兴）	陆游《新晴赏牡丹》注释提及为陆游在家乡山阴所写
新丰（今安徽黄山）	杨万里《宿新丰坊，咏瓶中牡丹，因怀故园二首》

扬州、常州；今属安徽的贵池；今属浙江的杭州、永嘉；今属山东的青州、诸城、东平。

一直到1127年，靖康之变的发生，中原地区陷入金兵之手，宋室南渡定都临安（今浙江杭州），玩赏牡丹的风气开始在南方蔓延，并且促进了江南地区牡丹的栽培发展。由表3-3知，江南地区的牡丹种植主要集中在江西的北部，如鄱阳、上饶、德安、铅山；安徽的东南部，例如黟县、歙县、黄山；浙江的中部以及北部，主要是杭州以及周边的绍兴、金华；江苏的南部，例如苏州、南京一带，还包括上海的西南地区；此外，根据陆游的《天彭牡丹谱》可知，四川彭州的赏花活动也很兴盛（范禄林 等，2012）。

从唐朝到北宋再到南宋，牡丹的栽植范围一直在扩大，唐朝时期最初发迹于长安进而北宋时期盛于洛阳及西南地区，南宋时期又逐步形成了江南观赏中心，基本构成了现如今牡丹种植的中原地区和江南地区以及西南地区三大种群的最初格局（陈平平，1999；马燕 等，2011）。

一、皇家牡丹园林

唐宋两代的皇家宫殿均有牡丹种植，因为牡丹本是富贵荣华与权力的象征，作为拥有最高权力的统治阶级，为了便于皇室成员观赏牡丹，皇家的宫殿四周均有牡丹种植，并进行一系列的玩赏活动。

初唐时期，上官婉儿的"势如连璧友，心若臭兰人"描写的即为唐高宗在宫殿内宴赏群臣，共赏牡丹的情景。李白的《清平调词三首》反映的就是天宝二年（743年）杨贵妃与唐玄宗在沉香亭赏牡丹的情景。中唐时期，王建的《宫词·其一三七》，"小殿初成粉未乾，贵妃姊妹自来看。为逢好日先移入，续向街西索牡丹。"就反映出当时宫内有新修建的宫殿还要买牡丹来装饰，说明从高宗武后时期开始看重牡丹，一直到中唐时期，长安城内的宫殿都为牡丹的主要栽植地点。晚唐时期，无一首写宫廷牡丹的诗，表明从中唐的安史之乱开始，宫廷牡丹的玩赏活动渐渐消歇，牡丹玩赏活动开始向民间扩展。

宋朝时期，梅尧臣的《延义阁牡丹》、宋庠的《安福殿千叶双头并枝白牡丹歌》《清辉殿双头牡丹》《玉宸殿并三枝牡丹歌》以及夏竦的《延福宫双头牡丹》《宣赐翠芳亭双头并蒂牡丹仍令赋诗》中所提到到的延义阁、安福殿、清辉殿、玉宸殿以及延福宫、翠芳亭均位于北宋首都汴京的宫殿内。

北宋时期的赏花钓鱼应制诗篇所反映的牡丹玩赏活动一般都是在都城汴京的皇家宫殿之内，但是由于当时汴京牡丹栽培的时间较短，因此牡丹玩赏活动的规模和兴盛程度都不如洛阳（路成文，2007）。

二、私家牡丹园林

根据《全唐诗》检索系统统计，唐朝时期有具体诗文20首，有记载的牡丹种植的私家园囿如表3-4。

表3-4 《全唐诗》记载的牡丹种植的私家园林

私宅	诗作	作者	数量合计
王仲周所居宅	《闻王仲周所居牡丹花发因戏赠》	武元衡	1
令狐楚宅	《赴东都别牡丹》	令狐楚	1
王建宅	《题所赁宅牡丹花》	王建	1
浑侍中宅	《浑侍中宅牡丹》	刘禹锡	2
	《看浑家牡丹花戏赠李二十》	白居易	
唐郎中宅	《唐郎中宅与诸公同饮酒看牡丹》	刘禹锡	1
牛僧孺思黯南墅	《思黯南墅赏牡丹》	刘禹锡	1

私宅	诗作	作者	数量合计
白居易宅	《移牡丹栽》	白居易	2
	《惜牡丹花二首》	白居易	
	《秋题牡丹丛》	白居易	
元稹宅	《微之宅残牡丹》	白居易	6
	《和白乐天〈秋题牡丹丛〉》	元稹	
	《牡丹二首》	元稹	
	《酬胡三凭人问牡丹》	元稹	
	《赠李十二牡丹花片因以钱行》	元稹	
牛尊师宅	《牛尊师宅看牡丹》	段成式	1
钱学士宅	《白牡丹和钱学士作》	白居易	1
柴司徒宅	《柴司徒宅牡丹》	李中	1
裴给事宅	《裴给事宅白牡丹》	裴潾	1
严相公宅	《严相公宅牡丹》	徐铉	1

以上私家园囿中，除裴士淹宅牡丹于盛唐时期种植之外，其他都为中唐及以后时期，这仍说明，安史之乱使得朝政动荡，宫内的牡丹以及栽培、照料牡丹的花匠艺人也无法待在宫内，流落至民间，促使宫殿之外的牡丹玩赏活动兴盛起来。但是即使如此牡丹花的价格仍然十分昂贵，白居易在《买花》中提及"一丛深色花，十户中人赋。"，平民百姓仍然是难以负担，也是只有少数的达官贵族可以栽培玩赏（田志明 等，1995）。

根据全宋诗检索系统统计，宋朝时期有88首诗描述私家园囿的牡丹种植以及玩赏活动，这些诗作中描写的园囿有一些具体提及其主人，如傅察的《闻有游蔡氏园看牡丹诗戏作一绝呈季长》，"车骑雍容驻道傍，小园寻胜见花王"，韦骧的《早春游王氏园看牡丹约花开再游探韵赋诗得早字》，"参差彫槛木芍药，细叶新抽看渐好"；而更多的却只以"西园""南园"或"小园"称之，如黄庭坚的《次韵李士雄子飞独游西园折牡丹忆弟子奇二首》（其二），"更欲开花比京洛，放教姚魏接山丹"，韦骧的《和刘守以诗约赏南园牡丹》，"且看淡红随分有，须知绝品此中无。剪愁魏国掺掺手，辨怯齐门一一筝"。

这说明在北宋时期，牡丹的玩赏活动更加普及化，从唐朝时只在官绅贵族的私宅里的牡丹已经遍及园林，并且遍布大江南北，一般的百姓人家也有小型园圃种植牡丹，牡丹玩赏活动极其兴盛。同时，这种现象也恰好反映了北宋时期园林兴盛的状况。在写意山水，追求雅风的社会风气影响下，宋人对牡丹的玩赏也开始挣脱俗套，将其作为园林的构成要素进行品鉴把玩。牡丹在园林中广泛种植，其文化融入园林意境，也是牡丹具有高雅内涵的重要条件。

三、寺庙牡丹园林

根据《全唐诗》检索系统统计，唐朝时期有具体诗文17首，记载的牡丹种植的寺院具体见表3-5。

表 3-5　《全唐诗》记载的种植牡丹的寺庙园林

寺院	诗作	作者	数量合计
慈恩寺	《和李中垂慈恩寺清上人院牡丹花歌》	权德舆	2
	《裴给事宅白牡丹》	裴潾	
西明寺	《西明寺牡丹花时忆元九》	白居易	4
	《重题西明寺牡丹》	白居易	
	《西明寺牡丹》	元稹	
	《西明寺合欢牡丹》	顾非熊	
永寿寺	《与杨十二、李三早入永寿寺看牡丹》	元稹	1
开元寺	《题开元寺牡丹》	徐凝	2
	《杭州开元寺牡丹》	张祜	
万寿寺	《万寿寺牡丹》	翁承赞	1
荐福寺	《忆荐福寺牡丹》	胡宿	1
光福寺	《再看光福寺牡丹》	刘兼	1
天王院	《看天王院牡丹》	王贞白	1
临上人院	《中山临上人院观牡丹寄诸从事》	杜荀鹤	1
东林寺	《远公亭牡丹》	李咸用	1
未具体标明	《僧舍白牡丹二首》	吴融	2
	《僧院牡丹》	李商隐	

由此可知，唐代的佛教文化极为兴盛。唐高祖开国之后，虽然将道教排在第一位，儒学次之，佛教第三位，但是并没有打压或阻碍佛教的发展，前朝所建立的寺庙建筑以及相关的产业都得以保留。牡丹在唐朝最初登场的时候，作为新兴奢华的玩赏之物，存在于皇宫贵族院落以及寺院里，反映了统治阶级对于佛教的认同和重视。

但由于同时期的道教和儒学的存在，同样受到统治阶级的重视，因此佛教面临着激烈的宗教竞争压力，不得不以更加开放包容的态度来引进新的元素融入当时的主流文化之中。文人因为其吟诗作赋的才能，作为主要的文化传播承担者，有着特殊的社会影响力，也是当时寺院主要争取吸引的对象。统治阶级对牡丹的偏好也自上而下影响开来，文人对牡丹的热爱已经成为一种风尚，所以唐朝时期的寺院多栽植牡丹来供文人雅士玩赏，借助他们的文化传播影响力来增加信徒，进而增强自身的实力（刘斌，2016；陈征宇，2005）。

唐朝是牡丹进入寺院的关键时期，此后各朝各代的寺院都有种植牡丹的习俗，许多珍贵的古牡丹资源都在寺院中得以保存。根据《全宋诗》检索系统统计，宋朝时期有具体诗文15首，记载有牡丹种植的寺院见表3-6。

表 3-6 　《全宋诗》记载的种植牡丹的寺庙园林

寺院	诗作	作者	数量统计
吉祥寺	《吉祥寺赏牡丹》	苏轼	3
	《和子瞻沿牒京品忆吉祥牡丹见寄》	陈襄	
	《十八日陪提刑郎中吉祥院看牡丹》	蔡襄	
释迦院	《留别释迦院牡丹呈赵倅》	苏轼	1
明庆寺	《雨中明庆赏牡丹》	苏轼	1
太平寺	《同状元行老学士秉道先辈游太平寺净土院观牡丹中有淡黄一朵特奇为作》	苏轼	1
大目寺	《大目寺牡丹》	陈亦	1
观音院	《题洛阳观音院牡丹》	李建中	1
清凉院	《和王待制清凉院观牡丹赋诗》	梅尧臣	1
西禅院	《依韵奉和判府司徒侍中赏西禅院牡丹之什》	强至	1
安国寺	《又和安国寺及诸园赏牡丹》	司马光	1
未具体标明	《和竹元珍僧舍牡丹次韵》	孔武仲	4
	《山中见牡丹》	刘子翠	
	《僧院牡丹》	宋祁	
	《赏北禅牡丹》	韩琦	

　　唐朝牡丹诗中提及的寺院有10个，分别是慈恩寺、西明寺、永寿寺、开元寺、万寿亭、荐福寺、光福寺、天王院、临上人院、东林寺，共有诗作17首，其中未具体标明地点的诗作2首，写到最多的寺院是长安西明寺，共有4首。

　　宋朝牡丹诗中所提及的寺院有9个，分别是吉祥寺、释迦院、明庆寺、太平寺、大目寺、观音院、清凉院、西禅院、安国寺，共有诗作15首，其中未具体标明地点的诗作4首，写到最多的寺院是杭州吉祥寺，共有3首。

　　诗作写到最多的寺院由长安的西明寺变为杭州的吉祥寺，说明从唐朝到宋朝，牡丹的栽培玩赏中心已经由中原地区向江南地区转移。

第四章

唐、宋时期牡丹园林
玩赏的主要特征

　　唐宋作为牡丹两朝盛世，充分地挖掘这一时期内牡丹
鉴赏或者玩赏活动，对于现代人而言，既可以在某种程度上
提高个人修养，同时了解一些玩赏活动特点，又对设计牡丹
现代旅游活动也有一定借鉴作用，并且对于开发当今牡丹旅
游产业具有重要的历史文化参考意义。

一、宫廷贵族阶层

1. 唐朝宫廷赏花活动

唐朝初期，宫殿中就有牡丹栽植、宫廷赏花活动的记录：上官婉儿玩赏双头牡丹之后写下"势如连璧友，心若臭兰人"。这是首现存最早的有关唐朝皇宫贵族牡丹玩赏活动的诗，现在读来仍然感到惊艳。盛唐时期，牡丹在长安宫殿内的发展有了一定的基础，最具代表性的宫廷赏花活动就是开元天宝年间（742—755），唐玄宗和杨贵妃在沉香亭玩赏牡丹，牡丹共有4株，颜色花型各不同，为当时的珍贵品种，并且诗仙李白写下《清平调三首》来赞美牡丹和杨贵妃。唐玄宗和杨贵妃不仅自己喜好玩赏牡丹，而且还将牡丹赐予宠臣杨国忠，杨国忠用极具奢华的"百宝栏""四香阁"来装饰，使得家中的牡丹比宫中的还要富丽娇贵。这也反映了当时牡丹的珍贵与稀少。中唐安史之乱之后，宫廷的玩赏活动就逐渐消歇，也鲜有诗文记载（杨鸣，2004）。

2. 宋朝宫廷赏花活动

宋朝宫廷的牡丹玩赏活动不单单是君王后妃简单的娱乐活动，已经逐渐演变为一项具有特色的宫廷礼仪制度即赏花钓鱼宴。宋朝开国初期即宋太祖和宋太宗时期，各地的割据叛乱得到平定，社会逐渐繁荣稳定之时，以"君臣子民同乐"进行了赏花、钓鱼、宴饮、赋诗等一系列的活动。根据全宋诗检索系统统计，现存的赏花钓鱼宴以及应制赏花的诗作共44篇，其中宋太宗、宋真宗和宋仁宗时期，赏花钓鱼活动最为兴盛，这与时代背景有着紧密的联系。宋初，宋太祖平定了天下之后，"杯酒释兵权"解除了武将的兵权，加强了中央集权，并且建立了完备的文官制度，通过科举考试广纳天下英才。经过长时间的休养生息，到了宋太宗、宋真宗和宋仁宗时期，社会安定，经济繁荣，人民生活和乐，这也正是赏花钓鱼宴兴起的社会大背景。

赏花钓鱼宴以及应制赏花的诗作有着浓厚的政治色彩，多为鼓吹太平盛世，为统治阶级讴功颂德，是典型的宫廷文学，缺乏深刻的寓意，但从这些诗作中，我们仍能窥探到宋朝的时代精神：首先可以观察政治的盛衰。宋朝奉行"君臣同乐""与民同乐"的政治理想，天下无战事，政治稳定，经济繁荣，统治者才有优渥的自信率领群臣赏花赋诗，带领群臣一起感受天下的太平、国家的欣欣向荣之态。而赏花钓鱼宴几近废止的时期，如宋徽宗朝代，则是边疆战事骤起，内忧外患不断；宋神宗和宋哲宗以后，党派林立，纷争不断。由此可知，赏花钓鱼宴这一活动的进行与否、兴盛程度均可反应政治的盛衰。其次，可以体现统治阶级"重文轻武"的基本国策。宋朝开国之后，从唐朝灭亡的过程中吸取教训，一方面打压武将，削减武将手中的权力；另一方面，不拘一格提拔人才，壮大文官的队伍。宋朝文人的地位非常高，除了优厚的待遇之外，还经常受到最高统治者的接见，得以参与宫廷娱乐活动。赏花钓鱼宴饮赋诗活动就是对"重文轻武"这一国策的全面贯彻和具体体现。

3. 唐、宋宫廷牡丹玩赏活动的对比

总体来说，唐朝和宋朝宫廷贵族阶级的牡丹玩赏活动较为类似，唐朝开创了君臣赏花宴饮赋诗活动的先河，但是举办的次数较少，时间也较为随机，并且只是作为单纯的娱乐活动来举办；而宋朝将赏花、钓鱼、宴饮、赋诗活动发展为一项宫廷礼仪制度，并且固定在每年的暮春时节举行，有着固定的参与对象，而且除了单纯的娱乐休闲功能之外，赏花钓鱼宴饮赋诗之事已经成为打击武将、优待文臣，贯彻"重文轻武"国策的政治工具，宋朝时期的赏花钓鱼宴上所留存的牡丹诗篇也成了观察宋朝政治盛衰的窗口。

根据各种文献资料综合分析看，中国牡丹的观赏一开始在民间的星星点点无疑是存在的，但造成牡丹观赏的轰动效应一定是来自唐王朝，开启牡丹栽培和牡丹文化方面，李家王朝功不可没。这也是千百年来，为什么在老百姓的心目中把牡丹花一直定位为"富贵之花"的最直接原因。

二、民间阶层

在构成整个社会的群体之中，民间阶层所占的比例最大。

1. 唐朝民间观花活动

唐朝时期，民间阶层所参与的牡丹玩赏活动以游赏为主。刘禹锡的《赏牡丹》"惟有牡丹真国色，花开时节动京城"、王建的《长安春游》"牡丹相次发，城里又需忙"将都城长安城里，寻常人家出门游赏牡丹的情形描写地惟妙惟肖。此外，唐朝时期，市井百姓已经将牡丹作为商品进行交易和买卖，王建的《闲说》"王侯家为牡丹贫"、李贺的《牡丹种曲》"走马驮金斫春草（此处春草指牡丹）"均反映了牡丹价格极其昂贵，但这种买卖只是小规模的，并没有形成成熟的市场。

2. 宋朝民间观花活动

宋朝时期，市民同样有着游赏的习俗。司马光的《看花四绝句》"谁道群花如锦绣，人将锦绣学群花"、《效赵学士体成口号十章献开府太师》（其四）"洛阳风俗重繁华，荷担樵夫亦戴花"中形象写出

了洛阳城中人们看花赏花的风俗。黄庶的《和元伯走马看牡丹》"何似园家不吟醉，姚黄魏紫属游人"表明当时城中的市民百姓都可以看到'姚黄''魏紫'等珍贵的牡丹品种了，而且宋诗中也鲜有感叹牡丹价格昂贵的诗作，这说明在宋朝牡丹已经进一步普及化、大众化，也从侧面反映牡丹文化的繁荣程度又上一层楼。

文彦博的《游花市示之珍》"去年春夜游花市，今日重来事宛然。列肆千灯争闪烁，长廊万蕊斗鲜妍"表明宋朝不仅有了成熟的花市，而且十分受市民百姓的欢迎。花市以营利为目的，市民的参与程度较高，并且花市也将产生于市民阶层的牡丹民俗文化与各种娱乐活动融合在一起，因此，花市以及相关活动的兴起反映了民间阶层牡丹玩赏活动的兴盛、牡丹民俗文化的繁荣。

此外，宋朝的市民百姓凭借着劳动人民的智慧和创造能力对牡丹的种植技术、方法进行不断地改良和优化。黄庭坚的《和师厚接花》"妙手从心得，接花如有神"，陈瓘的《接花》"色红可使紫，叶单可使千。花小可使大，子少可使繁。天赋有定质，我力能使迁"都记载了接花工匠的高超技艺。

总体来说，唐朝市民阶层参与的牡丹玩赏活动比较单一，以游赏为主，辅以零星的牡丹买卖交易，这是由于当时牡丹种植规模较小，普通市民难以得见的情况所决定的。而宋朝时期，在唐朝的基础之上，牡丹产业蓬勃发展，普通市民不仅可以玩赏珍贵的牡丹品种，而且有了固定的花市去举办民间特色的赏花活动，并且为牡丹种植技术方面的革新做出了卓越的贡献。民间牡丹活动的多样性，也反映出宋朝牡丹审美文化与繁荣，已达到空前高度。

三、文人阶层

由于自身的修养与文学功底，文人阶层的赏花活动对于牡丹审美文化的繁荣有着至关重要的作用。文人是社会主体文化的创造者和继承传播者，具有不同寻常的审美眼光和善于发现牡丹之美的双眼。

唐宋两朝的文人阶层牡丹玩赏活动十分类似，主要有以下几种玩赏类型：

1. 酒下赏花

北宋诗人邵雍的"牡丹花发酒增价，夜半游人犹未归"和"有花方酌酒，无月不登楼"（《增广贤文》）等诗句都是酒下赏花的真实写照和高度提升凝练。借着微醺赏花，伴着花香饮酒，这份赏花时所具有的风流儒雅、安闲潇洒是别的阶层所无法比拟的。

唐朝时期，有元稹的《酬乐天劝醉》"神曲清浊酒，牡丹深浅花"、刘禹锡的《唐郎中宅与诸公同饮酒看牡丹》"今日花前饮，甘心醉数杯"、罗隐的《牡丹》"公子醉归灯下见，美人朝插镜中看"、翁承赞的《擢探花使三首》（其三）"每到黄昏醉归去，纻衣惹得牡丹香"等诗。

宋朝时期吕陶的《和王霁太博见寄》"牡丹时节西园醉，不得相同一倚阑"、杨万里的《已过吴江阻风上湖口二首》（其一）"五日姑苏一醉中，醉中看尽牡丹红"、戴复古的《题牛图》"牡丹花下连宵醉，今日闲看黑牡丹"、彭汝砺的《谢德华惠牡丹因招同官会饮》"便乞诸公城壁饮，风前同醉一枝春"等诗中都有相关记载。

酒赏成了唐宋文人赏牡丹的一种习惯，酒和牡丹花已经成为人生艺术化的一部分，一种潇洒风雅的生活方式。花前酒后使得文人处在一种闲适的环境中，将一切烦恼抛诸脑后，得到片刻的宁静与快乐。酒赏在文人阶层牡丹玩赏活动中最为常见和频繁，这也是文人高雅化生活、艺术化人生的一种体现（邹巅，2008）。

2. 结伴游赏

司马光的"劝君披取渔蓑去，走看姚黄判湿衣"，把大家一起看牡丹的情形写得惟妙惟肖。每年暮春牡丹花盛开之时，一城之人都出门游赏牡丹，这自然也少不了文人阶层的积极参与。

唐朝时期，有白居易的《白牡丹和钱学士作》"城中看花客，旦暮走营营"、《牡丹芳》"遂使王公与卿士，游花冠盖日相望"，崔道融的《长安春》"长安牡丹开，绣毂辗晴雷"，徐夤的《忆荐福寺南院》"鹧鸪声中双阙雨，牡丹花际六街尘"，温庭筠的《夜看牡丹》"高低深浅一阑红，把火殷勤绕露丛"等诗作。

宋朝时期，欧阳修少年得意之时，暮春时节常常在洛阳的各大名园赏花游玩，这段时光也使得欧阳修印象深刻，多次提笔写下"我时年才二十馀，每到花开如蛱蝶。姚黄魏紫腰带鞓，泼墨齐头藏绿叶"（《谢观文王尚书惠西京牡丹》）、"少年意气易成欢，醉不还家伴花寝"（《送张屯田归洛歌》）、"年少曾为洛阳客，眼明重见魏家红"（《答西京王尚书寄牡丹》）等名篇佳作（陈平平，1998）。司马光对于游赏活动的兴趣更加浓厚，《其日雨闻姚黄开成诗二章呈子骏尧夫》"劝君披取渔蓑去，走看姚黄判湿衣"详细记载了因担心下雨之后牡丹花瓣被雨水打落而稀疏，就冒雨看牡丹的情形；《看花四绝句》"洛阳相望尽名园，墙外花胜墙里看"表明了司马光赏牡丹的足迹也是遍布整个洛阳城。

这些诗句反映了唐宋两朝文人出门游赏牡丹的盛况，乘车骑马，徒步奔走，熙熙攘攘，白天看的不够尽兴，夜晚举着火把再看，担心下雨会使牡丹加速凋谢，宁愿淋雨去观赏。对于文人而言，游赏这种方式不仅仅是单纯的休闲娱乐活动，也是他们亲近自然、体察百姓生活的机会，进而诗兴大发。同时还可以与知己好友相约出行赏花，增进彼此的感情。

3. 赏花唱和

赏牡丹而唱和应答是指在牡丹开花的暮春时节，文人纷纷玩赏牡丹，一人作诗，其他人纷纷应和，有的诗作依原韵、次韵或者限韵，有的别出心裁者为了难中出奇，而采用"白战体"*，形式多种多样，力求不落窠臼、彰显才华。

根据《全唐诗》检索系统统计，标明为唱和之作的牡丹诗共有13首，如王驾的《次韵和卢先辈避难寺居看牡丹》"乱后寄僧居，看花恨有馀"、元稹的《和乐天秋题牡丹丛》"敝宅艳山卉，别来长叹息"；根据全宋诗检索系统统计，标明为唱和之作的牡丹诗共有106首，如黄庶的《次韵居正四月牡丹》"四月残红日日稀，平阳园槛正芳菲"、梅尧臣的《和王待制牡丹咏》"谁移洛川花，一日来汝海。浓淡百般开，风露几番改"等诗作。

4. 寄赠酬答

北宋诗人张耒的"十首新诗换牡丹，故邀春色入深山"一句诗，把牡丹园主和诗人之间的深厚交情和各自喜好跃然于纸。

牡丹对环境的要求极为严格，其分布范围因此受到限制，"欲得且留颜色好，每窠皆着碧纱笼"，需要精心的栽培和照料才能使其开放，并非人人得见。因此牡丹便成了宝贵又雅致的礼物，受到了安闲风雅文人的喜爱，并且用其来寄托思念、表达关怀，同时也引起了文人们一系列的诗文唱和。

唐朝时期，因牡丹的珍贵性以及价格昂贵等原因，再加上牡丹园艺种植技术不发达，因此这类型的诗作数量不多。根据《全唐诗》检索系统统计，寄赠酬答的牡丹诗歌共有4首，如徐夤的《依韵和尚书再赠牡丹花》，"烂银基地薄红妆，羞杀千花百卉芳。紫陌昔曾游寺看，朱门今在绕栏望"，元稹的《酬胡三凭人问牡丹》，"窃见胡三问牡丹，为言依旧满西栏。花时何处偏相忆，寥落衰红雨后看"；元稹的《赠李十二牡丹花片因以饯行》，"莺涩馀声絮堕风，牡丹花尽叶成丛。可怜颜色经年别，收取朱阑一片红"。

根据《全宋诗》检索系统统计，寄赠酬答的牡丹诗歌共有65首，如黄庭坚向朋友索要牡丹花，王舍人许诺送给他牡丹花，但要求诗一

---

*白战体，亦称"禁字体"，简称禁体。一种遵守特写禁例写作的诗。据宋代欧阳修《雪》诗自注、《六一诗话》及宋代诗人苏轼《聚星堂诗叙》所记其禁例大略为不得运用通常诗歌中常见的名状体物字眼如咏雪不用玉、月、犁、梅、练、絮、白、舞等，意在难中出奇。

首，黄庭坚作《王才元舍人许牡丹求诗》"闻道潜溪千叶紫，主人不剪要题诗"，收到朋友寄送的牡丹花后又作诗答谢《谢王舍人剪送状元红》"清香拂袖剪来红，似绕名园晓露丛"。

宋仁宗嘉祐年间（1056—1063），王宣徽独自在洛阳，牡丹花开之时无人陪伴游赏也是非常孤单和无聊，于是就剪下十个牡丹品种的几十枝花，分别寄给远在他乡担任官职却怀念洛阳牡丹的朋友，大家收到花之后分别写诗表示感谢。这一活动中所作的诗歌有宋庠的《洛京王尚书学士寄惠牡丹十品五十枝因成四韵代书答》、欧阳修的《谢观文王尚书惠西京牡丹》、梅尧臣的《次韵奉和永叔谢王尚书惠牡丹》、文彦博的《诗谢留守王宣徽远惠牡丹》（蓝保卿 等，2009）。

从以上诗人们的寄赠唱酬中我们能够了解到，暮春牡丹花开之时，文人经常会寄赠牡丹给自己的好友知己，可以寄托思念，增进感情交流，同时也使得生活更具有安雅之味。

总体来说，在唐朝两朝，无论是酒下赏花、结伴游赏还是作诗唱酬应和，虽不完全成为文人阶层专享的牡丹赏玩活动方式，但由于社会文化素质的整体提升，文人特殊的地位和背景，使得文人成为引领社会审美与文化发展的旗帜标杆，在各种牡丹玩赏活动中都倾注了他们的文化理想与价值观念。

在对唐宋两朝牡丹诗歌统计分析后，不难看出：有关牡丹诗歌承载着人深刻的思想情感和历史文化内涵，系统挖掘有关内容，是认识牡丹文化不可或缺的部分。

以牡丹本身为描述的主要对象，或赞美牡丹的美丽姿容，或表现牡丹玩赏活动的盛大，或抒发游赏牡丹的闲适，或对于牡丹玩赏奢华风气的批判，我们称之为立足牡丹观赏的审美观，也就是单纯的就牡丹这一事物以及玩赏活动进行评判和感情表达。

一、唐朝时期

1. 赞美牡丹

唐朝时期，牡丹之所以能够进入人们的审美领域，就是凭借着美艳的花色、硕大的花朵和浓郁的香味。为了迎合统治阶级的喜好，整个社会对于牡丹的审美都是追求巨大花型、艳丽色彩和奇特品种，这种重感官享受和满足物质欲求的审美趣向也与当时唐朝展示的太平时代图景所契合，体现了物色与个性之美完美交织的大唐盛世精神，弥漫着唐朝特有的锐意进取的雄豪气魄。因此，这一时期对牡丹的赞美诗歌，也往往从以下几方面入手：

（1）直赞色香

唐朝诗人李正封的"国色朝酣酒，天香夜染衣"两句诗，是对牡丹色香最高褒赞，无人出其左右。

唐朝时期，牡丹的花色尚不太多样，以红、紫、白为主，有一些深浅变化，诗歌中运用多种手法来描摹这些美丽的花色。

白居易的《牡丹芳》从将重叠的花瓣喻为灿烂赤霞，到把纵横树枝上的整朵牡丹比为辉煌的绛烛，从细部到整体，惟妙惟肖地勾画出红牡丹盛开之时的璀璨热烈。一开始以为是天边出现了红霞，又怀疑是绛烛的作用，在周围行走惊觉牡丹不仅映红了附近的地面，也染红了看花人的衣裳。还有李山甫的《牡丹》"数苞仙艳火中出"，方干的《牡丹》"花分浅浅胭脂脸"，他们把红牡丹描绘为赤霞、朝阳、蜡烛、火焰、丹砂，颜色既凝聚浓厚又流动飞扬，不仅盛放得璀璨热烈，而且将周围的地面行人都带动得明媚起来。

白居易的《白牡丹和钱学士作》"留景夜不暝，迎光曙先明"描摹白牡丹的皎洁透明，照亮了夜色，让人以为曙光已经降临。吴融的《僧舍白牡丹二首》（其一）诗"腻若裁云薄缀霜""月魄照来空见影"，将牡丹的白色具体化形容为细腻的白云上点缀薄薄的霜，更显其轻盈澄澈。

同时诗歌中也是极尽各种手法来刻画牡丹的香气，如王建的《同于汝锡赏白牡丹》，"并香幽蕙死"，《赏牡丹》，"香遍苓菱死"；唐彦

唐、宋时期立足牡丹玩赏活动的审美观

谦的《牡丹》，"颜色无因饶锦绣，馨香惟解掩兰荪"；郑谷的《街西晚归》，"幽榭名园临紫陌，晚风时带牡丹香"；司空图的《牡丹》，"得地牡丹盛，晓添龙麝香"；徐夤的《追和白舍人咏白牡丹》，"蓓蕾抽开素练囊，琼葩薰出白龙香"；李山甫的《牡丹》，"一片异香天上来"；李中的《柴司徒宅牡丹》，"翠幄密笼莺未识，好香难掩蝶先知"；薛能的《牡丹四首》，"浓艳冷香初盖后，好风乾雨正开时""奇香称有仙"；李建勋的《晚春送牡丹》，"氛氲兰麝香初减"；李商隐的《牡丹》，"荀令香炉可待熏"。

牡丹的香气是兰花、杜鹃所不能比拟的，又将牡丹香比作为白龙香、龙麝香，香气温暖细腻仿佛吸引着蝴蝶在四周飞舞，而风雨降临时，香气又变得冷清了起来，这种捉摸不定的香气又被称之"奇香""异香"，到了不可言状的程度。

（2）对比衬托

刘禹锡的《赏牡丹》，"庭前芍药妖无格，池上芙蓉净少情"，最早用其他的花卉来衬托牡丹，以芍药的妖艳失格、芙蓉的清冷少情做铺垫，从而衬托出牡丹的芳华绝代（陈遵武，1990）。类似的诗歌还有徐夤的《依韵和尚书再赠牡丹花》，"烂银基地薄红妆，羞杀千花百卉芳"、《追和白舍人咏牡丹》，"槛边几笑东篱菊？冷折金风待降霜"。写白牡丹的白色何其的晶莹纯洁，用"东篱菊"来衬托，即使菊花经历了降霜之后，也难以企及白牡丹纯真的本色。

（3）人花互喻

唐诗中，人花互喻最为经典的篇章就发生在天宝年间（742—755），唐玄宗、杨贵妃沉香亭赏花，李白醉赋《清平调三首》。将云彩比作贵妃的衣服，将牡丹花比作贵妃姣好的容貌，后篇又将贵妃比做一只缀露散香的牡丹花，并一举将牡丹和杨贵妃都推向了芳华绝代的至尊地位，手法巧妙、流转自如；牡丹、美人融为一体，飘洒俊逸，风流脱俗。

此外，还有李咸用的《远公亭牡丹》、唐彦谦的《牡丹》和徐夤的《和仆射二十四丈牡丹八韵》以及孙鲂的《主人司空后亭牡丹》、罗隐的《牡丹花》和《牡丹》。这些诗句中涉及的美人有西施、巫山神女、李夫人、洛神、杨贵妃等，美人和花互喻，使形象更加立体、丰富。

这类诗中较为特殊的是杜甫的《花底》，"紫萼扶千蕊，黄须照万花。忽疑行暮雨，何事入朝霞。恐是潘安县，堪留卫玠车。深知好颜色，莫作委泥沙。"这是杜甫仅存的一首吟咏牡丹的诗作，用潘安、卫玠两个著名美男子的典故来表现牡丹的迷人魅力，这是第一篇用美男比喻牡丹的诗作。

（4）吐芳时序

皮日休《牡丹》，"落尽残红始吐芳，佳名唤作百花王。" 就是按照牡丹开花时序，对牡丹进行夸赞。这类的诗歌，从牡丹本身的自然生物特征入手，强调牡丹无意争春而在百花凋残的暮春时节开花，盛赞其卓尔不群的品质。

孙鲂的《题未开牡丹》，"青苞虽小叶虽疏，贵气高情便有馀"，皮日休的《牡丹》诗，都将牡丹遗世独立的孤傲品质表现得淋漓尽致。两者都不仅仅局限于物色特征描写，而开始有了审美意象延伸的萌芽。

2. 歌功颂德

唐朝有一些诗歌反映的是玩赏活动的盛况，进一步反映了当时经济的进步以及社会的繁荣，并没有明显为统治者当朝歌功颂德的祈向。这些作品一般都是对牡丹花开时节的游赏盛况进行了记叙，间接展现了中唐元和时期社会日趋稳定繁荣的中兴局面，却并非带有明确的歌功颂德政治祈向。

3. 批判主题

在众多诗人不遗余力地堆砌华丽的辞藻来赞赏牡丹的同时，牡丹也受到了批评和嘲讽，而且唐宋两朝对于牡丹批判的侧重点不尽相同。

唐朝关于牡丹批判诗歌的主题主要有以下两类：

① 花大无果。王毂的《牡丹》，"曷若东园桃与李，果成无语自垂阴"和王曙的《咏牡丹》，"枣花至小能成实，桑叶虽柔解吐丝"。这两首诗主要从实用价值的角度进行批判，与桃树、李树、枣树进行比较，以上树木虽然花小但是可以结出美味的果子，桑叶还可以用来喂食桑蚕使其吐丝，而牡丹徒有硕大的花朵外，再没有什么用处了。而柳浑的《牡丹》，"今朝始得分明见，也共戎葵不校多"，更表现了一种无奈的感情，令人发指的高价背后，牡丹却也只和寻常的蜀葵差不多，并没有什么特色。

② 阶级差异。牡丹的价格也随着整个社会牡丹玩赏活动的兴盛而水涨船高，整个社会都弥漫着奢靡之风，这正是对普通劳动人民的残酷剥削换来的，一些有识之士对其进行了深入的思考，牡丹的种植会对农业作物种植有多大的影响，整个国家都趋之若鹜地玩赏牡丹，能否掩盖背后巨大的阶级差异，这其中以白居易的诗作最具代表性。

白居易的《买花》和《牡丹芳》，这两首诗都是首先描写牡丹的美艳无双，以及人们为了牡丹而痴狂不惜一掷千金的情形，展开了一幅壮观的牡丹画卷。从不同阶级人们面对牡丹时的态度和行为，就可以发现不同阶级之间巨大的贫富差异，而后对此狂热奢靡的风气进行了批判，对劳动人民生活的艰辛表示同情，充满了忧国忧民之思，具有极高的思想境界。

二、宋朝时期

1. 赞美牡丹

宋朝在经历了五代的动乱之后，经济政治渐渐走上正轨，宋朝文人的时代意识也更加明确，他们不把牡丹作为唐朝的遗物进行悼念，而是以别具特色的目光来审视牡丹。即使对物色之美的欣赏，他们也开始注重品第分类、评判优劣，在牡丹审美文化领域继续深化，突破牡丹只对色香表面特性的关注，进一步取其内在意义，提出了"花妙在精神"的赏花理念，并且进一步由取其意深入到取其德，发掘出太平昌盛之象、中原正统、尊贵花王等文化象征意义。

（1）品第分类

"瑶姬来自状元家，真是姚黄第一花。"直接将牡丹的品种名称运用在诗歌的题目中，在宋代首次出现并且运用的相当频繁，这说明当时牡丹相关玩赏活动已经在一定水准上拥有了学术化倾向的特质，而这种特质是以宋朝时期人们所具备的观物思想和理学韵致为前提的，比较注重对生物属性的思考和观察。

根据《全宋诗》检索系统统计，在题目或诗作中提及了牡丹品种诗歌共304首，共提及24个品种，以姚黄数量最多，有138首，魏紫第二，有71首。例如欧阳修的《谢观文王尚书惠西京牡丹》"姚黄魏紫腰带鞓，泼墨齐头藏绿叶。鹤翎添色又其次，此外虽妍犹婢妾"、姚勉的《赠彭花翁牡丹障》，"自言当时记者数十种，姚魏后有潜溪绯"、王十朋的《次韵潘十太尉咏知宗牡丹七绝》（其一），"姚黄一品价无双，更有左花千叶密"。这些诗都反映了当时人民对于牡丹不同品种的欣赏偏好与追求，而'姚黄'和'魏紫'最受推崇与追捧，人们将其称为"花王""花后"。

梅尧臣的《次韵奉和永叔<谢王尚书惠牡丹>》"独将颜色定高低，绿珠虽美尤为妾。从来鉴裁主端正，不藉娉婷削肩胛。旧品既著新品增，偏恶妒芽须打拉"论述了牡丹品种的选择标准，十分有新意。单独看颜色的话，绿珠再美也只能是妾侍。评判等级最重要的一点就是要端庄正雅，不能单单看重腰肢纤细、肩胛瘦削等局部。老的品种已经名扬四方，新的品种正在增加，不好的嫩芽就要及时处理掉。这种思路至今还有借鉴意义。

（2）尊称花王

"青帝恩偏压众芳，独将奇色宠花王。"，这是宋朝诗人韩琦的两句牡丹诗。在韩琦之前，也有诗作用"王者""第一流""冠压群芳"等字眼来形容牡丹，但那些都是为了突出牡丹物色之美艳绝伦，而韩琦诗中的"花王"是尊王攘夷的正统王室，代表了对封建统治的自觉维护，在韩琦的笔下，牡丹成为王室的象征，代表了雍容华贵、至高无上的位置。

韩琦的《同赏牡丹》"国艳孤高岂自媒，寒乡加力试栽培。花王亲视风骚将，中的方应赏巨杯"强调了牡丹是花中至尊的花王，只要将士们武艺过人，花王就会有所赏赐。用花王来鼓舞士兵的士气，具有重大的意义。这首诗进一步将牡丹深化为王权、中央的象征了。

韩琦一生之中一共写了22首牡丹诗，此中的8首用花王的意蕴替换掉了牡丹。此风尚一经开创，便在文人的各种牡丹作品中普遍采用。根据《全宋诗》统计，出现"花王"来代指牡丹的诗歌共有69首，牡丹所承载的"中央""王权"的文化象征意义深入人心，丰富了牡丹审美文化。

（3）牡丹精神

邵雍提出了"花妙在精神"的赏花观念，将牡丹的玩赏活动上升到了哲学的层面。邵雍一生都没有踏入官场，潜心于哲学研究，博览群书，观察万物，而由于邵雍晚年居洛，在其私宅"安乐窝"中种植大量的牡丹，因此，牡丹也成为他阐述哲学思想的道具，而这些哲学思想也丰富了牡丹审美文化的内涵。

邵雍在《善赏花吟》中提出了"花妙在精神"的赏花观念，又在其《独赏牡丹》中进一步阐述"赏花全易识花难，善识花人独倚栏"，进一步阐述赏花虽然容易，难得的是真正的懂花。世人都争相追逐的时尚品种不一定是真的好，真正的奇绝品种是远离俗尘的。此外，邵雍还认可上天创造世间万物的功夫非常的精妙，不是寻常之人可以体味到的。

2. 歌功颂德

而到了北宋中前期，天下太平，政治清明，经济繁荣，游赏之风盛行。统治阶级也乐于与朝中官员、文人百姓共同赏花，来体现"以天下之乐而乐"的政治愿景，而作为此项活动的受益者就会通过颂圣，创作相应的诗篇来为统治阶级歌功颂德，自觉地维护封建统治。

这些作品大致有两类：

（1）应制赋诗

赏花钓鱼宴是北宋时期统治阶级玩赏牡丹的特色活动，最高统治者和朝中官员在宫廷内苑进行一系列的赏花钓鱼、饮酒作诗等活动，所创作的诗歌是典型的宫廷文学，具有歌功颂德的政治祈向。如宋祁的《代赋后苑赏花钓鱼》、王安石的《拟和御制赏花钓鱼》

等。此外，一些应制诗歌，如寇准的《应制赏花》、夏竦的《延福宫双头牡丹》也是通过描写牡丹玩赏或牡丹珍贵品种来歌颂政治清明，人民和乐。

（2）牡丹玩赏

宋代诗人方回的两句诗"人人一朵牡丹春，四海太平呼万岁。"，同样是描写牡丹玩赏活动的盛大和热烈，诗人的笔下又增添了对于太平繁华盛世的赞叹，表达出生活在这一时代的满足与惬意，同时也表达了对于最高统治者的歌颂，而正是这些诗作使得牡丹玩赏活动成为国家繁荣、太平盛世、安康生活的表征。

司马光《和君贶<寄河阳侍中牡丹>》"真宰无私妪煦同，洛花何事占全功。山河势胜帝王宅，寒暑气和天地中。尽日玉盘堆秀色，满城绣毂走香风。谢公高兴看春物，倍忆清伊与碧嵩。"上天本是无私的，为何洛阳的牡丹就这么的与众不同，占断好物华？是因为帝王之都，气候宜人。牡丹开放时节，车水马龙，熙熙攘攘十分热闹。

邵雍的《洛阳春吟》、文彦博的《游花市示元珍》通过分析洛阳牡丹独占物华的原因和赏花活动的盛况，以及花市的繁荣热闹来讴歌太平盛世，赞颂清明政治。

3. 批判主题

宋朝关于牡丹批判诗歌的主题主要有以下两类：

（1）违背规律

北宋时期欧阳修的《洛阳牡丹记》，标志着当时牡丹园艺种植活动已经高度发展且走向成熟完备，出现了一批具有高超技艺的牡丹园艺工，他们可以改变牡丹的花色、花瓣数量等。而在注重理韵，喜欢思考的宋人眼中，这种行为违反了自然的本质规律，因而进行批判。

游酢所做的《接花》，前半部分写了园艺工的高超技艺，可以调控、改变花的颜色、大小、花瓣的数量，后半部分仍表现了天时不可违背的中心思想。方岳在《接花》中写道"可怜人自生荆棘，却变初心失本然"，也表达了这种技艺会使人失掉初心和本然。

（2）借花咏史

牡丹是受最高统治者青睐的花卉，许多具有重大意义的活动都与牡丹有关，或者事件发生的场合有牡丹存在，因此，牡丹就随着这些事件的流传也有了历史厚重感，借牡丹以咏史是宋朝牡丹诗歌一个非常重要的类型。据统计，《全宋诗》中对此进行吟咏的诗作达32首，主旨有的是批评玄宗、杨妃荒淫误国，有的是批判人才如李白一样无法得到重用，体现了作者对于历史的深切思考。较为典型的诗作有方岳的《江神子·牡丹》和杨万里的《题益公丞相天香堂》。

这种以唐明皇和杨贵妃为题材的咏史诗中以刘克庄的见解颇为独

到，在《记牡丹二首》（其一），"暴骸独柳冤谁雪，藁葬青山过者悲。甘露殿中空诵赋，沉香亭畔更无诗"中提到了安史之乱中，在马嵬坡杨贵妃为了平息动乱而自缢而死，作者认为杨贵妃只是一个替罪羊，还背负了红颜祸水、祸国殃民的罪名，这样的冤情又有谁能来为她正名呢？要为杨贵妃来平冤昭雪是这首诗的一大特点。

我们将以牡丹作为触发感情的媒介，把诗人个性化的人生经历、对于仕途功名的求取、对于人类整体生命的思索，以及山河破碎之际深切的流落之恨、亡国之悲，都可以倾注在一株牡丹花上来表现审美观点，特称之为以牡丹为触媒鉴赏的审美观。

一、唐朝时期

1. 个人修身与情愫

（1）仕途之伤

自古以来，封建社会文人共有的悲哀就是现实与理想的割舍，"居庙堂之高则忧其君，处江湖之远则忧其民"，在"修身齐家"与"治国平天下"的夹缝中苦苦挣扎，唐、宋两朝的文人也不例外。

唐朝时期，张祜的《京城寓怀》，"三十年持一钓竿，偶随书荐人长安。由来不是求名者，唯待春风看牡丹。"前两句描述诗人过了30年的田园隐居生活，在令狐楚上表推荐下，来到长安得以献上自己的三百篇诗作，然而结果却不尽如人意。后两句表达诗人至长安本就不同于他人来求取功名，只是等待春风和煦之时领略牡丹盛开的风采，字里行间充满了无奈之感。

令狐楚的《赴东都别牡丹》，"十年不见小庭花，紫萼临开又别家。上马出门回首望，何时更得到京华。"主要描写了诗人被贬黜在外多年，回家之时恰逢长安私宅中栽植的牡丹就要开放，却不得不背井离乡，奔赴洛阳的情景。出门临行上马之时又忍不住回头凝望，不知何时才能再回来。令狐楚这首诗通过描写对自己家庭院牡丹的喜爱不舍之情，流露出对仕途遭遇挫折的惆怅与伤感，同时也间接地反映出中唐时期东都洛阳城内的牡丹种植以及玩赏状况远不及长安的盛大的情况。

李商隐的《回中牡丹为雨所败二首》，"下苑他年未可追，西州今日忽相期。水亭暮雨寒犹在，罗荐春香暖不知。舞蝶殷勤收落蕊，有人惆怅卧遥帷。章台街里芳菲伴，且问宫腰损几枝？浪笑榴花不及春，先期零落更愁人。玉盘迸泪伤心数，锦瑟惊弦破梦频。万里重阴非旧圃，一年生意属流尘。前溪舞罢君回顾，并觉今朝粉态新。"写于政治矛盾纷争更加尖锐的晚唐，李商隐陷入了"牛李党争"的政治漩涡中，因此唐文宗开成三年（838），他去长安参加科举考试，已经及第的他在中书省复审的时候被除名落第，无奈之下只能返回泾州。这是诗人求取功名道路上的一次沉重打击，这两首诗正写于此时，途中看到被风雨摧残的牡丹，凋零飘落，不禁悲从中来，由牡丹花的现状联想到自己的处境和前途，感叹自己仕途坎坷、命途多舛。

严格地说，以上的诗作，借对牡丹的吟咏来表达对自己或者朋友贬谪经历的同情和悲愤，并非固有的模式，只是简单地将牡丹作为作者感情寄托的普通物体，并没有特殊的指代和含义。这受限于当时牡丹的种植规模、传播范围。在唐人的思想中，首都、至高无上的皇权以及官僚看重的京官与牡丹之间并没有明确的联系，牡丹并没有成为首都、权利的象征。

（2）人生无常

牡丹的花开花谢过程也与人一生的起伏荣辱极为类似，因此借吟咏牡丹来探索生命过程中具有哲理之思的诗作也不在少数。

唐朝时期，突出的作品主要有李建勋的《晚春送牡丹》"携觞邀客绕朱栏，肠断残春送牡丹。借问少年能几许，不须推酒厌杯盘"、李昉的《独赏牡丹因而成咏》"病老情怀慢相对，满栏应笑白头翁"、杜荀鹤的《中山临上人院观牡丹寄诸从事》"闲来吟绕牡丹丛，花艳人生事略同"、殷益的《看牡丹》"何须待零落，然后始知空"等。

2. 天下国家担当

从个体的角度来讲，牡丹成为触发文人仕途之伤、人生离合悲欢、世事无常感慨的触媒。那么，在国家的层面，山河破碎、风雨飘摇，时局动荡不安、百姓流离失所之时，文人对于牡丹所抒发的感慨也随之上升到了国家命运和民族存亡的层次，更为深沉和悲切。

唐朝时期，此类作品多作于晚唐五代时期，当时长安战乱频繁，诗人不得不背井离乡，来到南方地区；然而南方地区远不如长安繁荣富庶，诗人总有一种异乡之感，因而曾在长安玩赏过的牡丹便成为寄寓流落之恨的媒介。

郑谷是唐末时期著名诗人，经历了黄巢为首的农民起义和后续的动荡。这首诗是诗人后期在华州避难时期所作，即《牡丹》"乱前看不足，乱后眼偏明。却得蓬蒿力，遮藏见太平。"先写了太平与动荡时期，玩赏牡丹的心态大不相同。动乱之前，一味地深陷于牡丹的玩赏游乐活动，而动乱之后，位于穷乡僻壤处的牡丹躲过了灾祸，仍然是安然如故，再看牡丹就有了不同的感悟，敏锐地感受到唐朝末年不同阶级之间已经产生尖锐的矛盾，整个王朝走在下坡路，而自己因为动乱不得不离开长安，流落之感表露无遗。

徐夤《忆牡丹》的前两句描写了在长安时候栽种牡丹、玩赏牡丹的事宜，而匆匆一别，已有十年未曾回过长安，暮春时节在自己的隐居之地只能看着画中的牡丹独自借酒浇愁。《忆荐福寺南院》也是先对昔日长安生活的回忆，最后一句表达了对时局动荡的担忧和天下太平的渴望之情。在时局动荡、风雨飘摇的情况下，人们内心惶恐，想去询问朝廷秉持中枢政柄的人，这天下什么时候才能太平？这两首诗都反映了晚唐社会环境混乱、时局动荡，人们颠沛流离、内心不安以及对美好安定生活的怀念与向往。王贞白的《看天王院牡丹》"前年帝里探春时，寺寺名花我尽知。今日长安已灰烬，忍随南国对芳枝。"诗的前两句写了诗人前些年间的春日在都城游玩时分，对著名寺院里珍贵品种的牡丹逐一欣赏。而现如今长安城已被战争的灰烬覆盖，即使在南方遇到了牡丹也不忍心再观赏。晚唐时分，国势日下、战乱频发、民不聊生、奸臣当道；皇帝也被迫迁到东都洛阳，长安城遭到了极其严重的摧残，牡丹也随之受到破坏。通过牡丹今昔情况的比较，反映了唐王朝昔盛今衰的现实状况，以及作者的忧国忧民之情。

唐末佚名人士的《睹野花思京师旧游》"曾过街西看牡丹，牡丹才谢便心阑。如今变作村园眼，鼓子开花也喜欢。"前两句也是写在长安城观赏牡丹的情况，牡丹花一凋谢，便没有了赏花的兴致。后两句写，如今因时局战乱被迫生活在乡村，久久不曾看到过牡丹，因而看到鼓子开花也十分喜欢。这说明了时局的动荡也改变着人们的处境和心态，人们隐居乡村之后的心情也反映了唐朝旧日的风采已不再。从牡丹的兴衰便可窥探王朝的兴衰命运。

二、宋朝时期

1. 个人修身与情愫

（1）仕途之伤

宋朝时期的文人却不一样，在开国以来安定的社会大背景之下沉淀了文化基础，再加上韩琦不断地深入发掘和推崇，把牡丹的形象比作至高无上的王权地位，因为要尽全力维护封建阶级的统治并确保其合理性，继而牡丹又成了合理正统的北宋王室象征。北宋时期因其重文轻武使得文人士大夫都成为这一政策的获益者，随着自身社会地位的提高，他们也对封建阶级的统治自发地维持保护。因此，在宋朝时期都城和王权都能以一株牡丹为标志。宋人的牡丹诗再不是仅仅表达被贬之后的哀伤，往往还会深化为对于故国的思念、对于亡国的沉痛之情等。因此，宋朝时期牡丹诗中对于被贬之情的描述，便有了相当程度的一般性。

欧阳修的《戏答元珍》《县舍不种花惟栽楠木冬青茶竹之类因戏书七言四韵》均作于景祐四年（1037）。第一首诗是为了答谢朋友丁宝臣的《花时久雨》所作，虽然题目中有一个"戏"字，想表明自己并非认真严肃，但实际上仍然表达了仕途失意的愁绪。最后一句来自我宽慰：已经在洛阳欣赏过美丽的景色，那我在这山村就静静地等待迟开的野花吧！也不需要唉声叹气了。满心的愁绪中仍然有着积极向上的希冀。第二首诗是写被贬之地只种植一些常绿植物，并没有种植牡丹，引发了作者对于牡丹和洛阳的怀念之情。最后两句还是努力用达观的心态去面对这一切，种植了枝叶茂盛的植物，这样就可以聆听萧萧的雨声了。

吕夷简的《西溪看牡丹》是在海陵西溪任盐官的时候写的，当时才华横溢，且胸怀天下黎民百姓，却只能委身在偏远之地做一个不起眼的小官。通过描写牡丹不甘心在偏僻之地生长的愤恨，来表现对现在地位的不满，对社会不公平的质问，以及对回到京都被委以重任的渴望。范仲淹也曾被贬谪在西溪做盐官，写下了《西溪见牡丹》，在这里他看到了牡丹花，有一种他乡遇故知的情感，通过对"上林色"的追忆，抒发了回京就任的渴望。

李纲是北宋名臣，他胸怀天下，忧心人民，对待金军的袭扰持强硬态度，主张坚决抗争，官至宰相；然而最后还是因不敌求和派的迫害和打压，当任宰相仅有70天就被免去官职，贬谪偏僻地区。《志宏以牡丹酝醸见遗戏呼牡丹作二首以报之》中，首先描写了诗人昔日在洛阳玩赏牡丹的情形，自己对牡丹各品种了解得十分清楚，表达了自己对牡丹的喜爱之情，而后便抒发了被贬的悲愤和强烈不满。此时，朋友送给他的牡丹花给了他莫大的精神安慰，在逆境中仍未自怨自艾，保留有一份豪情。

辛弃疾的《同杜叔高祝彦集约牡丹之饮》，将朝廷的奸佞小人求和派喻为红紫牡丹，将忠良主战派喻为黑牡丹，抒发了自己因心系祖国的安危、想要回到战场奋勇杀敌却被求和派排挤迫害而被弹劾免官的悲愤之情。

（2）人生无常

宋朝时期主要有苏轼的《留别释迦院牡丹呈赵悴》"年年岁岁何穷已，花似今年人老矣"（陈平平，2004）、方岳的《胡登仕送花》"老去自知才思尽，枉分风月到山篱"、蔡襄的《二十二日山堂小饮和元郎中牡丹向谢之什》"拟放春归还自语，来年老信莫先期"以及欧阳修的《洛阳牡丹图》"但应新花日愈好，惟有我老年年衰"等。

这几首诗的整体基调都具有浓厚的感伤色彩。这种感伤是基于人类生命过程的普遍思索，而非具体事宜的感伤。由花的盛开、凋谢过程而感慨，表达了对人世间的美好事物、富贵繁华难以永驻的叹息；并且更进一步地将此过程与人类整个生老病死的生命过程进行比较，由牡丹来映射出人生。牡丹的花期在暮春，气候变化多端，晴日暴晒、暴雨侵袭都是常事，而人的一生也是少不了各种风雨坎坷。联想到人生像牡丹花一样，花开之后盛时不再，一步步的衰弱老去，抒发了韶光易逝、青春不再的惆怅；牡丹具有的艳丽色彩、扑鼻香气也随着时间渐渐逝去，想到人这一生也是由盛转衰，因此花和人极其相似，盛时亦有，衰时亦有，不管是盛是衰，最后都会走向"空"。这些都超越了一己之遭际，上升到哲理思考的层面，发人深省。

同样，徐夤的《郡庭惜牡丹》针对这一类的感慨给出了积极地回答，展现了乐观的态度。前两句描写了已经凋谢的牡丹花的种种状态和特征，花瓣上的露珠仿佛是因为青春不能永驻而流下的泪水，红艳的花朵已经不在，空留下枝条倚着栏杆叹息。然而诗人并没有拘泥于这种伤感的怅惘中，而是笔锋一转，想象到明年的牡丹一定会更加苗壮的生长，枝繁叶茂，开出更多的花朵来供人欣赏，满足人们心中的憧憬，使人精神振奋。

2. 天下国家担当

宋朝后期，随着金人铁骑的南下，北宋王室沦陷而被迫逃往南方，战争的硝烟和灰烬湮没了旧时的繁华太平。故土失守、国家沦丧，而在偷安的江南地区却总能看到昔日"开遍洛阳春"的牡丹，使得诗人不禁追忆往昔的盛世，激发出强烈的亡国之痛。

张隐是南宋伶人，伶人在当时的社会地位十分低下，但他仍然勇于发声，写下《嘲宰相赏花》"位乖燮理致伤残，正是花时堪下泪，四面墙匡不忍看。相公何必更追欢"。斥责丞相张浚，残害抗金主战派，致使家国沦陷，一片断壁残垣，牡丹花正盛开的时候回想这一切又忍不住暗自落泪，丞相什么脸面寻欢作乐？牡丹触发了人们对于家乡的思念以及安定生活的追忆。在当时的情况下，伶人能站出来为广大底层的百姓群众发出呼喊，十分不容易。

王十朋的《次韵濮十太尉<咏知宗牡丹七绝>》、姜特立的《赋赤松金宣义十月牡丹》（其二）其二写于北宋灭亡、宋室南渡后。洛阳已经沦陷在金人的手中，诗人在其他地方见到牡丹花，不禁想起了牡丹花最为繁盛的洛阳，此时牡丹花已经成为故国家乡的象征，从而引发了故国之思，悲痛至极！

陆游生于北宋灭亡之际，从小就受到保家卫国的教育，爱国这种信仰贯穿了他的一生。《梦至洛中观牡丹繁丽溢目觉而有赋》"两京初驾小羊车，憔悴江湖岁月赊。老去已忘天下事，梦中犹看洛阳花。妖魂艳骨千年在，朱弹金鞭一笑哗。寄语毡裘莫痴绝，祁连还汝旧风沙。"《赏山园牡丹有感》"洛阳牡丹面径尺，鄜畤牡丹高丈馀。世间尤物有如此，恨我总角东吴居。俗人用意苦局促，目所未见辄谓无。周汉故都亦岂远，安得尺箠驱群胡。"一首诗是现实中看到牡丹，另一首诗是他梦回洛阳看牡丹，牡丹花的美艳、绚丽都深深地触动了诗人，此时，牡丹所代表的就是故国家乡，现实中坚定要回归战场、驱逐金人的决心，梦中也要化为正值壮年的士兵，征战沙场，这两首诗抒发了强烈的爱国主义情怀（路成文，2006）。

刘克庄的《记牡丹事二首》（其二）"西洛名园堕劫灰，扬州风物更堪哀。纵携买笑千金去，难唤能行一朵来。"写于北宋灭亡之后，洛阳的园林都化成灰烬，扬州的风物也是在危险的边缘，即使是拿着黄金去寻觅，也难以求得一朵牡丹花。表达了作者对于当时的统治者不居安思危，一味地寻欢作乐，不思考收复故国失地的愤怒之情。

汪元量曾为南宋的宫廷琴师，南宋灭亡之后被俘虏，十余年后才回到杭州，写下《废苑见牡丹黄色者》"西园兵后草茫茫，亭北犹存御爱黄。晴日暖风生百媚，不知作意为谁香。"在皇家废苑里见得牡丹花，仍然在晴日的暖风中盛开的媚态百生，不知是为谁散发出阵阵幽香。诗人既是在质问牡丹，同时也是在询问上天，亡国的悲痛跃然纸上。

第五章

牡丹在皇家园林中的
应用

　　皇家园林在中国传统园林中一直占有最重要的位置，
而牡丹又是因皇家应用而名扬天下，因此了解牡丹在皇家园
林中的应用发展历史，对于当今牡丹园林的设计应用是大有
裨益的。

一、始盛期——隋唐时期

牡丹观赏和栽培的发展时期始于隋唐。在隋以前，几乎没有人工栽培牡丹的记载。据宋代传奇小说《隋炀帝海山记》中记载，"辟地周二百里为西苑，诏天下境内所有鸟兽草木驿至京师，时易州进二十箱牡丹。"当时隋炀帝在洛阳称帝，西苑是他专门栽植奇花异草的场所，当时易州（今河北易县）进贡的二十箱牡丹被视为珍品。有人据此认为，自隋炀帝开始，牡丹进入皇家园林，并且逐渐被广泛应用。但是，从牡丹的分布起源看，并对照宋代等其他经典文献，人们对于《隋炀帝海山记》这样一部传奇小说中有关牡丹记载的真实性阙疑很大。

然而牡丹在唐朝的兴盛开始，确少有争议。由于唐朝达到我国封建社会发展历史上的巅峰，其国力之强盛，文化之灿烂，发展之辉煌，都是当时世界上其他国家无法匹敌和超越的。在这样的背景下，皇家园林更呈现出前所未有的"皇家气派"。自从李渊建国开始，便采取了许多开明的政策，使唐朝不管在社会、经济、政治、文化，还是外交上都取得了巨大的成就。随着帝王的宫廷生活越来越丰富，宫廷的制度越来越完善，以皇权为中心的统治越来越得到巩固，使皇家园林在三种园林类型之中的地位愈发的重要和显赫。

武则天也在一定程度上推动了牡丹在唐朝的发展。她十分喜爱牡丹，视牡丹为"富贵之花"，所以命令花匠们将不同种类的牡丹从各地移植到京师，牡丹在京师皇宫的大发展也由此开始。初唐，舒元舆《牡丹赋》中写道"天后之乡西河也，有众香精舍，下有牡丹，其花特异。天后叹上苑之有缺，因命移植焉。"描述了当时武则天诏令将牡丹移植入长安宫廷，自此牡丹开始进入长安，"京国牡丹日月渐盛"。但是由于牡丹的栽培技术有限，主要种植于皇室宫廷内。

到唐玄宗时，当时的牡丹专家宋单父受唐玄宗任用，在骊山华清宫培育了上万株观赏牡丹。到开元年间（713—741），兴庆宫就以牡丹花盛闻名长安，兴庆宫龙池之北偏东堆筑土山，上建"沉香亭"，亭周围山上遍植红、紫、淡红、纯白诸色牡丹花，是兴庆宫内的牡丹观赏区。"开元中，禁中初种木芍药，得四本，上因移于兴庆池东沉香亭前"（徐松，2006），长安牡丹达到了登峰造极的境界。

牡丹经过初唐百余年的发展，以其富于变化且雍容华贵的色香姿韵而逐渐赢得上流社会的关注。牡丹花不仅被定为"国花"，更被赋予了国色天香、花王的美誉，它富贵吉祥的寓意也为皇亲贵胄所喜爱，成为盛世人们所追捧的花卉。此外，综上，牡丹在皇家园林中主要是为了满足皇室赏花观花的需求，同时也体现了皇帝及大臣们对国家昌盛繁荣、兴旺发达的一种寄托（王路昌 等，2003）。

二、全盛期——宋时期

我国的园林发展在北宋时期达到了新的高潮，牡丹在皇家园林中的应用也进入全盛期。此时，洛阳牡丹为全国之冠，可以说是处处皆园林，园园皆牡丹。宋朝初期的政治体制与唐朝时期有较大的不同，宋朝统治者更注重强内虚外，强调提升治国方法和培养文官武将的策略。此时，不再像唐朝那样对外传播技术，宣传自己先进的经济技术成果，而是采用了专制集权，对国内的政策更加自由开明，使此时的农耕技术和园艺植物栽培技术更加先进和灵活。

此外，宋建都开封，政治中心自然在开封，洛阳虽然是陪都，但由于其建都历史悠久，除了政治中心之外，仍然是中国最大的经济和文化中心，其城市规模也超过了京都汴京城。在宋真宗、宋仁宗时期，牡丹的栽培育种未有很大的发展，但在之后，栽植牡丹和观赏牡丹的风气又逐渐在皇家园林中兴盛起来。皇亲国戚以及满朝大臣在皇家宫苑中观赏牡丹的情景也被张端义记录了下来，他的《贵耳集》中记述"慈宁殿赏牡丹时，椒房受册，三殿极欢，上洞达音律，自制曲，赐名舞杨花，停觞，命小臣赋词，俾贵人歌，以侑玉卮为寿，左右皆呼万岁"。可见当时满朝文武百官都极其喜爱牡丹，在歌舞表演和写词谱曲中表达着对牡丹的欣赏和歌颂。

综观宋代，皇家园林主要集中在东京和临安，此时的皇家园林规模虽然有所缩小，但仍不能湮灭其浓郁的文人气息。此时对于牡丹在园林中的应用记载较前朝有所减少，即使作为北宋时期皇家园林最杰出代表的艮岳，也并未有牡丹种植的相关记载。然而，即便如此，宋代园林在规模和造园上仍具独到之处，其园林总体上呈现巧夺天工，精致细腻的特点。各个园中的设计更加精巧，比起隋唐时期少了些许皇家的贵气却多了几分私家园林的灵气，这也使整个园林在植物选择和搭配上体现了更加深刻的人文内涵。

由于宋代的政策使其科技水平有了较大提高，这无形中带动了园林事业不断向前发展。牡丹栽培的推广，使牡丹栽培技术也达到了前所未有的水平，出现了牡丹切花保鲜技术。这一时期也留下了许多关于牡丹的著作，如宋哲宗元祐到元符年间（1086—1098）张峋所著的《洛阳花谱》、张邦基所著的《陈州牡丹记》等。同时，北宋时期江南牡丹在皇家园林中也有较大发展。牡丹被栽植于坡地，有效避免了牡丹受涝，再经过丛植，使位于江南地区皇家宫苑中的牡丹得以独特的姿态呈现。

在皇家园林中，牡丹主要采取类似于"圃地"和多层花台的应用形式。例如《武林旧事》（卷2）中记载的那样"至于钟美堂赏大花极盛……堂前三面，皆以花石为台三层，各植名品，标以象牌，覆以碧幕，台后分植玉绣球数百株，俨如镂玉屏"（周密，2011），充分地展现了牡丹用于花台的观赏效果。

三、低谷期——元时期

元代是一个动荡的朝代，此时牡丹在中国传统园林的发展也受到了较大的限制，牡丹在园林中的发展虽处于低潮，但元大都宫苑内栽植有不少牡丹。有史籍记载元大都皇宫内"四处尽植牡丹百余本，高可五尺"。还有"屋顶饰黄金双龙。殿后药栏花圃，有牡丹数百株……"是对"西苑门"内牡丹"圃地"式种植的记载（朱偰，1936）。其次，虽然元代全国性的观赏中心已经不复存在，但民间依旧蕴藏着牡丹发展的潜力，不少宋代牡丹品种也在民间爱好者的保护下得以保存。

四、成熟期——明、清时期

明清时期牡丹在皇家园林中的发展逐渐成熟，兴建原则以尊重自然，师法自然为主，多采用自然地形上加以人工改造的形式。此时明大都建在城郊外，建筑规模宏大，装饰多彩鲜艳，皇家园林构造精良，数量庞大，在规划上也更加注重园林布局。其中，明清时期的植物配置常用牡丹、海棠、芍药等，造园手法则注重植物营造的景象，运用不同植物与牡丹的搭配体现其吉祥寓意。

正是由于牡丹寓意丰富，博得了明清皇帝的喜爱。有诗云"金殿内外尽植牡丹"，描述的就是牡丹栽植于皇家宫苑之上，与各种山石和植物等园林景观相互搭配，相映成趣，并通过牡丹与其他植物的结合体现皇权的至高无上和吉祥富贵的美好寓意。例如，颐和园中的牡丹栽植于乐寿堂旁，建筑正面又有玉兰、海棠对植于前面，这正是"玉、堂、春、富贵"吉祥寓意的表现。

而在清末，随着园林建筑比例的不断增加，各种建筑、植物与牡丹的搭配也愈发常见。由于皇家园林中，花池和花台应用的越来越多，使得牡丹在园林中的栽植形式更加多样化。例如高士奇在《金鳌退食笔记》中将清宫牡丹应用情况记述"南花园，立春日……于暖室烘出牡丹、芍药诸花，每岁元夕赐宴之时，安放乾清宫，陈列筵前，以为胜于剪彩……每年三月，进……插瓶牡丹"。说明了牡丹当时在清宫不仅被栽培在花园中以供观赏，还在宫殿中被当做插花。

此外，清代皇后慈禧非常喜欢牡丹（图5-1），在故宫御花园、圆明园、天坛以及颐和园等园中都栽植了很多牡丹。亦在颐和园修砌了国花台，即牡丹台，正可谓"殿以香楠为材，在富春楼后，千枝牡丹，后列古松。旧名曰牡丹台，其后有堂曰'御兰芬'"（吴振棫，1983）。正是由于建筑为牡丹提供了需要的环境和场所，牡丹得以通过

图5-1 慈禧太后 《牡丹瓶图》 绘画木刻
现存于陕西省咸阳市三原县于右任纪念馆

与建筑搭配显得更加雍容华贵，而建筑在牡丹的装饰下也更加富丽堂皇。古籍还记载在故宫的御花园中牡丹栽种在方形的玻璃花池中，与嶙峋的太湖石互相搭配，构成一座巨大的盆景。除盆景景观外，牡丹的搭配还注重与前、中、后景之间的关系，并借鉴江南园林的手法，运用障景、框景等手法，使牡丹的配置更加多样化。例如高士奇记载的清代畅春园内的植物配置"时襄竹两丛，猗猗青翠，牡丹异种，开满阑槛间，国色天香人世罕睹……"。再如圆明园中牡丹的配置则与古松结合，加之牡丹台的修建，足以体现牡丹在皇家园林十分受欢迎。

随着牡丹在皇家园林中的应用，它与山石的搭配也更加常见和成熟。例如，原乾隆的"十二景"之一的"春午坡"上种有数百株的牡丹，通过与假山搭配，莲池当门秀嶂，每当牡丹开放之时，便构成一幅美好祥和、诗意盎然的景象，更凸显了牡丹的雍容华贵。

一、专类园

唐朝时，唐玄宗曾命宋单父在骊山坡地上种植过数万株牡丹，成为历史上最早建成的牡丹园。

明清时，故宫后花园、颐和园等皇家园林中的牡丹园，在保留原地形的基础上，结合山石，随形就势来表现牡丹的个体效果和群植的整体效果。比如当时皇家园林中古莲花池的"春午坡"（进莲花池北大门，迎面有北高南低两座假山，形成莲池当门秀嶂，曰"春午坡"）是原乾隆"十二景"之一，昔日坡上种有牡丹芍药数百株，因为此地不仅向阳，而且北面为高大的建筑和假山，东西为靠壁廊各9间，所以冷空气吹不进来。风和日暖之时，这里的牡丹芍药竞相开放，蒸彩如云，蜂蝶飞舞，诗意盎然，故有"坡前日暖春意早，岩下风和霜泛迟"。正如东坡诗云"春午发浓艳"，乾隆皇帝故以"春午坡"三字名之，并题字于石上。

二、花台

花台在皇家园林中应用最为常见，采用自然式和规则式等种植形式。

宋代时，开始出现多层花台的牡丹种植形式。《武林旧事》（卷2）记录"起自梅堂赏梅，芳春堂赏杏花，桃源观桃，粲锦堂金林檎，照妆亭海棠，兰亭修楔，至于种美堂赏大花极盛……堂前三面，皆以花石为台三层，各植名品，标以象牌，覆以碧幕，台后分植玉绣球数百株，俨如镂玉屏"。

随着清末时期园林中建筑比例的增加，建筑周围的花台和花池也随之增多。颐和园国花台是清朝慈禧太后观花的场所，台阶式的花台层层高起，露出土面的山石高低错落，台中栽植各色牡丹，并在花台边缘栽植矮小灌木。园中乐寿堂中庭院花木多为玉兰、海棠、牡丹等珍贵品种，四周衬以鸡爪槭、紫藤、芍药。一年之内大部分时间，繁花似锦。清代故宫御花园中绛雪轩前砌有方形五色玻璃花池，其中种有牡丹、太平花等花木，中置的太湖石好像一座大型盆景。

三、"圃地"

宋朝时，当时以栽培牡丹而闻名的长安宜春院内，每岁内苑赏花，诸苑所进之花，以宜春院的最多最好。这宜春院就相当于皇家的"花圃"。

四、丛植

隋唐时期，皇家园林中也经常将牡丹丛植于建筑周围，供王公贵胄的观赏。宋朝陶谷描述唐庄宗"在洛阳建临芳殿，殿前植牡丹千余本"。《元大都宫殿考》中描述"棕殿少西，出掖门为慈仁殿，又后苑，中为金殿，四处尽植牡丹百余本，高可五尺"（朱偰，1936）。

五、群植

牡丹在唐朝的栽植形式多以群植为主，这是因为唐代的皇家园林气势恢宏，对牡丹栽培也十分重视。据考证，唐玄宗曾命宋单父在骊山坡地上群植上万株牡丹。

六、与其他植物或建筑搭配

到宋朝时，牡丹多在庭院中建筑周围种植。据南宋李心传的《建炎以来朝野杂记》中记载"德寿宫乃秦丞相旧第也，在大内之北，气象华胜。宫内凿大池，引西湖水注之，其上叠石为山，象飞来峰，有楼曰'聚远'……西则'冷泉'古梅、'文杏馆静药'牡丹、'洗溪''大楼子'海棠……"。

据《清一统志》载"宛平县西北德盛门外八里有土城，即元大都故城也"。不少典籍记载宫内牡丹栽培颇盛，如《元大都宫殿考》中"棕殿少西，出掖门为慈仁殿，又后苑，中为金殿，四处尽植牡丹百余本，高可五尺"。

明清时期，皇家园林吸收当时江南私家园林的造园手法，注重保持植物姿态，同时借鉴当时私家园林的植物配置手法，与其他花木搭配，注重植物层次。清代畅春园内的植物配置，高士奇曾描述"时蘘竹两丛，猗猗青翠，牡丹异种，开满阑槛间，国色天香人世罕睹……"。

清代吴振棫《养吉斋丛录卷》云"殿以香楠为材，在富春楼后。千枝牡丹，后列古松。旧名曰牡丹台，其后有堂曰'御兰芬'"。这里描述的是圆明园中以牡丹为主景，以其他花卉为配景，以古松为背景的配置方式。

牡丹自进入皇家园林开始，就一直以花大、色艳、形美、香浓的自身特点以及其富贵、吉祥、和平、繁荣的美好象征而受到历代皇帝的欢迎和喜爱。牡丹文化与皇家园林的关系有以下几方面。

一、强化帝王治国的政治价值

统治牡丹文化在皇家园林中有很重要的政治意义。牡丹的审美文化在皇家园林中应用广泛，历代皇帝都会通过赏花活动来表现国家繁荣和政治稳定。北宋时期就有许多在皇家园林中举行的赏花活动，如当时贡花和赏花钓鱼宴。"贡花"之举是当时每到牡丹盛开之时，洛阳官员就会把从当地选出的优等牡丹送往都城汴京，供宫廷观赏。欧阳修《洛阳牡丹记》中记载"洛阳至东京六驿，旧不进花，自今徐州李相迪为留守时始进御。岁遣牙校一员乘驿马一日一夕至京师。所进不过姚黄魏紫三数朵，以菜叶实竹笼子藉覆之，使马上不动摇，以蜡封花蒂，乃数日不落。"宫廷中举办的赏花钓鱼宴是当时一项特色的宫廷礼仪制度，由多种宫廷礼仪、娱乐活动组合而成，君主通过一系列的赏花、钓鱼、宴会等活动来拉近君臣关系，促进君臣交流。赏花钓鱼宴是北宋君臣在太平之世"以天下之乐为乐"的心理反应，同时也是优遇臣僚（尤其是文臣）的具体表现（路成文，2007）。

二、彰显皇家辉煌气度

牡丹的雍容华贵、绚丽多姿及其美好寓意契合了当时皇家园林的宏大气势，而受到统治者热捧。清朝时，在故宫御花园内将牡丹与太平花相搭配，来寓意富贵太平；颐和园乐寿堂中牡丹与玉兰、海棠相搭配，取意"玉、堂、春、富、贵"；颐和园国花台将各色牡丹与墙砖绿瓦、雕梁画栋的古建筑相搭配，更显皇家建筑的豪华壮丽之美（刘慧媛，2014）。

三、昭示国运昌盛

"国运昌则花运昌"，在国运昌隆的时代皇家园林也在飞速发展，园林中对牡丹的应用大幅增加。尤其是在唐朝盛世时，皇家园林中牡丹的应用可谓"日月渐盛"。牡丹文化在当时发展迅速，涌现出大批描写皇宫内牡丹花开的诗词，诗人李白曾在《清平调》中写道"名花倾国两相欢，常得君王带笑看；解释春风无限恨，沉香亭北倚阑干"来表现当时牡丹观赏的盛况。而在国家政治、经济极不稳定，民族矛盾激烈的元代，皇家园林气势大不如前，牡丹的发展也进入低潮（刘慧媛，2014）。

四、融入皇家文化

牡丹文化中的雕刻、绘画、诗歌等艺术形式在皇家园林中也有广泛的应用。皇家园林建筑梁栋上的雕刻常见到牡丹的身影。清朝时慈禧太后非常喜欢牡丹，在她的画作中常常能看到牡丹的身影，而她所绘的牡丹图也流传至今。

第六章

牡丹在私家园林中的
应用

中国古代园林，除皇家园林外，还有一类属于王公、贵族、富商、士大夫等私人所有的园林，称为私家园林。由于私家园林分布范围广，因此牡丹在私家园林中也是有其自身明显的特点。

一、始盛期——隋唐时期

唐初期，牡丹不仅在皇家宫苑和寺观庙宇进行广泛栽植，最终也进入寻常百姓家。"开元末，裴士淹为郎官，奉使幽冀回，至汾州众香寺，得白牡丹一株，植于长安私第，天宝中为都下奇赏"。这是私宅种植牡丹的最早记录。最后，到了唐朝中期的贞元年间（785—804），牡丹花会已经变成从皇亲贵胄到黎民百姓都向往参与的观赏活动。

唐人对牡丹表现出的是浓烈而张扬的爱。虽然唐代的牡丹在宅院府邸还没有形成种植规模，品种不像宋代那样繁多，而且价格不菲，但这些都不能阻碍唐人对牡丹的热爱。《唐国史补》卷中《京师尚牡丹》条说："每春暮，车马若狂，以不耽玩为耻"。这表明每当暮春牡丹盛开之时，京城长安便成为赏牡丹的狂欢节，人人皆以尽兴为欣爽。

牡丹在隋唐时期应用于私家园林时，多采用"花圃"的形式，并在周围加以围栏，结合群植和丛植的栽植方式，使牡丹在开花时构成片状的景观，从而增强牡丹开放的视觉感受（邵颖涛，2009）。还有大量的文人墨客开始对私家院落进行改造，结合植物配置，丰富了园林的意境。这使得牡丹等植物不仅能反映自身的意志和喜好，也使参观者在园中畅游时收获欢乐和趣味。

牡丹进入私家园林后，由于庭院栽植面积大小不一，开始出现新型的应用形式。而且牡丹的栽植技术也不断提高，形成百处移将百处开的效果。最著名的是杨国忠的"百宝护栏"。"以百宝装饰栏盾，又用沉香为阁，檀香为栏，以麝香、乳香和为泥饰壁，每于春时木芍药盛开之际，聚宾友于此阁"。这说明唐朝牡丹在私家院落中的种植已经初具规模，虽与皇家园林的规模不能相提并论，但是在栽植方法上却也丰富多样，将牡丹和其他园林景观或者小品互相搭配，突出牡丹自身的意境和韵味，形成私家园林中不拘小节却别有洞天的园林应用特色。

二、全盛期——宋时期

时光流转入两宋，人们对牡丹的挚爱丝毫没有减退。正如欧阳修所云："春时，城中无贵贱，皆插花，虽负担者亦然。花开时，士庶竞为游邀"。宋代时期的造园艺术进入全盛期，牡丹在私家园林中的应用也已经相对成熟。

此时，文人化的造园占据了私家园林的主要地位，并且在一定程度上也影响着皇家和寺庙园林。由于宋代文人士大夫普遍秉持着清韵绝俗的人格风尚，他们喜质朴自然、恬淡闲适之美。相对于唐人的浪漫激情，宋人似乎以理性冷静著名。在"格物致知"的过程中，由于个体认知和主张的不同，产生了气本派、理本派、心本派，造园的思想也趋于写意化。以牡丹为例，欧阳修有朴素气本派的意味，他在解释洛阳牡丹"独天下而第一"的缘故时，将至归结为气之偏好。也正是在这样的大背景下，许多文人和工匠们钟情花木观赏和种植，使两宋时期涌现出许多有关植物的著作，如钱惟演《花品》、范雍《牡丹谱》、欧阳修《洛阳牡丹记》、丁谓《续花谱》《冀王官花品》《庆历花品》、沈立《牡丹记》、张峋《洛阳花谱》、邱璿《牡丹荣辱志》和《洛阳贵尚录》、胡元质《牡丹谱》等，这些著作在不同程度上对牡丹当时在私家园林的应用情况作以记载。

在北宋，牡丹在洛阳私家园林中的应用无疑是最为繁荣的。许多文人墨客以及王亲贵胄选择在此造园，不仅是因为洛阳是一座花城，更因为此地"牡丹尤为天下奇"。作为当时最大的私家园林，归仁园内的牡丹栽培数量十分巨大，育种技术也被周遭人们竞相模仿，牡丹的华美也被世人所熟知。牡丹在北方发展壮大的同时，南方的私家园林中也有了牡丹的栽培。成都作为南方的栽培中心之一，后蜀主引进和种植了许多牡丹品种，并在各民间的院落中广泛种植。欧阳修说："牡丹南亦出越州""今丹、延、青、越、滁和州山中皆有"（王象晋，2001）。周师厚《洛阳牡丹记》中也指出"越山红楼子，千叶粉红花、本出会稽"（会稽即今浙江绍兴）。《吴中花品》还说"皆出洛阳花品之外者，当是以吴中所产为限"。由此可见越州、苏州等地牡丹的应用情况。

宋代私家园林中牡丹的应用形式多采用"花圃"的形式，不同的是在栽植牡丹的同时，也栽植桃、李、梅、杏等蔬菜和果木，使牡丹在园中可以因丰富的景观而得到衬托，在与建筑台地相结合的同时，也营造出更完整的景观层次。李格非所记载的天王院，"盖无他池亭，独有牡丹数十万本"，也描绘了一幅牡丹与亭子相互辉映的画面，同时也说明了牡丹群植的应用形式。

三、低谷期——元时期

元代，牡丹在私家园林中的应用停滞不前，甚至可以称作低潮，主要是由于时朝代的更迭与社会的动荡，使平民百姓无暇顾及造园等，在长安、洛阳等地常见的种植品种也已经开始退化。

四、成熟期——明清时期

明清时期，园林植物的配置手法和思想在宋代的基础上进一步成熟，最终形成一个完整的体系，同时出现了许多关于造园和植物栽培的书籍，如《园冶》《长物志》《花镜》等。

这一时期，一方面相当一部分北方私家园林对牡丹的应用依然保持着唐宋以来的风格，即应用大量植物造景的种植手法。另一方面江南私家园林迅速发展，形成了独特的造园体系，园林中建筑的比例逐渐增加，植物的种植更注重造景手法的应用，并且考虑到植物的季相、色相、个体姿态和韵味的变化，更注重意境之美。根据牡丹的生态习性，与私家园林中其他植物搭配，形成四时之景；和山石建筑相搭配应用，显得更加雍容华贵。《长物志校注》中"文石为栏，参差数级，依次列种"，就是考虑了牡丹"性喜燥恶湿"的习性。留园自在处长方形的青石花坛栽植各品种牡丹，与东北角沿墙处的"修篁远映"，景色如画（文震亨 等，1984）。

私家牡丹园林的主要表现形式

一、孤植、丛植、花台

隋唐时期有句古话说"上有所好，下必甚焉"。在唐朝，随着经济和国力的不断强盛，牡丹的种植也得到了前所未有的发展。牡丹的应用由皇家园林慢慢发展到在官员的私宅及民间。牡丹应用于庭院时，常常根据庭院的大小来决定其应用形式，杨国忠私宅栽种几株牡丹便加以"百宝护栏"，裴士淹的私第中"得白牡丹一案"为"都下奇赏"，"门内有紫牡丹成树，发花千朵"等描述可以看出，当时牡丹属于较珍贵的花木，以观花为主，多近距离观赏。由于私家宅第从规模和面积上难以和皇家园林相比，牡丹多是丛植、孤植或以花台的形式种于庭院中。

二、"圃地"

宋元时期，宋代的私家园林都以莳栽花木著称，常常在园林中划出一定区域作为"圃"，栽植花卉、蔬菜、果木等。牡丹的应用也是如此，有些游憩园以牡丹成景取胜，相对而言山池建筑之景仅作为陪衬。

李园为当时花木品种最齐全的一座大花园。当时的洛阳花卉计有"桃、李、梅、杏、莲、菊，各数十种，牡丹、芍药至百余种，而又远方奇卉……"，而李氏园则"人力甚治，而洛中园圃，花木无不有"。牡丹被大面积集中种植，花开时节以群体景观取胜。园内建"四并""迎翠""灌缨""观德"和"超然"五亭，作为四时赏花的场所。归仁园内"北有牡丹、芍药千株，中有竹千亩，南有桃李弥望"。天王院"盖无他池亭，独有牡丹数十万本。凡城中赖花以生者，毕家于此。至花时，张模幄，列市肆，管弦其中。城中仕女，绝烟火游之"（李格非，1983）。

北宋时，四川成都也是一个牡丹栽培中心。后蜀主引种了许多牡丹，"于宣华苑广加名之曰牡丹苑……蜀平宋统一全国，花散落民间，小东门外有张百花，李百花之号……"（胡元质，1998）。"天彭号小西京北宋以洛阳为西京以其俗好花有京洛之遗风，大家至千本……"（宋·陆游）。这说明了当时那里与洛阳长安等地一样，种植的牡丹数量多，面积大。

苏州、杭州均有民间大面积种植牡丹的记载。据宋代范成大《吴郡志》记载"北宋末年，朱励家圃在苏州阊门内，竟植牡丹数千万本，以彩画为幕，弥覆其上，每花身饰金为牌，记其名"。宋室南渡之后，洛阳花事衰微，杭州却得到了较大的发展，"暮春三月，百花尽开，如牡丹等花，种种奇绝……"。总之，宋代的私园中运用植物的一个显著特点是成片栽植构成不同景域，大量使用植物营造天然之趣。

作为名花，牡丹应用形式亦是如此。

明清时期的私家园林在整个植物配置方面有一部分继续沿袭唐、宋时期大面积种植花卉树木，以植物景观取胜。例如，明代的亳州各名园、北京和曹州民宅牡丹多是这种应用手法。北京的惠安伯园是明清时期最著名的牡丹名园之一，牡丹种植面积非常大，花开时节以群体景观取胜。有记载"都城牡丹时，无不往观惠安伯园者。园在嘉兴观西二里，其堂室一大宅，其后牡丹，数百亩一圃也。余时当然稿畦耳。花之候，晖晖如，目不可及，步不胜也。可多乘竹兜，周行塍间递而览观，日益哺乃竟。蜂蝶群亦乱相失，有迷径，暮宿花中者"（刘侗 等，2013）。清华园的艳海堂北之清雅亭周围，广植牡丹芍药之类观赏花木，一直延伸到后湖的南岸。在植物配置方面主要是花卉大面积种植，尤以牡丹、芍药于当时最负盛名。"乔木以千记，竹万计，花亿万计……"（孙承泽，1992）。"园中牡丹多异种，以绿蝴蝶为最，开时足称花海……"，白石庄牡丹"后堂北，老松五，其与槐引年，松后一往为土山，步芍药、牡丹圃良久，南登郁冈亭，俯翳月池，又柳也"（刘侗 等，2013）。北京梁家园内栽培的牡丹、芍药之盛在当时北京已颇有名气，"园之牡丹芍药几十亩，每花时云锦布地，香冉冉闻里余，论者疑与古洛中无异"（刘侗 等，2013）。曹州（今山东菏泽）牡丹在明代也很兴盛。比较著名的牡丹名园有何园、万花村花园、郝花园、毛氏花园、赵氏花园、巢云园等。到清初，桑篱园也以牡丹种植面积较大、品种丰富，花盛壮观而著名。此外，还有三爱堂花园、大春家花园和绮园等也以种植牡丹而闻名。

以上说明了明清时期牡丹在民间广为应用，多为圃地式种植，以"花"为主要观赏点，山石景观为陪衬，注重突出群体观赏效果。

三、与其他植物、建筑或小品组合

在江南的私家园林中，多根据牡丹与当地的植物生长习性营造景观，并考虑构成四时之景。具有江南园林意味的植物造景手法，考虑季相、色相及植物个体的姿态、韵味。《长物志校注》中"文石为栏，参差数级，依次列种"是考虑了牡丹"性喜燥恶湿"的习性。苏州拙政园玲珑馆前坡地依次列植至于平地，为了避免积水，改善光照，应用"玉砌雕台、佐以嶙峋怪石"的方法便能取得良好的效果。艺圃博雅堂前的长方形石砌花坛中，牡丹与玲珑石笋相搭配。留园自在处长方形的青石花坛，石质细腻皎洁，四角文饰精美，堪称"玉砌雕台"，栽植各品种牡丹，与东北角沿墙处的"修草远映"，景色如画（徐德嘉 等，2002）。

计成设计的影园内"岩上植桂，岩下植牡丹、垂丝海棠、玉兰、黄白大红宝珠山茶、馨口蜡梅、千叶石榴、青白紫薇与香橼，以备四时之色"（张健，2013），这说明他对色相和季相均有所考虑。春天从白玉兰花，到垂丝海棠，再到牡丹盛开，夏季有石榴、紫薇争奇斗艳，秋有桂花飘香，冬季和早春有山茶和蜡梅增艳。各种植物在配置上讲究欣赏植物的个体姿态，韵味之美，更加追求意境。乾隆巡幸江南后，扬州园林蓬勃发展日臻鼎盛。"洛春堂在真赏楼后，多石壁，上植绣球，下栽牡丹……郡城多绣球花，恒以此配牡丹。绣球之下必有牡丹，牡丹之上必有绣球，相沿成俗，遍地皆然。北郊园亭尤甚，而是堂而极绣球牡丹之盛"（张健，2013）。"绣球"，经过查阅相关资料推测，可能是现在的木本绣球，它的生态习性与牡丹相似，白色聚伞花序，有一定观赏性，体量比牡丹高大，与牡丹配置在一起，正好可为其创造侧方遮阴的生长条件。其花期与牡丹有所交错，也延长了景观的观赏期。

一、向往富贵和美好生活

牡丹被赋予了高贵的精神文化内涵，来寄托美好祝愿，表达园主人对美好生活的向往。园主人将他们对人生的感悟，宦海浮沉等的感怀融注于造园艺术中；通过营造园林来找到精神寄托和慰藉，而牡丹作为富贵之花必然会进入这些园主人的视野。

二、钟情牡丹的美丽

牡丹因花大色艳，形、姿、色兼备而受历代文人和私家园林的主人的喜爱。许多园主人将其栽植在视野所及的位置以便观赏。唐代著名的诗人白居易非常喜爱园林，在他的诗歌、文章中有许多描述、记述或评论山水园林的句子。他十分重视园林植物的配置，在他的《白居易集》中提到了许多观赏花木，牡丹也在其中。他很推崇牡丹的国色天香，曾写过《牡丹芳》一诗加以咏赞"牡丹芳，牡丹芳，黄金蕊绽红玉房。千片赤英霞灿灿，百枝绛点灯煌煌。照地初开锦绣段，当风不结兰麝囊。仙人琪树白无色，王母桃花小不香……"。

三、融入日常生活

私家园林中花街铺地，建筑木雕、砖雕，室内屏风，园主人服饰等都有牡丹的身影，可见牡丹与私家园林关系密切。木雕中的折枝牡丹，花朵硕大，雍容华贵。将牡丹、桂花、喜鹊结合，周边饰蔓草纹，寓意富贵双全，喜庆无比；盛开在寿石上的牡丹花其间点缀若干兰花，牡丹喻富贵，寿石喻永恒；耦园的门楼西侧兜肚雕饰为凤戏牡丹，凤为鸟中之王，牡丹为花中之王，凤凰集优雅、华丽、高贵于一身，穿行于牡丹丛中，寓富贵、美丽、幸福之意；留园的牡丹花纹铺地中，一朵盛开的牡丹花，两旁枝上缀着五朵含苞待放的花蕾，有富贵不断之意。

总之，牡丹在中国园林的发展，已经形成了一系列约定俗成的文化内涵，加上牡丹花型端庄大气，色泽艳丽，文人雅士，无不为之倾倒，许多私家园林的牡丹成为他们的精神寄托，像"有花方酌酒"之类的谚语，就是对牡丹造成的这种深刻影响的鲜活写照。也正是因为牡丹的文学内涵和美学特征，牡丹又甚得园主人喜爱。

第三节

牡丹文化与私家园林的关系

第七章
牡丹在寺庙园林中的
应用

　　寺庙园林在中国传统园林中具有重要的位置，在漫长的中国历史发展长河中，寺庙一直充当着公共活动的重要场所，不光是所谓的宗教场所，而且更多地承担着人文思想和精神交流传播、精神洗礼与舒缓的作用，包括提供现代意义上的游乐、聚会、交易、喜剧演出场所等多方面的功能。而牡丹作为一种特殊的园林植物，其间也发挥了重要的作用。

结合中国传统古典园林和牡丹文化发展在各个朝代的主要特征，可将寺庙园林中牡丹的发展历程归纳为以下几个阶段。

一、发展初期——秦、汉、南北朝时期

自秦汉伊始，牡丹首次被记载于药方药典，其药用价值被世人知晓。成书于秦汉的《神农本草经》和东汉早期墓葬1972年出土的记载使用牡丹治疗"血瘀病"药方的医简，对牡丹进行详细记述的同时，也证明了牡丹的药用价值自汉代起就被发现。宋时，郑樵就对木芍药也就是牡丹进行了说明，在其编著的《通治·昆虫草木略》一书中描述有"古今言木芍药，是牡丹……安期生《服炼法》云：'芍药有两种，有金芍药，有木芍药。金者，色白多脂；木者，色紫多脉，此则验其根也'"。可以看出在秦时芍药本就两种，人们也已区分。而后续又记述了"然牡丹亦有木芍药之名，其花可爱，如芍药，宿根如木，故得木芍药之名……牡丹初无名，故依芍药以为名……"，对牡丹又名木芍药的原因进行了详细说明。据考证，安期生为秦朝琅琊人（今山东省青岛市琅琊镇）（蓝保卿 等，2002）。

东晋时，著名画家顾恺之所绘制的《洛神赋图》中线条紧凑舒畅连绵，背景中的山川、树石和花草等刻画的古拙明晰（图7-1）。尤其是一株繁花似锦的牡丹映于洛河岸边，人与牡丹花融为一体凸显了画中牡丹的高尚圣洁。这也成为目前最古老的牡丹卷轴画，画面依然清晰完好，至今已有1600余年（李嘉珏 等，2011）。牡丹出现在绘画之中，充分说明在东晋时牡丹已由民间进入皇室，乃至神话传说。唐朝韦绚在其编著的《嘉华录》一书中描述"北齐杨子华，有画牡丹极分明"。以及唐朝李绰在其编著的《尚书故实》一书中也对北齐时杨子华画牡丹一事有些描写"世言牡丹花……张公尝言：'杨子华画牡丹极分明，子华北齐人。'则知牡丹花亦已久"说明了牡丹的观赏栽培自南北朝就已出现。

两汉之际，佛教进入中国，初期盛行"舍宅为寺"，尤其在魏、晋、南北朝时期最是常见。《上品大戒经》曰："施佛塔庙，得以千信报。"《洛阳伽蓝记》中说道："王侯贵臣，弃象马，如脱屣；庶士豪家，舍资财，若遗迹"（北魏·杨衒之）。这些都明确表现出此风气的盛行。官邸、私人宅第原本就具有良好的庭院园林绿化基础和

图7-1　东晋·顾恺之　《洛神赋图》（局部）

优美的自然园林环境，成为早期寺庙园林绿化的雏形。宅第内的庭院园林也转变成寺庙园林重要的基础部分，并影响了寺庙园林植物的配置形式。

自秦、汉到魏晋南北朝这一历史时期，对于寺庙园林中是否有牡丹存在，并没有明确的史料记载和考古发掘的佐证。只有今河北弥陀寺内一株现存至今的古牡丹，传说为东汉时流传下来，因年代久远和无史料记载，无法确定其正确的时间（蓝保卿 等，2002）。但是，也可以确定，这一历史时期的积淀和发展，对牡丹随后在隋唐时期的兴盛起到了重要的铺垫作用（陈平平，2006）。

二、始盛阶段——隋、唐时期

据传唐朝韩偓编写的《海山记》一书中描述了隋炀帝当时营建皇家林苑的情景"辟地二百亩为西苑，诏天下进花卉。易州进二十箱牡丹，有赦红、鲜红、飞来红、袁家红……"，这则史料透露出当时牡丹已经作为园林观赏花木进行人工繁殖和培育，并首次引种栽培于皇家林苑之中。进入唐朝，牡丹开始兴盛起来，并出现了大量的有关寺庙牡丹的记载，其中明确载有寺庙园林中栽培牡丹的应用。

在佛教兴盛繁荣发展的盛唐阶段，当时统治者唐玄宗、武则天对牡丹尤为钟爱，这成为寺庙为迎合帝王的喜好与渴求帝王的青睐栽植牡丹的主导因素（李青艳，2010）。唐时寺庙和内部流派之间都需要招揽信徒，以强化自身影响力和号召力。除平时的宣传教义以及举办与人们生活贴近的传教活动外，佛教还要吸引文人墨客，以至在众多寺庙中栽植牡丹以供欣赏。

在牡丹始盛的隋唐时期，对于牡丹在寺庙园林中应用的史料也是数量众多。

段成式编著的《酉阳杂俎》一书中描述唐朝时"长安兴唐寺，有牡丹一棵。唐元和中，着花两千一百朵，其色有正晕、倒晕、浅红……重台花，有花面径七、八寸者"，以及同在长安城内的"兴善寺素师院，牡丹色绝嘉。元和末，一枝花合欢"，都描写了观赏牡丹盛开的特征。

康骈在编著的《剧谈录》一书中记述，"京国花卉之辰，尤以牡丹为上……慈恩寺浴堂院，有花两丛，每开及五、六百朵，繁艳芳馥，绝少伦比"。更是完全展现盛唐时牡丹之风空前的盛况。

李肇编著的《唐国史补》一书中记述，"京城尚牡丹三十余年矣……执金召铺宫围外，寺观种以求利，一本有值数万者"。描写了当时社会中人们对牡丹的追捧和倾慕。

钱易编著的《南部新书》一书中描述牡丹盛开时的情景，"长安三月十五日，看牡丹，奔走车马。慈恩寺元果院牡丹，先于诸牡丹，半月开。太真院牡丹，后诸牡丹，半月开"。描写了牡丹花期前后错开，世人为看牡丹盛开而奔走的盛况。

尉迟枢编著的《南楚新闻》一书中记述，"唐宰相张浚，常与朝士于万寿寺，阅牡丹而饮。俄有雨降，抵暮不息……"，可见栽植牡丹的寺院，成为当时达官显贵，或文人墨客的重要交际场所。

《全唐诗》中对寺庙牡丹进行直接描写的诗词有19首，大抵以唐朝慈恩寺的牡丹为主要对象，其中涵盖了西明寺、永寿寺、荐福寺、咸宜观和崇敬寺等著名寺院，还有一些未提及地点的据推测应为兴唐寺和兴善寺等寺庙园林中的牡丹。

三、全盛阶段——宋朝时期

两宋时期继承和发扬了隋唐以来人们对牡丹的喜爱，尤其是在当时的牡丹栽培中心洛阳，人们对牡丹的喜爱程度已经超过"花开花落二十日，一城之人皆若狂"的盛景。欧阳修《洛阳牡丹记》中生动形象的记述了"洛阳之俗，大抵好花。春时，城中无贵贱皆插花，虽负担者亦然。花开时，士庶竞为邀游，往往于古寺废宅，有池台处为市井，张幄帟，笙歌之声相闻"（肖鲁阳 等，1989）。可见当时洛阳牡丹盛况已经到了"人人执不误"的地步。

牡丹栽培和观赏历经隋、唐几个世纪以来的稳定发展，为发展寺庙牡丹奠定了稳定的基础，在两宋时期达到了鼎盛。这一时期，除对牡丹的观赏、栽培和颂扬外，也开始了对牡丹品种特色的系统研究，编撰了大量的牡丹谱录。现存的《越中牡丹花品》谱录，据考证为僧侣仲休撰写，也是目前发现的最早牡丹专著。而出自北宋大文学家欧阳修的《洛阳牡丹记》，则是迄今保存最完整、最原始，也是影响力最大的第一部牡丹谱录。这些可以看出，在两宋时期，牡丹在繁育和栽培技术方面取得了很大的进步，并为以后的研究提供了珍贵的文献资料。

苏轼撰写的《牡丹记叙》中记述了"熙宁五年三月二十三日，余从太守沈公，观花于吉祥寺僧守之圃。圃中花千本，其品以百数……明日，公出所集《牡丹记》10卷以示客，凡牡丹之见于传记与栽植培养剥治之方，古今咏歌诗赋，下至怪奇小说皆在"。其中不乏描写当时牡丹品种之繁多的语句，同时也记载了当时人们整理和撰写的与牡丹相关的栽培嫁接技艺、文学作品和神话传说等。

陆游《天彭牡丹谱》中记述了"曩时，永宁院有僧种花最盛，俗谓之牡丹院。春时，赏花者多集于此"。

《文献通考·经籍考》和《越中牡丹花品》两卷中记述了"越之所好尚惟牡丹，其绝丽者三十二种，始乎郡斋、豪家、名族、梵宇、道宫、池台、水榭植之无。来赏花者，不间亲疏，谓之看花局"。记述了越中之地也尚牡丹，并形成一种风俗习惯。

四、成熟阶段——明、清时期

宋朝之后直至元朝灭亡的几百年间，牡丹的栽培和观赏可谓是历经曲折。直到明清时期，当时的首都北京转变为中国封建社会的政治、经济、文化的中心，同时佛教的中心和牡丹文化与栽培的中心也随之形成。虽然当时人们对牡丹的喜爱已经达不到"人人执不误"的状态，但是在牡丹栽培技艺、文化涵义、装饰纹样等方面都形成了比较成熟的体系。

明清时期，除当时的牡丹栽培中心首都北京外，还有曹州、亳州等地牡丹栽培也快速发展，促使牡丹品种不断地丰富，较之前朝又有了崭新的发展。据史料和统计数据显示，到明朝时牡丹品种约达到了360种。对于牡丹的嫁接和培育，这一时期采用了"引""分""接"同时进行的方式，在获得新品种方面，较之先前任何时候都要丰富得多（蓝保卿 等，2002）。

刘侗《帝京景物略》中记述了北京极乐寺因遍植牡丹而建国花堂，并对牡丹周边进行描述"门外古柳，殿前古松，寺左国花堂牡丹"。蒋一葵在《长安客话》中载有"卧寺庙多牡丹，开时，烂漫特甚，贵游把玩至不忍去"。对当时牡丹盛开和赏牡丹的盛况都有描述。震钧《天咫偶闻》一书中记述了法源寺内栽植牡丹的生态特征，"法源寺，即古悯忠寺……僧院中牡丹殊盛，高三尺有馀，青桐二株，过屋檐"，以及乾隆年间（1736—1795）赏牡丹最是繁盛的"崇效寺，俗名枣花寺，花事最盛……以丁香名，今则以牡丹"。《清史稿》（卷44志19）对牡丹花开的时间也有记述，"康熙四年十二月，德清吉祥寺牡丹开数茎。"和"乾隆七年冬至日，崇明牡丹开……十六年九月，分宜高林寺牡丹开……四十九年十月，桐乡凤鸣寺牡丹，开二花，单瓣紫色"。这些冬日牡丹花开的现象，说明在清朝寺庙中牡丹的栽培技术有了较大的发展，已经掌握了牡丹二次开花的技术。

五、发展恢复阶段——新中国成立以后

新中国成立之前，由于战火的长期干扰和科学技术的限制等多方面的影响，这一时期牡丹的栽培、应用和相关文化产业基本处于低迷阶段，也出现了部分衰退现象。一直到改革开放以后，中国整体经济、政治、文化转而处于快速增长和繁荣阶段，宗教政策也逐渐宽松，牡丹的栽培和应用也开始步入一个崭新的阶段，开始蓬勃发展。如今，众多寺庙园林中开始大量栽植牡丹，如北京潭柘寺和戒台寺在20世纪80～90年代从洛阳引进牡丹进行栽植，西安大慈恩寺和青龙寺也开始大量引进牡丹进行栽植。当今社会科学技术和栽培技艺的不断发展和进步，使得牡丹品种也不断丰富。

一、寺庙中牡丹的园林观赏应用

牡丹作为观赏花木，在传统园林中扮演了重要角色，在寺庙园林中也常用于庭院和附属园林绿化中，以供观赏。由于寺院需要举行众多的教传世俗活动，使得寺院成为当时重要的公共文化交流中心。寺院自身的园林环境的营造必须与佛教的庄严肃穆、人间的愉悦相互融合与协调。因此，寺庙园林的绿化设计与管理经营更得到重视，同时就产生了众多以园林花木而著名的寺院。

有关牡丹何时何地进入寺庙园林虽已无法得到确切的考证，但牡丹被大量应用于西安寺庙园林造景中，则始盛于隋唐时期。

唐朝段成式在其编著的《酉阳杂俎》中详细记述了唐元和中，长安城内兴唐寺中一株栽培观赏牡丹着花量达到了惊人的两千余，主要特征有"其色有正晕、倒晕、浅红、深紫、黄、白、檀等，独无深红，又有花叶中无抹心者。重台花，有花面径七、八寸者"，以及当时在大兴善寺素师院里的一株花色绝佳的牡丹于"元和末，一枝花合欢"。其明确了兴唐寺和兴善寺中的牡丹为观赏品种，并分别详细描述寺庙中牡丹的着花量、花色和花型，也体现了当时栽培牡丹的表型特征。唐朝康骈在其编著的《剧谈录》中记述了"慈恩寺浴堂院有花两丛，每开及五、六百朵，繁艳芳馥，绝少伦比"。其中对当时观赏牡丹的栽植形式、着花数量和散发的花香等进行了描写。

还有北宋钱易在其编著的《南部新书》中以长安为例，在牡丹盛开的三月十五日，对寺院中的牡丹花期也进行了对比与记载，"慈恩寺元果院牡丹，先于诸牡丹，半月开；太真院牡丹，后诸牡丹，半月开。"上述三部著作中记述了牡丹特性和种植形式，生动地形容了当时长安城中人们集聚寺庙赏牡丹已经达到了"花开时节动京城"的情景。

在《和李中丞慈恩寺清上人院牡丹花歌》中，诗人权德舆在和友人赏牡丹吟诗的同时，也对慈恩寺的牡丹栽植的周边环境进行了描写，"时过宝地寻花径，已见新花出故丛。曲水亭西杏园北，浓芳深院红霞色。擢秀全胜珠树林，结根幸在青莲域。燕蕊鲜房次第开，含烟洗露照苍苔"。为后人生动再现了牡丹的种植规模、位置、花色和周边环境，并抒发了诗人当时"独坐南台时共美，闲行古刹情何已"的深刻感慨。《全唐诗》中，白居易赏白牡丹时一句"君看入时者，紫艳与红英"，陈标在寺院赏牡丹感叹"琉璃地上红艳色，碧落天头散晓霞"，以及吴融在僧院中面对白牡丹有感而发的"天生洁白宜清净，何必殷红映洞房"。这三句牡丹诗词中，可以看出寺庙园林牡丹花以紫红、白色为主流（王毓荣 等，2005）。

盛唐时，栽植牡丹以供观赏或其他用途的寺院多以慈恩寺为主，另有兴唐寺、兴善寺、荐福寺和永寿寺等较为著名的佛教寺院。孤植和丛植成为众多寺庙园林中主要的栽植形式，这为牡丹在寺庙园林中的发展历程与应用形式提供了必不可少的参考依据和文化研究价值。

二、寺庙中牡丹的插花应用

寺庙插花主要是专门用来供养和礼拜佛陀。在佛教传入中国的初期，以莲花作为主要寺庙插花，佛教在传播和发展的过程中不断中国化和世俗化。牡丹也逐渐进入到寺庙的插花与供花中，并成为当时吸引信众和文人墨客的重要元素。

自唐以来，牡丹开始被普遍运用于佛事供花之中，主要包括了两种方式：一是，用于佛事活动、仪式和供花。此时大都以花色多彩华丽，花型端庄大气，枝叶严谨规则的花卉品种为主，对称摆放，配以华美的花瓶，体现佛门净地的神圣（郑青，2001）。如宋朝《柳枝观音》画中端庄华贵的牡丹插于花瓶之中，并衬以茶花和萱草（李青艳，2010）。二是，禅室内的插花。其大都放置于僧侣的起居之处，因禅室追求环境的空寂和清净等，这也使得在选择牡丹上，多以白、粉等淡雅色彩为主，花器也多简单古朴。如唐代卢楞迦在《六尊者像》中所描绘的白牡丹，圣洁白净，以凸显僧人内心世界的空寂无我、超凡脱俗和慈悲静谧等。

三、寺庙中牡丹的药用与食用

牡丹最初被人们知晓是源于自身的药用价值，《神农本草经》一书中对牡丹的医药上的特性和用途进行了较为详细的描述。1972年，在甘肃武威考古挖掘东汉早期墓葬的过程中，发掘的医简残片中就有有关牡丹医用的表述，经证明自东汉时期牡丹就已经被人们使用和记载下来。明朝时期，李时珍在其编撰的《本草纲目》中对牡丹所具有的药用特性进行了较为细致的比对与描述，"牡丹以色丹者为佳……惟取红白单瓣者入药……气味不纯，不可用"（李时珍，2004）。后世众多药典中均明确指出了牡丹的药用价值，呼应了佛教普度众生和救死扶伤的理念。

牡丹的入药部分主要是地下的根皮，通过加工后的根皮也被称为"丹皮"，其药性微寒，味微苦辛，临床上通常被用作清热凉血。其药效入心、肝和肾三经，主要对夜热早凉、温毒发斑、跌打伤痛、闭经痛经等病症有缓解和治疗的作用。牡丹花作为传统中药，其药性温和，味微淡苦，入肝脾，对调经活血有显著效果。经过现代药理学者对牡丹花的不断试验和研究发现，其花内所含有的物质成分主要有牡丹酚、牡丹酚苷、芍药苷、生物碱和挥发油等。这些物质对降低血压、缓解紧张、阵痛、退热和催眠等具有积极的影响（卢颖，2007）。

寺庙一般处于人迹罕至的风景名胜之地，古代因交通条件制约，僧侣们必须建造农场、菜圃、药圃和果园等以满足自身对食物的需求。牡丹除药用价值外，其花含有丰富的营养价值，也解决了部分饮食营养的供给。

据查阅史书，牡丹进入饮食开始于唐末五代时期，明清以来的有关牡丹的食用种类与方式日益增多（胡献国，2007）。明朝王象晋在其著作《二如亭群芳谱》中载有"煎牡丹花，煎法与玉兰同，可食，可蜜饯……花瓣择，洗净，拖面，麻油煮食，至美"，对食用牡丹花的烹饪方式进行了详细描述。《梦粱录》一书中载有"市食点心，四时皆有……且如蒸作面行卖，四色馒头……金银炙焦牡丹饼……"，描写了市井之中以牡丹为佐料的面食。

到了现代社会，民间仍旧流传有一则故事。相传武则天在长安感业寺削发为尼期间，曾用牡丹花瓣作主要佐料，用自己种植、收获和磨制好的大豆粉包裹起来，制作成牡丹素饼，众人吃后赞不绝口。可以看出，古代社会中有关牡丹在日常饮食方面的主要做法包括：牡丹素饼、牡丹燕菜、牡丹汤和牡丹宴等（蓝保卿 等，2002）。

明朝薛凤翔编著的《亳州牡丹史》（卷2）中对牡丹茶的何时采摘、如何制作，饮用之法和口感特征等有详细记述，"其春时，剪芽虽多，不弃沃，以清泉驱苦气，曝干渝茗，清远特甚"。而今，调制牡丹花茶种类繁多，不仅仅保持了茶的爽滑醇厚的口感，也在活血通经、降血糖、抗衰老和维持酸碱平衡等方面起到了重要作用。

牡
丹
文
化
与
寺
庙
园
林
的
关
系

一、延伸了皇家牡丹园林文化

在现存史书资料中记述有关牡丹与寺庙的资料比较多，却相对分散。唐朝舒元舆在编写的《牡丹赋》中记述了武则天命人从其家乡西河的精舍（僧侣的禅房屋舍）移植牡丹到上苑之中，其原因是"其花特异，天后（武则天）叹上苑之有缺，因命移植焉"（肖鲁阳 等，1989）。《酉阳杂俎》一书中详细记述了唐元和中，长安城中兴唐寺栽培的一株观赏牡丹着花量达到了惊人的2000余，主要特征有"其色有正晕，倒晕，浅红，深紫，黄，白，檀等，独无深红，又有花叶中无抹心者。重台花，有花面径七、八寸者"。以及当时在大兴善寺素师院里的一株花色绝佳的牡丹于"元和末，一枝花合欢"。《剧谈录》一书中对盛唐首都长安百花盛开时以赏牡丹最为上选，并对慈恩寺的牡丹盛开进行了生动翔实的描述"慈恩寺浴堂院有花两丛，每开，及五六百朵，繁艳芬馥，绝少伦比"（蓝保卿 等，2002）。

二、增加寺院经济收入

《唐国史补》则是对已盛行赏牡丹之风30余年的长安寺观赏牡丹的情形进行了叙述，并且对牡丹的经济价值也进行了记载，"每春暮，车马若狂，以不耽玩为耻。执金召铺宫围外，寺观种以求利，一本有值数万者"（李肇，1957）。《南部新书》中以长安为例，在牡丹盛开的三月十五日，对寺院中的牡丹花期进行了对比与记载"慈恩寺元果院牡丹，先于诸牡丹，半月开；太真院牡丹，后诸牡丹，半月开"（钱易，2002）。

到了宋朝时，陆游《天彭牡丹谱》中描写了"囊时，永宁寺有僧种花最盛，俗谓之牡丹院"（肖鲁阳 等，1989）。在春时牡丹盛开之际，众多赏花者便聚集于寺院之中。《云溪友议》中对白乐天初任杭州的刺史下令参观牡丹园的记述"独开元寺僧惠澄近于京师得之"，可以看出牡丹由当时的京城已经传播到南方。

三、提升寺庙的地位

明、清两朝，由于政治中心的迁移，记述寺庙牡丹多以北京地区为主。刘侗在《帝京景物略》一书中记述了北京极乐寺"寺左国花堂牡丹"的栽植区域；蒋一葵在《长安客话》中记述了卧寺庙牡丹的盛况；震钧在其编著的《天咫偶闻》一书中记述了法源寺内栽植牡丹的植株的生态特征；以及乾隆年间（1736—1795）以观赏丁香最为出名，如今赏牡丹最是繁盛的"崇效寺，俗名枣花寺，花事最盛……以丁香名，今则以牡丹"。

当今社会，与牡丹相关的著作如雨后春笋不断涌现，在牡丹的文化和园林应用等领域的研究也是不断地深入。《中国牡丹全书》中就对最早记述牡丹的专谱，即宋朝的一位僧侣仲休编著的《越中牡丹花品》有相关描述。其中有关西藏牡丹的章节中，记述了西藏地区藏传佛教的部分寺庙中有栽培牡丹，紫斑牡丹是西北牡丹品种群中最为重要的，也是被广泛应用在藏传寺庙园林中的牡丹品种之一。《古今牡丹名园》章节中收录了洛阳的白马寺、杭州的吉祥寺、天彭的永宁寺、上海的法华寺、山西的双塔寺、北京的极乐寺、卧寺庙等。《中国牡丹》一书有关寺庙牡丹的章节中，对国内比较著名的寺庙牡丹园进行了整体介绍与说明，其中包含了河南的白马寺、稷山的双塔寺、北京的卧寺庙和江苏的金华寺，以及道家文化的永乐宫和大拱北清真寺等。

四、促进牡丹的发展

《全唐诗反映的牡丹品种与栽植场所探析》一文对《全唐诗》中描写与牡丹相关诗词进行了初步统计，直接或间接描写牡丹的诗词多达127首，其中描写寺庙牡丹的就达到了15首之多，从中可以看出牡丹在寺庙中也多有栽植（王向辉 等，2008）。

苏轼所著的《牡丹记叙》中详细记载了自己亲随太守沈公共赏牡丹的情景，"观花于吉祥寺僧守之圃，圃中花千本，其品以百数"。可以看出寺庙中大量栽植牡丹，并且品种达百余种。这一侧面反映出，寺院牡丹在牡丹新品种选育和传播方面有着不可磨灭的贡献。

第八章
牡丹在陵寝园林中的应用

　　陵寝在中国传统文化中占据相当重要的位置。虽然在当今移风易俗新文化背景下，陵寝已经越来越远离大众，但古代陵寝有关的牡丹园林文化，对于我们完整认识牡丹文化是不可缺少的一个重要元素。

一、陵寝园林文化的背景

陵寝，这一中国历史进程中特定的产物，是中国皇家园林的重要组成部分，承载了许多历史信息和文化内涵，陵寝及陵寝配置是研究中国古代政治、经济、文化的第一手资料。

封建时代皇帝都非常重视只可意会不可言传的"风水宝地"一说。所谓"风水"一词最早源自郭璞的《葬书》"气乘风则散，界水则亡，古人聚之使不散，行之使有止，故谓之风水，风水之法，得水为上，藏风次之"。意思是阴宅内的生气能够助人事兴旺、发财，可令后代富贵、显达。生气在地里流动，遇见风一吹就散了，遇见水流一拦挡，就停止不动了。即丧葬故人要"讲究生气凝聚、风吹不到，并且有水流可以界止生气"的风水之地。风水理论认为"土高水深，郁草林茂"的环境是较为理想的风水环境，并且将"气好—林茂—大吉"相联系，古人即通过广植林木或是保护林木来获得好的风水。

在陵寝园林中则更有"风水林"的说法，且风水林对于陵寝园林的植物配置更为重视。对于牡丹在陵寝园林中的应用最早可能要追溯到南北朝时期花木兰将军的陵墓了。

二、花木兰陵园——万花山牡丹园

位于陕西延安万花山下。陵园依山而建，面积18亩。园内遍植松柏花卉。墓碑上雕刻着著名书法家舒同撰写的"花将军之墓"五个大字。传说花木兰姓花，家住万花山下的花原村，17岁时，因自己的国家突然受到战争的威胁，其父欲应召为国从戎，却年老体弱，力不从心。于是花木兰女扮男装，毅然代父从军。在战场上，英勇善战，12年的殊死征战中，屡建战功，由士兵晋升为将军。战争结束后，皇帝欲封其为朝廷大臣，花木兰却辞别了皇帝回到了家乡。当她脱下战袍，恢复女儿装时，她的同伴大为惊讶，想不到和自己共同征战十二载的将军竟是一个楚楚动人的女子。据传说，木兰回家后，十分喜欢万花山的牡丹，便耕作食斯，一直活到80岁。她的墓地就建在万花山隔河相望的另一座山上，是遵照她的遗嘱筑造的，让她时时能看到她喜欢的万花山牡丹。现在人们把埋葬花木兰的这座山叫"花家陵"。1984年，延安市政府拨出专款，在花家陵山脚下修建了"木兰陵园"。

三、贵妃墓

唐代喜牡丹的人极多，其中便有杨贵妃，杨贵妃与唐玄宗的爱情被广世流传，白居易曾书《长恨歌》来赞美两人凄美的爱恋。杨贵妃与唐明皇爱的轰轰烈烈却不得善终，在马嵬坡自缢身亡，杨贵妃死后，兴庆宫沉香亭畔的牡丹花愈加灿烂，人们说那是杨贵妃的灵魂精

第一节

陵寝中的牡丹栽植

魄，依附在牡丹花上的缘故，因此尊称她为四月牡丹花神。杨贵妃墓历朝历代也有一定的修葺保护。据史书记载，明代贵妃墓便成为"百步耕耘之禁"。1937年，在陕西省政府主席邵力子的竭力倡导下，进行了规模最大的一次修复。现在的杨贵妃墓中除了有大量的仿唐建筑，也配有"牡丹园""桃花园"和"观鱼点"等景点。园中有一株大牡丹，是1979年移栽到马嵬驿贵妃墓中的，现在已有40余年，此花大叶茂，虬枝苍劲，为当地罕见，故称为"牡丹王"。

牡丹在古时称为"富贵花"，一方面是因为其姿态丰满，姹紫嫣红，富丽堂皇，从气质上给人以富贵之感。而另外一方面则是牡丹在古时被帝王将相、达官贵族所喜欢，平民百姓则是千金也难求一枝。且牡丹极难成活，以当时的栽培技术是无法达到成片栽植成活的，所以便称为"富贵花"。

古语有云"事死如事生"，中国古人崇信人死之后在阴间仍然过着类似在阳间的生活，因而陵墓的地上、地下的建筑及随葬品都是仿照阳间。而也正因牡丹所代表的富贵之意，许多达官贵人的陵墓中皆有牡丹纹样的雕饰。

一、地下石刻牡丹文化

唐宋时期，牡丹图案主要出现在石刻上，用于装饰在石雕、墓门、石棺及墓志四边，常采用阴线刻手法。其装饰图案有"凤戏卷枝"牡丹纹、变形牡丹纹及写实牡丹纹几种。它们的线条精细流畅，刀法娴熟、圆润，可谓古代石刻艺术的珍品，图案中牡丹或作主要纹饰，或作陪衬。

1. 石椁

陕西乾陵永泰公主墓的石椁上，每面各刻姿态不同的供侍人物，人物的前后均以写实的折枝花卉和折枝牡丹作陪衬（图8-1，图8-2）。

8-3

8-1 8-2

图8-1 永泰公主墓内线刻画仕女

图8-2 永泰公主墓内线刻

图8-3 北宋墓志线刻牡丹纹（上）北宋张君画像石棺牡丹纹

　　洛阳发现的北宋画像石棺上，多刻牡丹图案。崇宁五年（1106年）张君石棺，棺媚中央阴线刻一花盆，盆内植两株牡丹，布满棺盖，两侧饰以大朵连枝牡丹，间以攀枝童子和骑兽童子（图8-3）。

　　宣和五年（1123）王十三秀才石棺，棺盖周围、棺身前后及左右，皆刻连枝牡丹，花大叶密。另外，宜阳县莲庄乡坡窑村出土的北宋石棺，棺盖顶部为疏密有致的牡丹纹，四刹为繁缛的缠枝牡丹，线条流畅自然，雕刻技法娴熟。

2. 墓门

　　在洛阳发掘的唐墓中，有两座墓的石墓门上有线刻牡丹。唐中宗景龙三年（709）安菩夫妇墓墓门为青石结构，在门楣正面阴线刻3朵牡丹花。唐玄宗开元二十八年（740）唐睿宗贵妃豆卢氏墓，门楣略呈半圆形，以线刻和减地手法满饰花纹，画面中央竖刻2朵牡丹，两侧各有一只凤凰。

3. 墓砖

　　而自新中国成立以来，发掘出的宋代砖室墓中常见砖雕牡丹。有的砌于墓室内砖雕格子假门的下部，如具有代表性的洛阳七里河村宋墓、耐火材料厂宋墓等。这些墓中的砖雕牡丹皆为单幅，重瓣，花朵质感厚实，装饰性较强，有的砌于墓室北壁的假门两侧上部，如嵩县何村宋墓。与这些墓葬不同的是洛阳有色金属小额供应站发掘的宋墓，在正对墓门的棺床一侧，砌有单瓣牡丹和山羊砖雕各一块，皆为浅浮雕。牡丹枝叶舒展，映衬花朵。牡丹有富贵之名，山羊含吉祥之意，这两种砖雕砌于正对墓门外，有富贵、吉祥之深刻寓意。

图8-4 宋金马王
砖雕墓中牡丹造型
砖雕

图8-5 唐代西安
唐安公主墓门槛与
门框上的变形牡丹

　　在山西稷山出土的宋金马王砖雕墓中，墓室以砖雕的形式表现了
墓主人生前居室的布局样式，多为前厅后堂、左右配置厢房的四合院
结构，再现了当时的建筑风格（图8-4）。在四合院结构的墓室中，房
间门上都有不同样式的花朵造型的砖雕，以牡丹为造型的砖雕有丛生
的牡丹和独一朵的牡丹造型。

　　除却最单纯的砖雕，还有砖雕与壁画相结合的牡丹图案，最有代
表性的是新安县城关镇宋庄村宋墓。该墓的南壁为墓门，门内两侧各以
壁画形式绘一门吏，门吏身后各为一扇透雕门窗，窗下裙板里各雕一盆
景牡丹，朱红重瓣，绿叶叶脉以墨红勾出，窗上雕四朵连枝单瓣朱红牡
丹。西壁为宴饮图，有砖雕的假桌椅，桌上绘有带托的壶与杯子，椅子
上各绘男女主人对饮，身后各立一侍女，他们的身后各有两个格档，格
内绘有红花绿叶的折枝牡丹，四朵牡丹全为重瓣。蔓延上方有三个格
档，中格为盛开的牡丹花，两边为半开的牡丹。北壁为五扇透雕的假
门窗，窗为透雕花格子，窗下5个裙板内各雕五朵折枝重瓣盛开的红牡
丹，绿叶以墨线勾叶脉，其形状各异，门楣有三格档，中间雕有两朵花

叶对称的重瓣牡丹，两边各为透雕的8个三角形，内刻半开的三角形牡丹花瓣。东壁为4扇透雕门窗，中间两扇为花窗，下有两个三角形牡丹叶，两边两扇上下各分三格档，每格为折枝重瓣牡丹。在檐枋上有一周砖雕的无叶单瓣牡丹12朵，莲花4朵，其牡丹形状不同，有盛开、半开或花蕾，颜色有朱红和黄色两种。这些砖雕的牡丹，立体感强，除少数受框架限制为变形牡丹，大多数采用写实手法。

二、地上石刻牡丹文化

此外，不同地区的牡丹纹样还相互影响，如陕西顺陵大石坐狮石座四周刻的卷枝牡丹纹和西安唐安公主墓的门槛与门框上刻的变形牡丹纹，其装饰手法和艺术风格与洛阳出土的五代墓志边上的凤戏卷枝牡丹纹和变形牡丹纹如出一辙（图8-5～图8-7）。

8-6
8-7

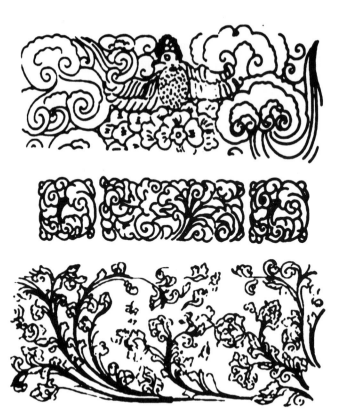

图8-6　五代墓志边牡丹纹

图8-7　唐代陕西顺陵大石坐狮上的卷枝牡丹纹

第九章
牡丹专类园设计

在回溯我国牡丹园林的悠久历史，目睹当今牡丹园林的发展，展望未来牡丹的发展时，我们不难看出，牡丹专类园在牡丹园林中是具有主体地位的。因此，充分掌握了解有关牡丹专类园的设计思想、原则和方法，对于牡丹专类园的新建或提升改造，有着重要的意义和作用。

在现代牡丹专类园的设计中，我们应当重新考虑对传统牡丹园林文化的借鉴，在了解的基础上选择性地加以利用。

一、以牡丹的景观文化为基础

牡丹景观的文化性是在其长期的历史发展中形成的，很多与牡丹相关的文化习俗以及古牡丹资源，可以作为有一定价值的旅游资源进行开发。中国传统园林中的植物配置往往兼顾植物自身的观赏特性和文化内涵，同时融入造园者或园主的审美观。牡丹作为常用的园林景观植物，具有丰富的文化美学价值。

首先，把牡丹花姿、花色、花香、花韵之美，作为打造牡丹景观的核心与魂。牡丹作为观赏的主题与中心，在皇家、寺庙和私家园林中都发挥着重要的景观作用。牡丹按照一定的形式和品种归类，栽植于规划的地块内。集中在某一区域成片地种植同种牡丹，不与其他的景观或者建筑相结合，同样有景可赏、有花可观。牡丹自身亦可独立成景，所以丰富多彩的牡丹品种开花时花团锦簇的场景，构成了一幅蔚为壮观的园林景观图画。

其次，巧妙应用牡丹园林景观与其他山水小品相配置。规模宏大的皇家园林多以园中园的形式来栽植植物，同时具有广泛社会影响的佛寺园林也多栽植牡丹，以至于众多的私家园林，纷纷效仿将牡丹与其他园林植物有机搭配，形成了别具一格的牡丹园林景观。

二、注重牡丹的品种配置的观赏效果

造园者结合地形等本土条件，将牡丹花根据花色、花量和观赏的效果进行划分，选择不同花色品种的牡丹进行栽植，注重种群间色彩的搭配和表达牡丹姹紫嫣红的观赏效果。也有为了表达特定主题或突出某一品种的观赏效果而选择纯色块栽植的。同时，由于牡丹花型变化丰富，不同品种又各有特点，所以通过不同品种的牡丹相互衬托，使整个牡丹观赏呈现丰富多彩的效果。运用植株直立型、疏散型、开张型、矮生型、独干型的株型，使牡丹的观赏效果更加充满空间层次感和多元化。例如双塔寺内的牡丹品种配置就是这种特点（图9-1）。

三、巧借牡丹与其他园林植物组合

牡丹与其他园林植物搭配不仅是为了弥补牡丹花后的冷清，也是由于牡丹与其他植物搭配时表达的寓意丰富。都说"牡丹为花王，芍药为花相"，是因为芍药的叶形虽较牡丹略长，花朵开放时略小，但在花型花貌上却与牡丹十分的相似，二者又均为芍药科芍药属植物，且芍药开花期较牡丹晚，花期也略长，可以续补牡丹园花时之盛况，所以园林中常把两者栽植于一起。

图9-1　太原双塔寺牡丹品种的搭配

图9-2　西安兴庆宫沉香亭牡丹搭配

　　牡丹不仅可与芍药搭配，在常绿树的映衬下，亦可构成四季景观的基调（图9-2）。经过查阅文献资料和实地走访，发现在北方的传统园林中，牡丹的搭配选择了雪松、黑松、白皮松、蜀桧等，常绿灌木则以黄杨、龙柏球、石楠等为主。除常绿乔灌木外，牡丹也与玉兰、银杏、柿树、青桐、皂荚、槐、月季、蔷薇、迎春等植物搭配。例如，在皇家园林中，植物的配置非常注重表达吉祥的含义，所以常用玉兰、海棠、牡丹，有时还有桂花等配置在一起，表示"玉堂富贵"的愿望和追求。正是由于传统园林中，人们十分重视牡丹与各园林植物组成的美好含义，才使牡丹的应用更加考究和丰富。

四、重视牡丹与各园林要素的结合

古典园林中，观赏牡丹时需要提供具有休憩功能的观赏地点，所以需要与周边的牡丹亭、水榭、轩馆、阁、殿等建筑物相结合。这些建筑的风格沿用我国古典建筑的设计形式，北方采用红柱和黄色琉璃瓦屋顶，南方则以徽派建筑为主，却也不失贵气。此外，牡丹与建筑等景观在设计上也注重与周围环境的相互协调。

随着牡丹花型品种的丰富，以及从隋唐到明清造园手法的日渐成熟，造园家也愈发注重结合地形、建筑、山石等造景元素更好地观赏牡丹。例如在苏州园林中的留园，就是利用青石花台与牡丹的结合而使整个院子的氛围相统一，与其他植物相映成趣。此外，牡丹在丰富构筑空间以及与环境协调的方面与其他的园林植物也有同样的作用。建筑周边的牡丹利于人们近赏和游玩，正如《披异记》《开元天宝遗事》《松漠纪闻》等文献中记录了牡丹与建筑的结合，及其作为建筑物旁观赏植物的场景。至少有15种古文献中，曾记载牡丹植于建筑周围供观赏。例如，在现有的唐宋建筑中，兴庆宫的沉香亭（图9-2），宋代御苑内的延春阁等都是皇家园林中牡丹与其他景观建筑的搭配。

一、牡丹专类园设计原则

1. 突出牡丹主题，兼顾四季景观

将牡丹作为全园的主要植物，以展示牡丹丰富的品种及花色、花型、花韵等形态特征，同时与其他乔、灌、草植物材料结合，为牡丹提供绿色的背景，衬托牡丹艳丽的花色，营造丰富的四季景观。

2. 注重牡丹文化景观，提升景观内涵

立意于牡丹文化，运用园林艺术的多种手法，适当配置园林建筑、山石小品和雕塑，将人文精神与园林空间渗透与结合（赵飞鹤 等，2000）。

3. 以生态学为基础基础，注重可持续发展

因地制宜，在尊重牡丹生态习性的前提下，选择适宜的园址和牡丹品种进行栽培，满足牡丹对土壤、光照、排水、坡度及养护方面等需求，建设可持续性发展的园区（孟欣慧，2012）。

4. 多种造园要素并举，服务设施尽量齐全

园区以观赏游览为主，兼顾科研教育、保种育种的功能，运用园林要素丰富园区景色，避免出现景色单一，使游人产生审美疲劳，同时为游人提供全方位的观赏空间和必要的游憩服务设施（张玲玲，2016）。

二、牡丹专类园的布局

牡丹专类园总体布局应根据设计主题、场地的规模及品种灵活安排，遵守形式美法则，因地制宜，充分利用原有地形地貌，突出牡丹的观赏特性（陈易 等，2015）。园林布局可以采取自然式与规则式，自然式设计通过曲线的园路，起伏的地形，假山跌水、自然式的种植组团营造恬静优美的自然意境；规则式在整体上形成美丽的几何图案，或将地块分为规则的花池或种植块，牡丹按照一定的规律整齐地栽植其中。牡丹专类园中较为常见的通过花坛、花台等设计方式，在整体上形成群植景观。在非盛花期，利用其他园林要素弥补特色景观，营造出以赏牡丹及牡丹文化为主题的专类园。

三、牡丹专类园的分区

牡丹专类园的分区规划通常是在景观立意的基础上，依据园区的功能特点进行划分的。牡丹专类园大致分为以下几个功能区：牡丹游览观赏区、牡丹文化展览区、生产、观赏温室及科技示范区（潘百红 等，2006）。如菏泽曹州牡丹园共分为花之语、花之海、花之韵、花之魂和花之潮五大景区（于洪光 等，2009）；洛阳王城牡丹园划分为醉卧花仙、牡丹泉涌、玉堂富贵、火炼金丹、窗含韶东五大景区。

一、牡丹专类园的选址

理想的选址对牡丹栽培及专类园的发展起决定性的作用。牡丹专类园的选址应在其生态习性的基础上，多加考虑地形地貌、土壤环境等因素（孟欣慧，2012）。

牡丹为深根性落叶灌木，不耐涝，对土壤的排水力要求较高，适合生长在壤土肥沃、排水良好并且宽敞通风的地方，山地、台地等排水性好的场地是牡丹的最佳栽培区。若地势较为平坦，则应人工构建完善的排水系统来保证排水通畅，满足牡丹的生长需求。牡丹性喜阳光耐寒，忌夏季暴晒，适宜于凉爽的环境，在牡丹周围保留一些乔灌木以形成适当的侧方遮阴，对牡丹的生长也是必不可少的。

二、不同地形专类园的设计

我国国土面积广阔，地形变化多样，对于牡丹专类园的场地设计，应根据基址的规模及立地条件采取相应的措施，为牡丹的生长特性及观赏特性，创造适宜的环境，同时通过地形和空间的处理，引导游人游览，从多个角度布置观赏景点（孟欣慧，2012）。

1. 山地牡丹专类园

由于牡丹典型的生态习性，喜光照而忌烈日，忌涝，喜排水良好、疏松肥沃的深厚土壤，所以能提供半阴或有侧方遮阴、通风良好的山地环境是种植牡丹的最佳场地。山地牡丹专类园不仅符合牡丹生长的生态要求，更能展现牡丹独特的观赏特点。在山地上栽植牡丹的立体景观效果更加明显，同时在牡丹花期过后，园内依旧不会枯燥无味。

（1）山地牡丹专类园设计方法

在山地上营建牡丹专类园，其布局与功能分区要充分考虑山地的自然条件，对于现有坡地以自然式布局为主，随形就势，顺其自然，形成"虽由人作，宛自天成"的山野之趣，构成与平地牡丹专类园完全不同的空间形态和环境特征（陈畅，2015）。山地牡丹专类园在竖向设计上，一方面要保证排水通畅、防止场地积水，满足牡丹的生态习性要求；另一方面，合理安排游览空间，组织游人视线，结合假山置石等其他景观要素进行组景，创造丰富的观赏点和观赏角度。依坡就势地安排游览道路，通过建筑、亭廊、小品、植物等增加牡丹园游览的趣味性，形成峰回路转、步移景异的丰富景象，在山体自然环境下烘托出牡丹的内在美与外在美，营造牡丹的园林意境。

（2）山地牡丹专类园的植物配置

① 合理搭配牡丹品种，营造多层次的立体景观

山地牡丹专类园应根据地势的高低起伏，选择株型不同、高矮不同的品种混植，营造自然、立体的观赏效果，使牡丹专类园远看浑然一体，近看山路弯弯，繁花锦簇。在园路两侧种植株型较矮或者开展型的牡丹品种，便于游人观赏；株型较高或直立型的品种植于后面，在开花时节不会遮挡其他牡丹，作为背景牡丹展现其群体美。如垫江牡丹园，就是典型的山地牡丹园（图9-3）。

②结合花台进行栽植，提供最佳观赏距离和观赏角度

山地牡丹专类园也可以采取小面积的栽植形式，便于品种的分类和近距离的观赏，尺度更类似于传统园林中的花台。根据场地地形的变化，利用山石砌成自然不规则的形状，随地形的起伏高低错落，花台上栽植牡丹，于山石边缘配以沿阶草、一二年生花卉作为前景，与周围的自然环境相协调。

③牡丹与山石景观融为一体，注重自然野趣的营造

山地牡丹专类园最大的特点在于利用自然地形，合理地将牡丹与山石搭配，孤置、散置或群置山石，通过石头的硬质突出了牡丹的柔美，在山石间或密或疏的点缀牡丹创造了一份自然野趣（图9-4，图9-5）。也可在石上雕刻赞美牡丹的诗词，起到点景的作用。将雕刻牡丹的壁画或牡丹仙子等雕塑置于牡丹丛中，能突出牡丹文化的意蕴，更使人仿佛"神游"其中，充分体现园林植物配置上的艺术性与科学性（陈畅，2015）。

④丰富季相景观色彩，发挥牡丹文化内涵

牡丹与其他乔木、灌木及草本进行合理复层式混合配置，形成以牡丹为主的自然式植物群落，花期结束后仍有景可观，形成可吸引游

图9-3　山地牡丹园景观

人驻足观赏的园林景观（图9-6）。牡丹与其他植物搭配可形成一定的象征色彩，如牡丹通常与玉兰、海棠、桂花栽植在一起，有"玉堂富贵"的寓意，也表现了牡丹作为"富贵花"的文化意蕴。

2. 台地牡丹专类园

由于牡丹不耐积水，在邻近水体或降水多，地下水位较高的场地，用花台的形式栽植牡丹有利于保证牡丹根部的排水要求，是适合

栽植的最佳方式。

（1）台地牡丹专类园设计方法

台地牡丹专类园在台地地形基础上运用现代造园的手法布置园林景观，利用台地自然地形，少进行地形改造，将植物品种展示在高低起伏的台阶式花台上。园内的花台建造需注意适宜的高度，过高不易于观赏，过低则不利于排水，一般以50～100cm为宜。在高度差较大的场地，可利用地势形成台阶式花台，立面景观层次丰富，更利于展现牡丹的观赏特性（图9-7）。如曹州牡丹园（山东菏泽市内）东入口处在台地上栽植牡丹，设置跌水、浮雕形成一条牡丹文化长廊。天香独步景点中牡丹采取九级台阶呈台地式种植，展现给人们立体的牡丹观赏点。牡丹花台可采取规则式和自然式进行设计。

① 规则式

牡丹花台用砖、石等砌筑成圆形、长方形等规则的几何形，也可以是设计出的抽象图案。牡丹等距离地进行栽植，在花台边缘栽植低矮灌木或剪型绿篱，如大叶黄杨、小叶黄杨、女贞和水蜡等。也可与置石、竹类搭配，高低错落，相映有趣。规则式的布置形式多不进行地形的改造，与其植物、山石、建筑等结合，所以投资少、管理方便，是广为应用的一种方式。

图9-8　台地牡丹配置

② 自然式

自然式园林中利用不规则的山石砌成高于路面的花台，其形状通常是不规则的，沿着园路边缘。有些采用土包石，有些则采用石包土的形式，此种应用形式与山地牡丹专类园中利用花台栽植牡丹有相似之处。

（2）台地牡丹专类园的植物配置

① 充分考虑花色、株型和高矮的搭配

由于台地地形在立面空间景观效果明显，因此栽植时可依据牡丹品种的颜色变化排布种植，如复色类牡丹、红色类牡丹、黄色类牡丹、绿色类牡丹等；也可依据观赏特性分类栽培，通常将植株较矮、花色较深的品种布置在下层花台，色彩艳丽、花期较长的品种种植于游人视平线的位置，而株形高大、叶色深绿、花色淡雅的牡丹配置于最上层的台阶（图9-8）。

② 孤植展现名贵牡丹的观赏价值

一些年代久远的名贵牡丹更适于在周围砌筑花台，一方面是进行保护，另一方面可以单棵成景，重点观赏，对提升牡丹的自身价值起到一定的作用。如菏泽曹州百花园内的一株明代牡丹王（图9-9），据说栽植于万历年间（1573—1619），至今已有400多岁（尹丽萍，2013）。

3. 平地牡丹专类园

地形平坦处营建牡丹专类园，通常等距离地大面积栽植牡丹品种，运用的其他园林植物、建筑、山石、小品等景观要素很少，优点是营建投资少，设施简单，管理也较为方便，在各地牡丹专类园中应用较多。但由于平地牡丹不能与环境相互衬托，随着季节的变化，牡丹花20天左右的盛花期后，园内景色无几，缺乏季相变化的景观，同时由于牡丹高度差距不大，园区立体景观效果欠佳。

（1）平地牡丹专类园设计方法

在平地上营建牡丹专类园应注意布局形式，不宜进行平地堆山或挖山造湖，可在部分园区设计微地形，增加竖向空间的变化。在牡丹栽植的周围多设置人工排水沟，防止场地积水，保证排水通畅，不影响牡丹的生长。

平地牡丹专类园通常采取规则式的园林布局，将园路设计成直线的形式，将场地分割成规则的形状，等距离地栽植一种或不同种类的牡丹品种（陈畅，2015），形成整齐的几何图案或是设计成某个几何图案。这种规则式的大片种植模式，容易形成整洁大气的牡丹花田，能突出牡丹主体并且方便集中观赏和管理研究，但缺乏牡丹文化深度和景观意境的表现，更类似于花圃种植，牡丹的观赏效果和美化作用

图9-9　孤植牡丹

图9-10　平地牡丹片植

很难完全发挥。不过若是大面积的栽植牡丹，在花期到来之时，也可形成连阡接陌，艳若蒸霞的壮观场面。如菏泽曹州牡丹园中牡丹主观赏区，盛花期近千亩的牡丹争奇斗艳、竞相怒放、风姿绰约。

（2）平地牡丹专类园的植物配置

①整齐一致，成片种植

根据牡丹花色、品种等原则进行有规律的种植，选择颜色相近或植株高度相同的品种，在外观上追求整齐一致，成片栽植，形成花团锦簇的群植景观，使游人仿佛徜徉于一片花海之中（图9-10）。

②合理搭配乔灌木，达到协调统一

平地栽植牡丹时需充分考虑背景植物，常采用常绿植物如侧柏、白皮松、华山松、玉兰、银杏、皂荚、白蜡等高大乔木，小乔木以樱花、紫叶李、海棠、红枫等为主，为牡丹提供一定的遮阴条件，同时可利用时令花卉，一二年生花卉、宿根、球根花卉与牡丹搭配，尽可能地丰富竖向景观层次，弥补花败时园内景色欠佳的情况（陈畅，2015）。

第四节

牡丹专类园的道路与种植设计

一、牡丹专类园的道路设计

牡丹专类园的道路布局受整体布局的影响，可以采用规则式、自然式和混合式，自然式和混合式是较为常见的道路形式（陈畅，2015）。道路的分级主要根据园区的规模、功能分区、景点密度、环境容量等而定。通常情况下，园路分为三级：主干道、次干道、游步道。

主干道的宽度一般为4~8m，连接园区的出入口，各个景观功能区，并且可通大、小型车辆，保证园区有良好的通达性。次干道宽度一般为2~4m，穿梭于不同的景观功能区内将其划分为不同的观赏场地，连接内部重要的景观节点。游步道的宽度常设置为1~3m，是游人的步行路线，引导每个小景点，游步道的铺装可以结合场地的立意主题进行设计，也是园林文化内涵的一种展示。

二、牡丹专类园的种植设计

1. 牡丹的配置

（1）牡丹品种的选择

在牡丹株型上，西北、西南和江南牡丹品种大多直立高大，而中原牡丹品种则株型紧凑矮小（陈畅，2015）。在进行牡丹花台的种植时，通常低层花台会选择株型低矮、色深的牡丹品种，色彩绚丽、姿态优美，并且花期较长的牡丹应放置在水平视线的高度，而株型高大、叶色深、花色淡的品种常栽植于最上层，形成层层叠起的立体效果。丰富多彩的牡丹花型在造景上也起到了重要的作用，单瓣型牡丹丛中可点缀花型复杂的金环型、皇冠型、绣球型等品种，可以引起观赏的新奇感；在叶色较深的常绿树下可栽植花色艳丽的'丹阳''明星'等品种，对比下更能突出牡丹的风姿绰约；对于花型和花色奇特少见的品种，如'冠世墨玉''银丝冠顶''花二乔'等可沿园路栽植，供游人近距离的观赏牡丹花的美态；'洛阳红''香玉''迎日红'等花量大、易开花的品种则可大面积地群植、丛植，最适于观赏牡丹壮丽的景观。在山地栽植牡丹时，需要考虑朝向和坡度的不同，因此可根据情况选择花朵直立的品种如'花王''珊瑚台''季芳'等，花朵下垂品种如'娇容羞现''绿豆''峨眉仙子'等，花朵侧开品种如'黑花魁''首案红''胡红'等。

（2）牡丹品种的搭配

① 色彩的搭配

视觉是人最先感受到美的感官，而眼睛最敏感的便是色彩，色彩往往能带给人们不同的心理暗示，如红色牡丹'胡红''朱砂红''洛阳红'会产生活泼、有生气的氛围；白色牡丹'夜光白''冰骨玉肌''玉板白'则让人感到清新、宁静；紫色牡丹'魏紫''墨奎''葛巾紫'则彰显了一种高贵脱俗的气质。在营造花坛、花台、花海等体现牡丹群体美的景观时，色彩配置尤为重要，选择同一种颜色或类似色相的花色，如红与粉红、红与紫红或者紫与紫红，容易取得豪迈大气、单纯安静的氛围；黄与红、红与蓝这样的邻补色搭配，则能产生活跃愉快、绚丽多彩的画面；对比之下利用补色产生强烈反差，如红与绿、紫与黄、橙与蓝，更能使人感受到精神亢奋、充满动感，这也就是通常情况下绿叶衬红花、紫色牡丹搭配黄色草花和以深绿色植物做红色牡丹背景树的色彩原理。

　　② 花期的合理配置

　　由于牡丹花的花期较集中，因此在品种搭配上应加大早花品种和晚花品种的栽植比例，尽量延长牡丹的盛花观赏时间。不同品种群之间的花期也存在一定差距，中原地区引种的西北牡丹品种，由于气候类型的差异花期较当地的中原牡丹会晚一些。日本和欧美的牡丹品种相比国内牡丹，花期延迟2周左右。可见在牡丹品种的选择上，适当的引种其他地区的牡丹品种可以有效地延长花期。

2. 牡丹与其他植物的配置

　　牡丹专类园应以牡丹栽植为主，也应有分明的垂直结构层次，同一空间内有高大乔木、亚乔木、林下灌木、地被植物，从而组成一个层次分明、颜色鲜艳、自然优美的群落（张琳，2013）。

　　在选择上通常栽植当地的乡土树种，不仅易于成活，而且长势良好，能够充分体现地域风格。牡丹盛花期可以常绿植物为背景和底色，更好地衬托出牡丹的鲜艳色彩，同时提供适当的庇荫条件，对牡丹的生长非常有利，如油松、白皮松、雪松、侧柏、圆柏等；也可搭配一些秋色叶树种，如白蜡、银杏、栾树、鸡爪槭、五角枫、元宝枫、黄栌等营造季节色彩。在牡丹与大乔木之间选择观花或观叶的小乔木作为过渡栽植，如紫叶李、白玉兰、紫玉兰、山桃、碧桃、紫薇、桂花、木瓜、木槿等，在遮阴乔灌木的选择中应注意与牡丹观赏特征的差异，避免与其花期重叠，喧宾夺主，同时注意种植的郁闭度，以免影响牡丹的生长发育。下层植物可以选择高度和牡丹有差距的灌木植物，如棣棠类、连翘、金银木、月季、蔷薇、珍珠绣线菊、榆叶梅、红瑞木、金丝梅、金丝桃、八角金盘、猬实等植物或常绿灌木如小叶女贞、火棘、大叶黄杨、红花檵木、南天竹、石楠、枸骨等作为背景或前景；也可选择藤本植物栽植于花架、篱园边缘，如凌霄、紫藤、木香、金银花、铁线莲等，在自然式牡丹园山石附近也可栽植爬山虎、络石等；在园路两侧，花台边缘等阳光充足的地方可选用较喜阳的种类如：萱草、地被菊、马蔺、葱兰、韭兰、紫花酢浆草、美女樱等，充分发挥牡丹专类园的美化、绿化作用。

在植物搭配上，同时要多加考虑牡丹的文化内涵，牡丹与其他一些植物的组合往往象征着不同的意义。牡丹素被称为"花王"，芍药被称为"花相"，并称"花中二绝"。在牡丹专类园的栽培中，因芍药的花形、花色、叶形与牡丹相似，花期又晚于牡丹，常用来作为牡丹的补充品种，故有"谷雨三朝看牡丹，立夏三照看芍药"之说（陈畅，2015）。园林中还常将玉兰、海棠、牡丹、桂花配置在一起，取"玉堂富贵"之意；牡丹与月季配置在一起，因为月季又叫长春花，因此有"富贵长春"的寓意；牡丹与海棠栽植一起，有富贵吉祥的含义，寓意着"满堂富贵"；中国国画中，将牡丹与水仙、荷花、菊花、梅花配置在一起，象征着"四季富贵"，承载了人们的美好心愿。

3. 牡丹与山石、水体的结合

牡丹在园林中多与假山石结合，一柔一刚，更加凸显牡丹的柔美。牡丹与假山石的搭配，以种植牡丹为主，穿插种植落叶树种和常绿树种，如桧柏、千头柏、雪松、广玉兰、山茶等，少量的彩叶树种如红枫、五角枫等。即使牡丹花谢，景观整体仍然具有良好的观赏效果，这种师法自然的配置更加增添了园林的野趣，源于自然又高于自然。

牡丹生性怕积水，在水体边多与山石搭配或用山石围成花台，以保证根部排水通畅。山石一般呈自然式布置，散落在近水处，周围栽植牡丹、芍药，并结合观赏花木如玉兰、紫薇、碧桃、紫叶李等搭配，也可栽植低矮的观赏草或宿根花卉，作为水岸到露地的过渡。水面上可栽植荷花、睡莲、千屈菜等形成丰富的水生植物景观。

4. 牡丹与建筑、小品的结合

牡丹不仅可与其他植物材料搭配组景，还可设置具有观赏性、体积较小的园林建筑、小品。古代牡丹园中就在园亭、轩馆、水榭等建筑周围栽植牡丹，方便游人观赏。建筑本身作为园内的点睛之笔，常采用古典建筑的形式，适当的体量、精美的形式也成为牡丹园中重要的观赏景点。

唐代西安兴庆宫中的沉香亭，处于园内制高点，四周牡丹环抱，周围遍种红、淡红、紫、纯白等各色牡丹，繁花景象一览无余，同时在建筑周围雕刻精美的壁画和牡丹纹样，展示盛花期游赏牡丹的情景。

北京植物园中的牡丹园，园内有六角的牡丹亭、牡丹观花阁、"牡丹照壁"和"牡丹仙子"，组成一处靓丽的风景线，牡丹的文化精神通过多种形式得到提炼和升华，以更加直观的形式表现出来。

现代牡丹园中除设置供游人休息和观赏的亭、廊、花架、座椅等设施外，也常在景观节点处添加雕塑、山石、园灯、宣传牌、指示牌、牡丹标牌等，在造型、色彩、体量等方面都与园区的整体氛围相契合，周围栽植牡丹，突出牡丹主题，使游人在观赏牡丹时领略牡丹赋予的文化内涵，获取知识（陈畅，2015）。

第十章
山地牡丹园设计案例

　　我国山地丘陵面积较大，充分利用自然地形，建造牡丹专类园，可以使牡丹景观多样性更加丰富。这里以我们的设计实践为例，从场地分析、设计原则、布局分区、道路规划、景观节点及植物配置等方面予以扼要介绍，可作初学者参考。

一、设计原则

① 因地制宜，尊重场地条件，以生态设计理念营造可持续发展的园林景观；

② 以观赏游憩为主，兼顾科普教育、科学研究功能；

③ 挖掘地方牡丹文化历史，通过神话故事、诗词歌赋、绘画民俗等展现牡丹的文化魅力（陈畅，2015）；

④ 结合汉中地区典型的牡丹品种，合理搭配其他植物，营造四季景观。

二、场地概况

1. 场地位置

场地位于陕西省汉中市武乡镇焦牛村东北角方向，长108m，宽170m，占地约1.7hm²（图10-1）。地形东高西低，呈台地状逐渐升高，高差约3m；北高南低，东北角地势较高，呈隆起的土丘状，高差约5m（陈畅，2015）。场地东侧为大片的杨树林，西侧紧邻在建的道路，道路边缘为一条排水明渠，可供利用，南侧为西北农林科技大学油用牡丹育种基地，北侧为苗圃场地。场地内无其他设施，自然条件优越，属于盆地地形，可形成适宜的小气候环境，同时周围有汉江支流，水源丰富。

2. 场地分析

园区位置居于中国西北部和秦岭、大巴山一带山区，属于亚热带气候区，北有秦岭屏障，温和湿润的气候条件满足牡丹生长的要求，陕西汉中就位于其中。汉中在陕西西南方向，与秦岭山脉、大巴山主脊相邻，与四川、甘肃接壤，与省内的宝鸡和西安为邻。该地区牡丹栽培已有悠久的历史，秦岭巴山和汉中盆地是牡丹最佳生长区，在其近30多公里的山区，便有野生牡丹种类，包括矮牡丹、紫斑牡丹等的分布。该位置距汉中城市中心区，仅有10余公里，牡丹园建成后将成为该地区旅游观光中一道靓丽的风景线。

设计红线

图10-1　规划场地

一、园区布局

根据园区山地地形的特点，采取自然式的布局形式，场地内引入水体，以林地植被作为绿色背景，营造"山水环绕，林海观花"的牡丹专类园景观。采用点、线、面结合的方法，将牡丹文化贯穿于整个园区，同时结合当地汉江水源，突显景观的地域特点，形成以山水为骨架，自然式道路连接各景区景点，竖向空间变化多样的自然山水园林景观（陈畅，2015）。轴园区通过入口主干路将场地划分为入口景观区、文化展示区、沉香幽谷观赏区（图10-2）。

二、园区功能分区

园区主要分为入口景观区、中心景观区、文化展示区、山地游览区、牡丹观赏区、休闲游憩区，管理服务区七个功能区（图10-3）（陈畅，2015）。

1. 入口景观区

将园区主入口设置在道路一侧，入口广场轴线延伸，扩展成一个

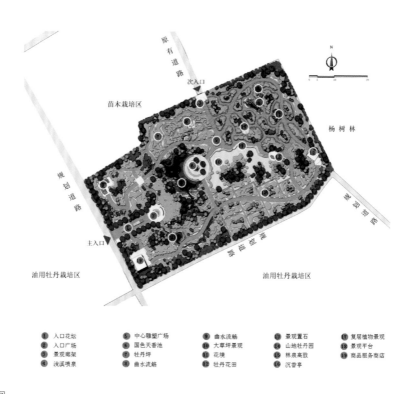

① 入口花坛	⑤ 中心雕塑广场	⑨ 曲水流畅	⑬ 景观置石	⑰ 复层植物景观
② 入口广场	⑥ 国色天香池	⑩ 大草坪景观	⑭ 山地牡丹园	⑱ 景观平台
③ 景观廊架	⑦ 牡丹坪	⑪ 花境	⑮ 林泉高致	⑲ 商品服务商店
④ 浅溪喷景	⑧ 曲水流觞	⑫ 牡丹花田	⑯ 沉香亭	

图10-2　规划平面图

图中文字：

原有道路

次入口

N

苗木栽培区

山地游览区

牡丹观赏区

杨树林

规划道路

文化展示区

中心景观区

入口景观区

牡丹观赏区

规划道路

主入口

休闲游憩区

管理服务区

油用牡丹栽培区

油用牡丹栽培区

入口景观区
文化展示区
中心景观区
休闲游憩区
牡丹观赏区
山地游览区
管理服务区

图10-3 功能分析图

规则的圆形广场，入口区广场总面积约445m²，是游客进出园区的主要出入口（陈畅，2015）。入口区在不同季节向游客展示不同名贵花卉的风采，热烈欢迎其前来观赏。

2. 中心景观区

位于全园的中心，以园区的中心广场为主向四周扩散，广场面积约315m²。广场一侧与大面积水体相接，"牡丹仙子"主题雕塑伫立水面，是园区重要的节点之一。水边布置形状各异的山石，或疏或密地栽植着不同颜色的牡丹，水中栽植不同的水生植物，另一侧为开阔的草坪，东侧错层栽植着乔灌木，形成强烈的空间围合感，在边缘留出一定的透景空间，草坪中央牡丹的植物组团展现季相变化景观。

3. 文化展示区

通过牡丹小品、牡丹屏风、雕塑等形式，展示牡丹的栽培历史，尤以汉中地区，我国人工栽培牡丹最早的地区进行介绍。将牡丹诗词、绘画、纹样等结合园林建筑、小品进行展示。

4. 山地游览区

位于园区东北部地势较高的场地，道路隐藏于山石围合的花台间，将各色牡丹栽植于花台中，常绿乔木、彩叶树种和花灌木与其搭配造景，花开时节，牡丹花丛形成高低错落、立体景观丰富的绚烂景象。游人徜徉其中，可仰视山顶的沉香亭，俯视牡丹花丛，又可耳听瀑布跌水，花间燕语，形成步移景异、目不暇接的景观效果。

5. 牡丹观赏区

遵循原有的台地地形，采取梯田式的布局，分层种植数百棵牡丹，形成壮观的花田景观。按照牡丹的株高、花色、花型、来源等分类栽植，设置可供游人近距离观赏的游步道。

6. 休闲游憩区

合理进行乔、灌、草的搭配，提供各类可供游人玩赏的小景点，既可驻足观赏花田景象，也可静赏牡丹的风姿美态。

7. 管理服务区

入口一侧设置管理服务区，包括管理用房、卫生间，同时提供花卉出售商店和便利店，建筑面积约80m^2，户外场地面积约135m^2。服务区设置简易造型的花架，提供游人休憩的场地。在此可观赏潺潺流淌的溪水，以及丰富的植物季相景观（陈畅，2015）。

一、园区道路规划

园区地形变化多样，道路采取自然式进行布置（图10-4），既能与周围环境相融合，又能营造出山地牡丹专类园特有的自然野趣与园林意境。由于全园约1.7hm²，面积较小，园区不可通行车辆，因此设计一级道路宽3m，绕园一周，连接两个出入口，路面以水泥和广场铺装为主；二级道路1.8m宽，联系全园各个景点；游步道宽1m，由于地形变化的不同，可由条石、卵石、片石等拼砌而成，供游人近距离观赏牡丹（陈畅，2015）。

二、园区景观节点

1. 入口广场

正对入口，道路延伸处的广场，整体形状为牡丹花的抽象圆形，雕塑作为广场主题雕塑，设置牡丹屏风作背景，采用园林障景的手法，将园区的景色暂时隐藏，吸引游人进入游览。四周栽植花色鲜艳的牡丹，使游人在欣赏牡丹的同时领会牡丹的文化内涵。道路入口处设置景观石起到点明主题、引导游人的作用（图10-5，图10-6）。

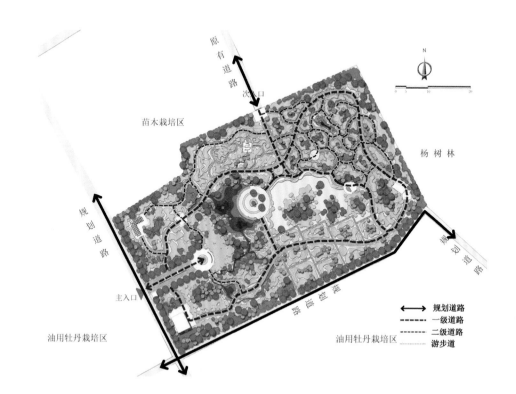

图10-4　道路分析图

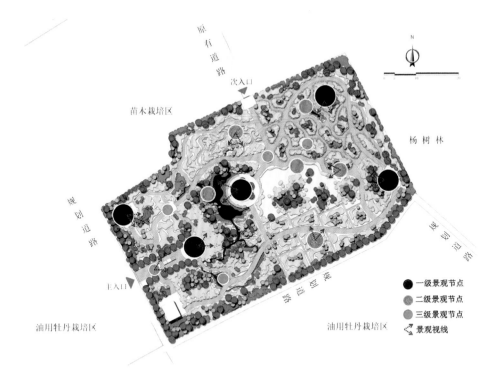

图10-5 节点分析图

图10-6 入口景观效果图

2. 中心广场

中心广场为圆形广场，一侧设台阶式亲水平台，一侧与大草坪相邻。广场中央设置景观石，在"凤凰戏牡丹"的传说基础上进行加工雕刻，并且镌刻牡丹诗词，周围水体和草坪相对平坦，突出了雕塑这一主要景观（图10-7）。

图10-7　中心广场景观效果图　　　　　　图10-8　国色天香景观效果图

3. 国色天香池

将汉江支流引入中心景观区，池水清澈见底，池中牡丹仙子雕塑亭亭玉立，牡丹文化的加入升华了整个牡丹专类园的主题。池边山石自然错落，广植牡丹、竹林，水面上栽植荷花、睡莲，同时栽植少许梅花、菊花，利用低矮的南天竹配置山石，点缀景观，保证四季的景观效果（图10-8）。

4. 沉香亭

经过地形改造在园区的东北角设置仿古建筑形式的沉香亭，作为全园的制高点（陈畅，2015）。沉香亭两侧悬挂书法名家书写的牡丹诗词。坐在亭内，全园牡丹繁花似锦、万紫千红的秀丽景色尽收眼底。沉香亭周围栽植各色牡丹，高大的雪松和银杏树相伴左右，入口处栽植玉兰、海棠、桂花与牡丹，构成具有"玉堂富贵"寓意的植物组合，道路两旁安置低矮的景石，栽植茂盛的沿阶草，与山体融为一体。

5. 林泉高致

位于全园东北角，借助地势高差，利用假山叠石形成跌水瀑布，水池边用不规则的山石围合。周围三五置石自然散落，高处密植银杏、白蜡、桂花、石楠、红叶李、鸡爪槭，下层栽植各色牡丹，间隙种植迎春、连翘、菊花、鸢尾等形成自然式的复层植物群落，弥补牡丹花期短，景观单调的不足，增添了园区的自然野趣。

6. 曲水流觞

在低缓的山坡上栽植紫牡丹，形成一片紫牡丹林。在山坡较为平坦的场地铺装上精雕细刻出的盛开牡丹花形，水流环绕其中，缓缓流过，丰富了观赏内容，形成曲水流觞的动态景观，缓解游人视觉疲劳感。水流随地势蜿蜒曲折地流向坡下，最终流入大水面。

7. 牡丹花田

场地南侧，在原有地形基础上设计成台地花田的种植形式，按照牡丹的颜色分区种植，盛花期可形成壮观的群植景观。

一、植物配置原则

1.选择汉中地区的乡土树种为园区基调树种，适地适树进行栽植；

2.突出牡丹及牡丹文化的主题，营造四季景观特色；

3.采取复层式种植群落，丰富景观层次。

二、牡丹品种的配置

牡丹品种以汉中当地的牡丹品种为主，主要是西北牡丹品种群，同时少量引进适宜生长，具有代表性的其他牡丹品种群的品种及国外性状优越的品种。

① 根据牡丹的花型、株高、观赏特性选择西北牡丹品种（共62种）。

白色系：'翠玉''冰山雪莲''贵妇人''菊花白''象牙白''玉楼藏娇''青心白''一捧白'。

粉色系：'山花''剪春罗''粉玉''将军红''貂蝉''流光溢彩''醉杨妃''美人面''洮阳粉'。

黄色系：'黄云''绿绒''黄鹤楼''佛头青'。

红色系：'龙首红''河州红''红莲''大红袍''紫檀玉珠''花红绣球''紫冠玉带''红珍珠''万金富贵''红蔷薇''新妆''紫朱砂''醉妃''葛巾''醉胭脂''墨娇''挽春'。

蓝色系：'蓝绣球''荷花灯''荷塘日出''蓝珍珠''蔷薇蓝'。

紫色系：'安宁紫''香炉紫烟''盛紫''玉兰紫''紫竹林''铁面无私''紫蝶迎风''油朱砂''紫海银波''紫冠银线'。

黑色系：'夜光杯''黑凤蝶''墨海银波''黑天鹅''黑珍珠'。

复色系：'日月同辉''瀚海冰心''佛光''二乔''狮子王''河北花蝶''鸳鸯谱''壮丽山河'。

② 同时引进中原、西南、江南品种（共49种）及国外牡丹品种（共11种）。

白色系：'雪球''贵妃赏月''书生捧墨''刘师哥''凤丹白''玉楼'。

粉色系：'赵粉''春晓''红晕白''春光''粉莲''西施''玉楼春'。

黄色系：'姚黄''海皇''金晃''黄花葵''金阁'。

绿色系：'翡翠绿''绿幕''绿香球''豆绿''花都绿'。

红色系：'状元红''满园春光''曹州红''荷包牡丹''血丝红'。

蓝色系：'蓝宝石''蓝田玉''水晶蓝''修月'。

紫色系：'魏紫''乌龙捧盛''葛巾紫''泼墨紫''紫兰魁''娇容秀月''紫绣球'。

黑色系：'泼墨金''黑花魁''沐雨''黑花魁''包公面'。

复色系：'斗艳''彩蝶''娇容三变''锦岛''双色'。

国外牡丹：'花王''太阳''芳纪''金岛''正午''户川寒''五大洲''八千代春''美国公主''初乌''日暮'（陈畅，2015）。

三、牡丹与其他植物配置

园区牡丹与其他植物的搭配，主要考虑尽可能地延长牡丹的观赏时间，丰富植物群落层次，营造四季景观。在牡丹专类园的栽植中通常将芍药与牡丹混合种植，芍药花型、株高与牡丹极为相似，花期稍晚于牡丹，是延续牡丹盛花期的最佳植物组合（陈畅，2015）。

由于牡丹为低矮的花灌木，因此需要选择高大乔木和花灌木作为牡丹的背景植物，又可提供必要的侧遮阴环境，给牡丹提供必要的生长条件。园区栽植一定的常绿乔木与落叶乔木，由于场地东侧为成片的杨树林，所以在牡丹专类园的西侧和南侧栽植高大乔木。常绿乔木选择雪松、油松、桧柏、洒金柏等；落叶乔木选择银杏、栾树、白蜡、槐树、皂荚、五角枫、青铜、白玉兰、二乔玉兰、桂花等；灌木类选择樱花、杏树、紫叶李、二乔玉兰、碧桃、海棠、木槿、紫薇、连翘、棣棠、珍珠梅、接骨木、榆叶梅、黄刺玫、木瓜、红瑞木、金银木、红叶石楠、树状月季、栀子等；地被类选择景天、鸢尾、马蔺、金娃娃萱草、石竹、地被菊、玉簪等；林下选择麦冬、鸢尾和蕨类植物；山石旁栽植沿阶草作点缀；藤本类选择紫藤、凌霄、木香等栽植于花架和篱垣边缘（陈畅，2015）。

第十一章
油用牡丹园设计

　　2015年1月，国务院办公厅印发的《关于加快木本油料产业发展的意见》，将油用牡丹确立为我国三大重点木本油料之一，油用牡丹产业迎来了前所未有的发展新契机。

一、油用观光牡丹园的概念

油用牡丹种植产业既属于林业建设项目，也属于观光农业的一种类型。把二者融为一体的发展理念，即油用牡丹种植观光园。它将是以油用牡丹种植为主，结合传统种植业的农耕文化与现代种植业的科技运用，体现地域特色与牡丹独特文化，将牡丹种植、产业发展、产品加工及展示、科技研发、观光旅游等融合起来，集生产、科技、示范、游览、观赏、娱乐特性于一体的新型园林形式。

二、牡丹园区综合现状分析

在设计种植园前期，应当对场地所在区位条件、自然条件、社会经济状况等进行全面而细致的分析，将有利和不利于园区设计的因素进行总结，从而为后期制定设计目标、设计任务、设计布局等指明方向和奠定基础。区位条件分析是确定园区所在位置并了解交通现况。自然条件包括气象气候、地形地貌、土壤环境、水资源和植被状况等等，这些条件都与园区牡丹种植规划有很大的联系，决定了牡丹种植生长的基本条件。社会经济状况是指农业、工业等经济发展情况，了解这些有利于对牡丹产业发展规划做出正确的决策和方针。

三、营建油用牡丹园应遵循的原则

1. 古今结合

传统牡丹园的设计理念很有可借鉴之处，但在当代牡丹园的设计中，既要继承传统设计手法，又要融合当代设计理念。

2. 油观结合

虽然全国油用牡丹种植园的数量在不断增多，但大都是依照牡丹专类园的设计和营建，且以观赏为主。在油用牡丹种植观光园设计方面涉及不够，缺乏相关理论指导。

3. 提升油用牡丹观光园文化内涵

在现有油用牡丹种植观光园设计中，出现了一些功能单一、内容不够丰富，忽视园林空间的营造和牡丹文化的内涵，以及缺乏地域景观和文化景观的现象。

4. 要重视油用牡丹品种选择

目前在油用牡丹发展中，忽视油用牡丹新品种的选择。在实际中，大家都以传统的药用凤丹牡丹为栽植品种，但是凤丹品种本身是一个实生群体，长期以来缺乏以种子生产为目标的丰产选择，因此混合群体良莠不齐，再加上常异花授粉的特性，忽视授粉品种的选择，直接造成生产中油用牡丹产量不稳和难以丰产，这是今后亟待解决的问题。

鉴于上述情况，在油用牡丹种植观光园设计和营建中，不仅要考虑其数量的不断增多，更要打造精品油用牡丹种植观光园，将牡丹种植、观光、旅游等产业结合起来。注重多功能、多形式、文化性与地域性的融入，才能彰显牡丹"国色天香"之美，才能体现牡丹的综合利用价值。

一、产业规划

建立全面的油用牡丹产业链体系,在研发、物流平台支持下,从育苗到种植、精深加工、商贸服务以及文化旅游,涵盖第一、二、三产业。围绕第一产业可形成前端原种原料产业链,围绕第二产业可形成中端精深加工产业链,围绕第三产业可形成后端商贸服务产业链。前端、中端和后端三大产业链共同构成了园区的油用牡丹全产业链条(图11-1)。

二、市场分析

首先,对油用牡丹基地建设和主栽品种进行分析和总结,了解油用牡丹发展的现状以及现存问题,了解牡丹籽油的研究概况及其食用价值。

其次,对油用牡丹产业开发潜力进行深入分析。第一,资源潜力。有一定的土地资源,能提供劳动和技术上的保障;第二,价值潜力。油用牡丹"全身是宝",有很好的开发前景;第三,市场潜力。在食用油消费结构中,开发木本食用油已成为主要渠道和趋势,不少国家已基本实现了食用油木本化,牡丹籽油作为木本食用油主要品种,又是联合国粮农组织重点推广的健康型高级食用植物油,深受消费者青睐,市场需求量非常大,因而发展前景十分乐观;第四,政策潜力。加大扶持力度,为油用牡丹产业提供政策支撑和资金保障;结合荒山绿化、生态公益林建设和退耕还林政策的实施,加快油用牡丹基地建设;规划整合扶贫资金、移民项目资金、农业开发资金等政策性资金,重点投入油用牡丹开发。

最后,对油用牡丹的发展进行预测。第一,有较高的经济价值,按种植常规农作物每亩每年1200元的效益计算,种植油用牡丹效益是其5倍左右。第二,有良好的生态效益,既是很好的绿化、美化树种,又是绿化荒山、改善生态环境的先锋树种。第三,有巨大的社会效益,能缓和我国粮油市场的严峻形势,是农民增收的新途径,也是带动其他产业综合发展的新型产业链条(王中林 等,2013)。

第二节

油用牡丹产业规划与市场分析

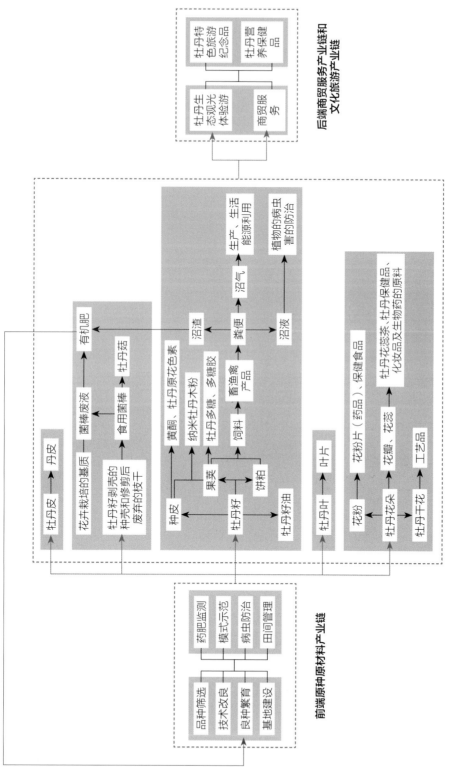

图11-1 油用牡丹产业链体系

一、功能分区与总体布局

油用牡丹种植观光园功能分区一般分为：标准化种植区、管理与研发区、加工与仓储区、科技与展示区和生态保护区。标准化种植区包括油用牡丹标准化种植、牡丹种苗培育、油用牡丹间作套种等规划内容。管理与研发区包括园区办公管理、科研培训、餐饮食宿等规划内容。加工与仓储区包括油用牡丹籽油加工、籽油深加工、牡丹副产品加工等规划内容。科技与展示区包括牡丹种质资源示范园、牡丹文化展览馆、牡丹科学种植示范区等规划内容。生态保护区是对园区原有生态系统的保护规划。

油用牡丹种植观光园总体布局，须根据当地园区发展规模、地理位置、交通条件、资源情况等进行规划布局。

二、交通规划

交通道路规划包括对外交通、入园交通、内部交通、种植田交通、停车场地和交通附属用地等方面（李芬，2013）。

园区主要道路: 连接园区的主要景点，路面宽度为4～6m，道路纵坡一般小于8%（张琳，2006）。

园区次要道路: 深入各景区，路面宽度为2～3m，地形起伏可较主路大些，坡度大时可做平台、踏步处理（张琳，2006）。

游憩道路: 为各景区内的游玩、散步小路。布置自由、形式多样。

种植田道路: 考虑到车行道路和机械通道，一般车行道5～6m，机械通道1.3～1.5m（注：开沟机械最小轮距为1.2m）。在种植田道路规划的同时，考虑田间灌溉系统的布置以及排水设施的规划。

三、种植规划

油用牡丹标准化种植的一般步骤是：

① 确定种植规模与种苗需求量，对园区种植规模进行统计，预算油用牡丹需苗量，特别要重视选择优良的油用品种和相应的授粉品种。

② 土地选择，对园区土壤进行综合评价和分析，选择适合的种植土地。

③ 前期准备，做好种植前准备工作，如深耕翻土、锄草施肥等等。

④ 苗木选择，选择长势好、抗性强的油用牡丹种苗，对其进行分级处理。

⑤ 栽植技术，针对不同地域进行不同的栽植方式。如平坦地可施行全程机械化种植；干旱地可将牡丹栽植沟间，水湿地进行垄上栽植等。

第三节

油用牡丹种植观光园设计

⑥ 田间管理与养护，包括水肥管理、整形修剪、病虫害防治等，是油用牡丹种植后最关键的环节（李淑娜，冯阳，2010）。

四、分区植物景观设计

田园植物景观配置包括田间种植区、观光游览区、研发管理区、道路及附属地等植物景观的营造。田间种植区植物景观结合油用牡丹打造出田园自然风景林。观光游览区植物配置应体现植物的多样性，创造出丰富多变的植物空间和层次。研发管理区植物应考虑到与建筑功能的结合，以营造简洁舒适的空间感为宜。道路植物景观既要具观赏性，也要满足遮阴的功能。

五、园林植物的选择

在油观牡丹园建设中，除了考虑主栽油用牡丹品种（包括授粉品种）外，适当选择观赏牡丹品种和其他园林植物种类，对于丰富景观观赏性具有重要作用。例如，汉中焦牛村牡丹生态示范园局部图11–1和11–2。

11-2
11-3

图11-2 汉中焦牛村牡丹生态示范园——油用牡丹优良品种展示

图11-3 汉中焦牛村牡丹生态示范园——观赏牡丹优良品种展示

1. 观赏牡丹品种的选择

在牡丹种质资源展示区可选择全国各地具观赏性的牡丹优良品种进行配置。牡丹的栽培区域扩展到全国范围，形成四大牡丹栽培品种群为代表的近千个栽培牡丹品种：以山东菏泽和河南洛阳为代表的中原牡丹品种群，以甘肃兰州为代表的西北牡丹品种群，以四川彭州为代表的西南牡丹品种群和以安徽铜陵为代表的江南牡丹品种群（魏巍，2009）。可从花色、花型、花香等方面选择适合当地生长的牡丹品种。

2. 其他园林植物选择

牡丹花期较短，为了弥补牡丹花期过后萧条的景象，在植物配置上要考虑选择花期与牡丹相近或较晚的植物，丰富牡丹种植观光园的景观。常绿树种可作背景，构成四季景观的基调。落叶乔木季节性明显，点缀园景。藤本植物可丰富植物立体空间，营造植物竖向景观。地被植物多选择草本花卉，或点缀路旁，或点缀山石，种类多样，管理粗放（赵仁林，2016）。

第十二章
中国牡丹名园

  经过千年的牡丹园林发展，在中华大地上曾留下无数为世人津津乐道的牡丹名园，而其中又有多少灰飞烟灭，又有多少死而复生。今天我们有幸能够看到一些中华牡丹名园，既有依然泛起历史涟漪的名园，更有许多新建的新时代名园。无论如何，接下来介绍的这些中国牡丹名园，都是中国牡丹园林历史的延伸与发展，系统了解他们的前世今生，对于从事和喜欢牡丹园林的人会大有裨益。

包括陕西、甘肃、宁夏、新疆、青海等地的牡丹名园。

一、陕西

陕西是我国牡丹重要的原生地，也是牡丹园最早兴起的地区。

1. 兴庆宫沉香亭牡丹园

兴庆宫牡丹园围绕仿唐建筑沉香亭布置。沉香亭坐落在公园中央大岛的高台上，是西安兴庆公园标志建筑之一。主体建筑与周围的山、石、树木、花卉等景点形成优美的中央大岛景区。登临沉香亭，不仅可以领略到碧波荡漾的兴庆湖风光，还可远眺湖西楼台、西山叠石、湖北畔南薰阁以及遍植红叶李和苍松、翠柏的北山秀色。风景幽静、建筑掩映的长庆轩和绿林竹影的翠竹亭。高低起伏、步回路转的九曲桥也都尽收眼底。牡丹花开时节，可凭栏观赏亭下色彩绚丽的牡丹盛景。

沉香亭于1958年兴建，沿用唐兴庆宫故亭旧名。为了保护这一园林建筑，美化景点，西安市住房和城乡建设局于1981年拨出专款，对部分亭顶屋面进行了整修。这次整修中，重新设计制作了郭沫若书写的"沉香亭"匾额，新匣边饰雕刻有"二龙戏珠"和"双凤嬉牡丹"，极富民族特色。

唐兴庆宫的沉香亭，相传用沉香木建成，故名"沉香亭"。是为唐玄宗与杨贵妃观赏牡丹、歌舞宴饮建造的地方。周围栽植的牡丹不下百余种。每逢暮春时节，花坛里各色牡丹竞相开放，交相辉映，景色十分壮观。唐代著名诗人李白曾在此写下著名诗篇《清平调》三首。

沉香亭前的牡丹台，于1974年修建，呈立体的牡丹花型图案，台上植有各色牡丹。暮春登临亭台，凭栏俯视，宛如一朵盛开的五色牡丹花。2003年在公园整体改造过程中，对沉香亭基础进行了加固，增加了第三级踏步台阶，拆除了"文革"中栽植的"自力更生，艰苦奋斗"的绿篱造型，重新以白色大理石栏杆雕砌，大大提升了周边环境和建筑形象（牡丹园景观局部如图12-1～图12-3）。

2006—2015年，公园根据实际情况，分数次增加了牡丹品种和数量，调整了种植区域。2006年由山东菏泽引进28个品种1508株；2008年由河南洛阳引进46个品种1111株；2009年引进日本牡丹15个品种1422株；2010年由河南洛阳引进19个品种1000株；2014年由河南洛阳引进10个品种705株；2015年由山东菏泽引进18个品种800株。园内设有传统牡丹和日本牡丹两大区域，其中传统牡丹品种有'大胡红''姚黄''粉中冠''首案红''花二乔''赵粉''鲁粉''珊瑚红''黑海撒金''霓虹焕彩''蓝田玉''银红巧对''洛阳红'等，日本牡丹品种'花王''连鹤''海黄''岛锦'等。每当开花时节，沉香亭举办牡丹花会，中外游人络绎不绝。

图12-1　西安
兴庆宫沉香亭牡丹园
——楼-台-牡丹组合

图12-2　西安兴庆
宫沉香亭牡丹园一隅

图12-3　西安兴庆
宫沉香亭牡丹园牡
丹生长状况

2. 阿姑泉牡丹园

阿姑泉牡丹园位于陕西省西安市鄠邑区城南10km处的终南山北麓，因地处户县石井乡阿姑泉村的山坡上得名。因为这里有三口千年不涸的泉，故名阿姑泉。

阿姑泉牡丹园于1994年从洛阳、兰州、菏泽等地引进牡丹品种多达400余种，共十万余株，伟大的革命家习仲勋曾在1998年12月12日为阿姑泉牡丹园题词"春色满华夏"。

阿姑泉牡丹园不仅以牡丹品种多、规模大而著称，园内的几十株牡丹花王更为一大奇观，吸引游人驻足观看。十几株牡丹树引进于全国各地，高约2m，树龄均在百年以上，每株树开花多在50朵以上，以紫红、粉色为主。虽历经百年风雨，但牡丹树依然挺拔，花姿雍容华贵，成为观赏的一大亮点（牡丹园景观局部如图12-4～图12-6）。

12-6

12-4

12-5

图12-4 户县阿姑泉牡丹园仿古庭院-牡丹组合

图12-5 户县阿姑泉牡丹园——山地牡丹

图12-6 户县阿姑泉牡丹园——牡丹-亭组合

3. 西安植物园牡丹园

西安植物园位于陕西西安南郊，自1959年植物园建园起就着手进行牡丹园的设计及栽植培育。牡丹园区位于植物园的西部，占地面积约5亩，经过60年的不断更新和改进，牡丹园在品种和培育方面有了很大突破。

园内栽植的牡丹多为老品种，主要以中原牡丹、国外牡丹和紫斑牡丹三大品系为主，包括药用牡丹和观赏牡丹。其中，中原牡丹以洛阳牡丹和山东牡丹为代表，国外牡丹中较多的当数美国牡丹和日本牡丹。另外栽植了几株二乔牡丹，嫁接的二乔牡丹每朵花的花瓣呈两种不同的颜色，颇具特色。牡丹园花色丰富，以大富大贵的'百花魁'和粉色系的'粉面桃花'为主，还有深红色的'墨楼藏金'，白色的'玉美人'等。园内还特别栽植了与牡丹不同科属的荷包牡丹，花型与牡丹也有较大差异，具有很高的观赏价值。

自2011年起，植物园着手规划建设新园区，总面积约为10亩。园区内牡丹的栽培以花瓣形状的不同进行分区，共348个品种，包括中原牡丹、日本牡丹、紫斑牡丹三大品系。除此之外，还引种一些名贵品种，如日本牡丹中的'海黄'和中原牡丹中的'雪塔'（牡丹园景观局部如图12-7，图12-8）。

4. 大慈恩寺牡丹园

唐大慈恩寺遗址公园位于陕西西安雁塔区。园区前身是曲江春晓园，现在是大雁塔文化休闲景区中相对独立且主题特色鲜明的开放式园林。具备得天独厚的历史价值、景观特色和宗教意义。作为佛教文化主题园林，园区无所不在地向市民传达了"禅悟"这种中国特有的宗教体验的氛围，达到"明心见性""与天和谐，谓之天乐"的目的（衣学慧 等，2011）。园区内有高宗建寺、玄奘建塔、大佛像、牡丹园等观赏点。牡丹园内有70余个品种，近万余株，占地约0.5hm²。盛放时节与远处大雁塔遥相对望，甚是美丽（牡丹园景观局部如图12-9～图12-11）。

图12-7 西安植物园牡丹园一隅

图12-8 西安植物园牡丹园牡丹盛开的状况

图12-9 西安大慈恩寺牡丹园景观一隅

图12-10 西安大慈恩寺牡丹园景观一隅

图12-11 西安大慈恩寺牡丹园景观一隅

5. 西安牡丹苑

位于西安雁塔区昆明路与唐延路交叉口（古唐城的怀德坊和群贤坊城墙遗址上），南北长约750m，东西宽89～95m，总面积约69800m²，地势南高北低。2008年正式向市民免费开放。

牡丹苑园区划分为"一心、两轴、六区"的空间格局。以国花台为中心，东西、南北两条轴线，东西两侧各有两个牡丹文化展示区和牡丹观赏区，展示物态的牡丹和人化的牡丹，园区内植物景石配置相映生辉，各种仿唐建筑如剪云池、溢香亭、史话林广场、国花台、牡丹图腾柱、仿唐牌楼、神道、盛世牡丹花广场等与牡丹为主的各类植物巧妙结合，彰显了西安历史文化名城的园林景色，达到了"三季有

花、四季常青"的景观效果（白陆飞，2016）。每年4月中旬是牡丹花盛开的时节，也是市民观赏国花牡丹的最佳时机，园内牡丹花花期最长为15~20日（牡丹园景观局部如图12-12，图12-13）。

6. 万花山牡丹园

延安市万花山风景区位于延安市宝塔区11km处的杜甫川，海拔1200m，占地面积2000多余亩。景区内现生长有5万余株，300余亩野生牡丹，是秦岭以北地区最大的野生牡丹生长区。区所在花源屯村是巾帼英雄花木兰的故乡，被誉为"木兰故里，牡丹之乡"（牡丹园景观局部如图12-14~图12-17）。

主要的牡丹景点有：

①野生牡丹园：延安野生牡丹园属温带干燥生态类型，品种主要以矮牡丹、裂叶紫斑牡丹为主，花色以红、粉、白、紫为主，柱型高达15～40cm，单叶9～11片，景区现有'白玉仙''延安红'系列、'万花春''瑞香紫'等18个品种，数量达50000余株。

②群芳谱：群芳谱是集人工种植和野生移栽并举的园圃，园内珍藏有野生牡丹"花王"两株。全园分为兰州紫斑牡丹园和洛阳、菏泽牡丹园。兰州紫斑牡丹园属温暖干燥生态类型，花色以红、粉、白、黄、复色为主，株型高大，叶片15以上，景区现有'枣园红''黑海风云''粉墨登场'等30多个品种。

洛阳、菏泽牡丹是中原牡丹种群的代表，园内共有牡丹芍药品种800多个，既有'姚黄''魏紫'等传统品种，也有新品种如'豆绿''海黄''金晃''红霞迎日''赤龙焕彩'等100多个，共3000余株。

③崔府君庙：位于牡丹山山腰，窑洞式祠堂两间，园内有明弘治年间（1488—1505）延州知府李延寿游万花山后所留碑文。传说此庙是王母娘娘的四女儿下凡到人间，与万花山的青年农民崔文瑞结为夫妻，共享人间幸福生活，并将从天宫带来的牡丹花种种在此地。从此这里牡丹便年年盛开。

④毛主席观花台：1939年5月毛泽东、周恩来、朱德、任弼时、林伯渠等，曾徒步到万花山观赏牡丹，为纪念而建。

12-12

12-13

12-14

图12-12 西安牡丹苑景观一

图12-13 西安牡丹苑景观二

图12-14 延安万花山牡丹园景观一

图12-15 延安万花山牡丹园景观二

图12-16 延安万花山牡丹园景观——山地-亭-牡丹组合

图12-17 延安万花山牡丹园景观——柏树-牡丹组合

图12-18 宝鸡植物园牡丹园——龙抓槐-牡丹-宿根花卉组合

图12-19 宝鸡植物园牡丹园景观一隅

7. 宝鸡植物园牡丹园

宝鸡植物园位于渭滨区姜谭路北侧。其前身为宝鸡市苗圃，始建于1979年，1985年更名为宝鸡植物园。牡丹园位于植物园游览区中西部，面积约80亩，园内栽植24000多株牡丹及2100多株芍药。主要的品种有'姚黄''魏紫''岛锦''海黄''紫红殿''红霞迎日''赤龙焕彩'等（牡丹园景观局部如图12–18～图12–21）。

8. 汉中龙岭牡丹育种园

汉中龙岭牡丹园位于汉中市汉台区武乡镇焦牛村，占地500亩，兴建于2013年。主要与西北农林科技大学、国家林业和草原局油用牡丹

工程技术研究中心合作，开展牡丹资源保存，油用牡丹新品种、观赏牡丹新品种选育等育种工作。地处汉中平原中部北缘的丘陵地带，距秦岭天台山主峰约30km。现保存优选株系和中试品种500多份，主要育种目标为：油用观赏新品种；高产品种，亩产达到500kg以上；高含油量新品种，出油率达到40%以上。到2019年已经实现第三代选育阶段（G3）。该园具有牡丹育种科技知识推广普及和生态观光的社会功能（牡丹园景观局部如图12-22～图12-26）。

12-20 | 12-22
12-21 | 12-23
       | 12-24

图12-20　宝鸡植
物园牡丹园景观二

图12-21　宝鸡植
物园牡丹园景观三

图12-22　育种基
地人员在观察不同
杂交育种后代

图12-23　优选油
观新品系G2代生长
开花情况

图12-24　观赏杂
交圃变异情况

| 12-25 | | 12-27 |
| 12-26 | | 12-28 |

二、甘肃

1. 和平牡丹园

和平牡丹园位于甘肃兰州东部8km，312、309国道相交处，属榆中县和平绿化公司，经34年开发扩建而成。现有面积200hm²，其中牡丹品种园160亩，野生牡丹资源圃30亩，花圃47hm²，荒山造林153hm²，各种花卉树木530种，收集牡丹品种760个。先后从山东菏泽、河南洛阳等地引进中原牡丹品种260个；从西藏、四川、云南、甘肃、陕西、山西等地成功引种野生牡丹9种，4个变型（牡丹园景观局部图12-27）。

图12-25 汉中褒河山谷野生紫斑牡丹引种结实

图12-26 油用牡丹育种示范区盛花期生长状况

图12-27 兰州和平牡丹园一隅

图12-28 兰州宁卧庄宾馆牡丹园一隅

2. 宁卧庄宾馆牡丹园

兰州宁卧庄宾馆原为中共甘肃省委招待所，占地面积72036m²，建筑面积66000m²。整个宾馆是一座园林式建筑群，风景优美，素有"甘肃省国宾馆"之称。

宾馆自1957年建成后即从甘肃临夏、临兆及兰州当地搜集引进30多个紫斑牡丹传统品种，100余株，在宾馆绿地中心地带建成面积约0.7hm²的牡丹芍药园。以后逐年增加品种，并从洛阳等地引进一批中原牡丹，如'二乔''赵粉''朱砂垒'等。原有老品种中，有10余株株型高大，主干地径15cm的牡丹，株龄在60年以上，其中'瑶台春艳'号称"紫斑牡丹王"，每年着花300余朵。这里牡丹一般在"五一"前后开放，是兰州早春赏花之胜地（牡丹园景观局部图12-28）。

三、宁夏

1. 固原市油用牡丹专类园

油用牡丹专类园位于宁夏固原市原州区澎堡镇。固原位于宁夏南部，东、南、西三面与甘肃毗邻，是古代丝绸之路东段北道上的重镇，是一座历史文化名城。

油用牡丹园建设将乔、灌、草结合，风景林与生态林结合，产业园用地将超过6万亩，并将建设停车场、三星级以上酒店、育苗温室大棚、牡丹籽榨油生产线、观花楼、牡丹亭、长廊、仙子石像、水虹桥、娱乐场、人工湖、连环索道等设施和景观。

包括位于北京、河北、山西、内蒙古等地的牡丹名园。

一、北京

北京作为近代和当代都城，留下了不少牡丹园的踪迹，近些年来，牡丹园林的发展又有新的起色。

1. 北京植物园牡丹园

始建于1981年，1983年4月对外开放。牡丹园占地6.73hm²，栽植来自山东菏泽、河南洛阳和甘肃天水的牡丹品种230多个，共559余株，种植芍药200多个品种，2500多株（牡丹园景观局部如图12-29～图12-32）。牡丹园布置在一个山丘上，采用自然式布局，93种乔木和灌木巧

图12-29 北京植物园牡丹园瓷照壁

图12-30 北京植物园牡丹园树荫下的牡丹

左侧竖排：
第二节 华北地区牡丹名园

妙配植，层次丰富，错落有致，给牡丹创造了幽静秀丽的生长环境，为游客营造了一个优美的欣赏空间。园中建有方亭、双亭和群芳阁，还有一大型烧瓷照壁，描绘'葛巾''玉板'的神话故事。中山的一组山石上刻有吴作人先生手书"粉雪千堆"4个大字，是对花开时节牡丹园景色的形象描绘。在园中心部位，塑有一尊卧姿的"牡丹仙子"像，是牡丹园画龙点睛之景（李东咛 等，2014）。

2. 景山公园牡丹园

位于中国北京市中心，是一座历史悠久，环境优美的古典皇家园林。每年谷雨前后，园内万株牡丹、芍药陆续开放，游人接踵而至、流连忘返（牡丹园景观局部如图12-33～图12-36）。

景山牡丹栽培始于明朝。新中国成立后，景山牡丹得到了全面的保护和开发，特别是近年来，公园加强了牡丹栽培养护的技术力量，重视牡丹文化的开发，积极引进名优品种。现已种植牡丹、芍药2万余株，共200多个品种。既有皇家御园传统的牡丹名品，也有久负盛名的洛阳牡丹与菏泽牡丹，还有珍稀的甘肃紫斑牡丹、日本牡丹和1999年昆明世界园艺博览会上获得银奖的牡丹精品。牡丹精品园占地300m²，栽植牡丹800余株，100多个品种，以"花大、色艳、株高、龄长"名冠京华。

珍品牡丹
珊瑚台

图**12-31**　北京植
物园牡丹园
多干牡丹

图**12-32**　北京植
物园牡丹园一隅

图**12-33**　北京景
山公园牡丹园柏树
牡丹组合一

图**12-34**　北京景
山公园牡丹园景观
之二

图**12-35**　北京景
山公园牡丹园柏树
牡丹组合景观

图**12-36**　北京景
山公园牡丹园松树
牡丹组合景观

3. 中山公园牡丹园

北京中山公园系1914年间在明、清遗址社稷坛的基础上改造为供群众游览观赏的京城第一公园。园内广植名贵花木，栽植了引自山东曹州的各色牡丹，并逐年增植达千余株，30多个品种。牡丹花畦多设在古柏林下，并围以竹栏。20世纪50年代初期，由崇效寺、琉璃河移入树龄较长甚至百年的老牡丹80多株。1982年，这里的牡丹品种已发展到153个。目前约有各色牡丹500余株（牡丹园景观局部如图12-37～图12-40）。

12-37   12-39

12-38   12-40

图12-37 北京中山公园牡丹园柏树牡丹组合景观

图12-38 北京中山公园牡丹园柏树-琉璃回廊-牡丹组合景观一

图12-39 北京中山公园牡丹园柏树-琉璃回廊-牡丹组合景观二

图12-40 北京中山公园牡丹园柏树-阁楼-牡丹组合景观

二、河北

1. 汉牡丹园

汉牡丹园位于河北省邢台市柏乡县城北5km，现占地520余亩。柏乡汉牡丹园以世界牡丹的活化石——神奇的汉代牡丹总领群芳，囊括了河南、山东、安徽、四川、甘肃以及日、美、法等国内外牡丹、芍药珍品全部的九大色系上千个品种（牡丹园景观局部如图12-41～图12-44）。

据《柏乡县志》记载：西汉末年，刘秀为躲避王莽追杀，进入破壁残垣的弥陀寺（现汉牡丹园）藏身，追兵到来时，牡丹舒枝展叶，护住了刘秀，使他躲过了此劫，刘秀称帝后，为答谢牡丹的救命

12-41 12-44

12-42

12-43

图12-41 柏乡县汉
牡丹园牌坊式入门口

图12-42 柏乡县
汉牡丹园一隅

图12-43 柏乡县
汉牡丹园——紫藤
廊架-牡丹组合

图12-44 柏乡县
汉牡丹园牡丹生长
开花状况

之恩，题诗一首"萧王避难过荒庄，井庙俱无甚凄凉。惟有牡丹花数株，忠心不改向君王。"汉牡丹之名由此而得。

2. 西柏坡牡丹园

西柏坡牡丹园位于河北省平山县西柏坡森林公园的中心位置，属太行山麓余脉深山区，南邻岗南水库，西距革命圣地西柏坡纪念馆2km，地理位置优越，交通便利，园区始建于1996年。牡丹园环坡而建，总面积20hm²，是万亩森林公园的重要组成部分，是我国北方最大的牡丹基地之一。

西柏坡牡丹园以中原牡丹品种群和西北牡丹品种群为主，共10个色系110余种，更有'姚黄''豆绿''玉楼点翠''赵粉''葛巾''二乔''乌龙捧盛''青龙卧墨池'等十多个名贵品种。园中牡丹按类型分块种植，便于识别和管理。同一块中按其花型不同、花瓣多少和雄蕊瓣化状况分为三类十型，三类即单瓣类、千层类和楼子类；十型即单瓣型、荷花型、菊花型、蔷薇型、托桂型、绣球型、金环型、皇冠型、千层台阁型和楼子台阁型（肇丹丹 等，2010）。配景植物与牡丹园的风格相协调且不喧宾夺主，选种了白皮松、银杏、槐树、圆柏、玉兰、迎春、金银木、常春藤、五叶地锦等植被（牡丹园景观局部图12-45）。

3. 正定隆兴寺内的牡丹园

正定隆兴寺又名大佛寺，位于河北省石家庄市正定县城东门里街，是国内保存时代较长、规模较大而又较为完整的佛教寺院之一，是国家4A级旅游景区、全国首批重点文物保护单位、中国十大名寺

之一（牡丹园景观局部图12-46）。寺内宋太祖赵匡胤敕令铸造的举高
21.3m的千手观音铜造像最为著名，康熙、乾隆等帝王多次驾临礼佛。
寺院以其历史之悠久，规模之宏大，被誉为"京外名刹之首"。

　　隆兴寺内牡丹位于寺内毗卢殿前和龙腾苑内，颜色丰富，有红，
黄，紫，白等色彩。历史上正定是个盛产牡丹的地方，宋代政治家、
文学家韩琦在《谢真定李密学惠牡丹》中曾将正定牡丹之盛与洛阳牡
丹做对比，留下"咫尺常山似洛城"的名句。清代学者赵文濂在游览
隆兴寺观赏牡丹时写下了《隆兴寺看牡丹》一诗"葱茏花木倚云栽，
胜日寻芳特地来。"新中国成立之初，正定牡丹濒临灭绝，已找不到昔
日之景。80年代末期，正定县文物保管所专程从洛阳引进千株牡丹，
几十种花色品种，种植于毗卢殿前东侧。

4. 狼牙山牡丹园

狼牙山因当年"八路军五壮士"的英勇传奇而名扬天下，狼牙山牡丹园位于河北易县西南45km处，规划面积2000多亩。一期工程位于西山北乡于家庄村，占地面积500亩，引进国内外牡丹品种600多种，共30多万株。主要有'锦袍红''御衣黄''赵粉''雪塔''乌龙捧盛'等种类。每年谷雨前后，园中的牡丹花竞相绽放，花期持续一个多月。这里将逐步发展成为集观光、培育、开发等多种用途于一体的多元化综合基地（牡丹园景观局部如图12-47～图12-49）。

12-45

12-46   12-47

12-48

图12-45 平山西柏坡牡丹园一隅

图12-46 正定隆兴寺内的牡丹园一隅

图12-47 狼牙山牡丹园一隅

图12-48 狼牙山牡丹园远眺景观

图12-49　狼牙山牡丹园旭日东升芍药园区景观

三、山西

1. 双塔寺牡丹园

永祚寺，因内建有文风、宣文两塔，故俗称双塔寺，位于山西省太原市迎泽区郝庄村，始建于明万历二十七年（1599），初名永明寺，后于1608年易名永祚寺。寺内明代栽植的牡丹，至今虽老干虬枝，仍苍劲旺盛，花大如盘，香气袭人（牡丹园景观局部图12-50）。双塔寺文物保管所在"明代牡丹"的基础上，不断引种和扩大牡丹种植面积。牡丹园现拥有'姚黄''豆绿''青龙卧墨池''种生黑'等100多个品种共4000余株牡丹。一年一度的晋阳文化盛会——双塔寺牡丹赏花会于每年5月5～20日举行，在此期间，文人墨客吟诗作画，游人流连忘返。

四、内蒙古

1. 婚庆文化园牡丹园

牡丹园位于鄂尔多斯婚庆文化园东南角，经营面积达40亩。2009年自甘肃引进大量牡丹栽培品种，以甘肃牡丹、芍药为主要植物种类。现有牡丹栽培面积约

图12-50　双塔寺牡丹园一隅

图12-51　鄂尔多斯婚庆文化园牡丹园一隅

22000m²，栽植数量21000余株，芍药4800m²，栽植数量6700余株。园内牡丹色系齐全，花型各异。花色有白、紫、粉、红及复色等类型，花型以重瓣最为丰富。经过精心设计，合理布局，园内形成了牡丹与石、林、路、草相协调的自然景观。观赏园路自然划分，周边小桥水景生动活泼，景石沉稳古朴，时令花卉热烈奔放。各种园林小品合理配置，突出中心，使得牡丹园成为鄂尔多斯婚庆文化园重要的游览景区（牡丹园景观局部图12-51）。

包括山东和河南两区内的牡丹名园。

一、山东

山东是中原牡丹栽植的重要地区，也是我国民间牡丹栽培技术成就很高的地区。特别在菏泽地区，一些牡丹园一直有保护古老品种和多样性的优良传承。

1. 曹州牡丹园

菏泽古称曹州，历史悠久，史称"天下之中"，是中国牡丹的主要发祥地之一，牡丹栽植始于隋唐，盛于明清，距今已有1000余年的栽培历史。曹州牡丹园位于菏泽市人民北路，东临中国林展馆。该园在明清以来建成的十几处风格不一、大小不等的牡丹园的基础上进行重组发展，如清道光年间（1821—1850）的赵氏园、桑篱园，明代的毛花园，以及当时的铁藜寨花园、大春家花园、军门花园等。建国后牡丹园历经多次合并、改造，于1982年正式命名为"曹州牡丹园"（刘俊，2012）。通过多次特别是2009年的改造与提升，牡丹园总面积已近2000亩，是目前国内乃至世界牡丹品种最多、栽植面积最大，相关科研设施最齐备的牡丹主题公园（牡丹园景观局部如图12-52～图12-55）。园中栽植牡丹1100多个品种，其中百年以上株龄的古牡丹有100余株。该园集中了曹州牡丹从古至今的发展成果，是曹州牡丹观赏、旅游、生产与科研中心。

12-53

12-54

12-52 | 12-55

图12-52　曹州牡
丹园一隅

图12-53　曹州牡
丹园一隅

图12-54　曹州牡
丹园一隅

图12-55　曹州牡
丹园温室牡丹生长
状况

全园包括5个牡丹大田观赏区，主题牡丹观赏区、曹州牡丹古谱区、桑篱园古谱花田区、牡丹芍药科研展示区、获奖牡丹花田。以及12大景区，湖山景观区、野趣水景区、世界国花景区、四季牡丹景区、十二花神景区等。园内景点众多，其中南部的国华馆为国内唯一的牡丹主题博物馆，北部的四季牡丹厅为国内唯一可四季观赏牡丹的温室。另有国风园、国花门、国花魂、天香阁、桂陵碑、牡丹传奇及各类亭台水榭等景点39处。

2. 曹州百花园

曹州百花园坐落在菏泽市牡丹区街道办事处洪庙村北，东邻花园路。曹州百花园又名"百花村"，始建于明朝嘉靖年间（1522—1566），1982年，胡耀邦视察牡丹园后重建，并将其命名为"曹州百花园"，面积达6.67hm^2，园内种植牡丹20万余株，560个品种；芍药10万余株，270多个品种。游园石径曲折回环，仿古长廊幽雅蜿蜒，雕塑星罗棋布，松编双塔、牌坊巍峨壮观，人物、鸟、兽栩栩如生。每当谷雨前后，牡丹、芍药于此地怒放，姹紫嫣红、千姿百态；满园绚丽夺目、香风凌人、游人如潮、流连忘返，是菏泽牡丹重点观赏园（牡丹园景观局部如图12-56～图12-58）。

曹州百花园被誉为"牡丹精品园"。有红、黄、蓝、黑、白、绿、紫、粉、复色九大色系，达820余种，珍惜传统品种应有尽有。特别是500余株百年以上老龄大株牡丹，枝繁叶茂、花朵累累、格外触目。其中一株400余年牡丹，高盈丈，冠5m，花达400余朵，海内外叹为观止，皆称"牡丹王"。该园拥有百年高龄牡丹百余株，是中国拥有最多百年牡丹王的群（牡丹园景观局部如图12-59，图12-60）。

图12-56 菏泽百花
园牡丹园——雕塑-
长廊-亭-牡丹组合

图12-57 菏泽百花
园牡丹园——长廊-
亭-牡丹组合

图12-58 菏泽百
花园牡丹园一隅

图12-59 菏泽百
花园牡丹园——明
代牡丹王

3. 天香公园

天香公园位于菏泽市中华东路，面积150亩，其中山38亩，岛4亩，湖36亩，其他72亩，是菏泽一所集休闲、娱乐、游览、健身于一体的综合性开放式公园（牡丹园景观局部如图12-60～图12-63）。景观植物以牡丹为主，正对天香公园大门北面植有8000m²的"国花牡丹"，牡丹区内种有'二乔''墨绿''墨紫''大红袍''白豆绿'等品种50余

种，每逢谷雨前后牡丹盛开，公园内花香芬芳，百花争艳。园内林木扶疏，花水相间，建筑古朴典雅，园林小道曲径通幽，天香亭百龙盘柱，天香湖碧波荡漾，动物岛百兽相戏，妙趣横生。整个园区空气清新、环境优雅，漫步其中，令人心旷神怡，流连忘返。

4. 菏泽古今牡丹园

古今牡丹园位于菏泽市牡丹区街道办事处王梨庄村，亦称王梨庄花园，面积约3.34hm²，在菏泽城北2.5km，是距城区最近的牡丹花园。

其前身是明代的"万花村花园"，始建于明朝万历年间（1573—1619），距今已有数百年历史。据王氏族谱记载，明末清初王梨庄已是"梅柳森森，诸花具备，人来其间未有不称为美里者"。清朝乾隆年间（1736—1795），王孜诵整治花园，并以"孜诵坊"饮誉于世。清末同治年间（1862—1874）王愈昌重修其址，之后正式命名"古今园"。后经战乱之苦，此园已荒废不堪。新中国成立后，古今园得到新生。1958年成立特产队，由12位老花翁精心经营，花园焕然一新。2005年，重修围墙，整治园容，培育珍品，开辟新境，以菏泽古今珍品牡丹为特色。

　　菏泽古今珍品牡丹园珍品荟萃，情趣盎然，青松、翠柏掩映小桥拱门，顿时引发游客寻觅牡丹仙子葛巾、玉板、爱情故事的蛛丝马迹。雄狮松坊深处通往汇聚文人墨客的花厅，花厅前曲径通幽，花簇竞秀，争艳斗芳可悦人耳目，清香扑鼻可振奋精神。花丛中设国花

12-66

12-64　　12-67

12-65

图12-64　菏泽古今牡丹园——楼-牡丹组合

图12-65　菏泽古今牡丹园——亭-牡丹组合

图12-66　菏泽古今牡丹园牡丹盛开景观

图12-67　菏泽古今牡丹园一瞥

台，黑牡丹笑傲群芳，白牡丹似月宫烛光；古园遗风献妩媚，二乔独秀吐芳香。此园乃古树迎宾，松坊纳客。天地人融于古园，日月星泽于光辉。游客与鲜花碧树同醉，自然与人类浑然一体（牡丹园景观局部如图12-64~图12-67）。

5. 中国牡丹园

中国牡丹园按照5A级景区标准规划建设，集牡丹品种保护、繁育和观赏于一体，于2014年12月开工建设，占地1200亩。园内现已栽植牡丹芍药品种900余个，200余万株。其中'赵粉''东方金''首案红''芍药牡丹'等为珍贵稀有品种；又栽植了熏衣草60万株，菊花20万株，红枫3000棵，确保园内一年四季有花看。

图**12-68** 中国牡
丹园入口

图**12-69** 中国牡
丹园一隅

图**12-70** 中国牡
丹园牡丹生长状况

图**12-71** 洛阳王
城公园牡丹园仿古
楼一隅

景区将牡丹元素与园林景观融为一体，以牡丹为主题，充分发挥牡丹园艺的组织造景功能，形成了独具特色的牡丹风景园林。在建园风格上，将牡丹分色系、分品种大面积种植，充分体现了牡丹的王者之风和国色天香的风姿（牡丹园景观局部如图12-68~图12-70）。

二、河南

河南是中原观赏牡丹发展历史悠久的地区，宋代的洛阳就成为我国牡丹发展的最重要的中心。自改革开放以来，洛阳观赏牡丹的发展又迎来了一个历史性的大发展时期，相继新建了一批观赏园，对于打造洛阳新时代盛世牡丹起到了积极作用。

1. 王城公园牡丹园

位于河南洛阳周王城遗址上的王城公园内，始建于1955年。洛阳市王城公园是洛阳市政府为了纪念历史名城——周王城。王城公园在其遗址上修建的，是全国遗址公园之一，是历届牡丹花会的主会场，河南最大的综合性公园。园内建有武后观花园、牡丹仙子园、牡丹阁、国际牡丹园等（牡丹园景观局部如图12-71~图12-73）。国际牡丹园占地28000m^2，种植有引自日、美、法等国的牡丹3万余株，400多个品种，有红、粉、白、黄等颜色的牡丹106个品种，5800多株。2000年秋季，又建成了占地超4000m^{2}的西北紫斑牡丹园。园内种植有移自甘肃的63个品种，630多株紫斑牡丹，其中最高的'玛瑙盘'高3m、冠幅1.5m。

12-72

12-73

12-74

12-
75   12-
76

2. 牡丹公园

　　位于洛阳市涧西区西苑路中段。该园始建于1956年，占地6.4hm²，是在隋西苑遗址上规划建设的以洛阳牡丹文化为特色，应用现代园林建筑风格融水上娱乐、休闲活动为一体的综合性文化休憩公园。园区分为牡丹观赏区、水上娱乐区、儿童活动区、花卉生产区。其中牡丹观赏区设在园内西北部及假山上，面积逾5000m²，栽植牡丹300多个品种，共4000余株，芍药300余株，著名品种有：'姚黄''魏紫''豆绿''二乔''洛阳红''蓝田玉''夜光白''赵粉''青龙卧墨池''火炼金丹''烟绒紫''盛兰丹''葛巾紫'等。园内牡丹以植株大（2m多高）、树龄长（50~60年）、花大色艳、品种纯正而闻名（牡丹园景观局部如图12-74~图12-78）。

图12-72 洛阳王城公园牡丹园一隅

图12-73 洛阳王城公园牡丹园遮阴设施栽培

图12-74 洛阳牡丹公园一瞥

图12-75 洛阳牡丹公园设施栽培状况

图12-76 洛阳牡丹公园一隅

3. 西苑公园牡丹园

位于洛阳市涧西区，在洛阳的南昌路、长江路和九都西路的交汇之处。原名洛阳市植物园，始建于1960年，其初建时为栽植苗木所

用的苗圃,因其坐落在洛阳市南昌路与九都西路交汇处的隋炀帝西苑遗址上,遂于1984年更名为西苑公园。西苑公园大门为民族风格的门楼,迎门具有《西苑胜景图》,其为大型的唐三彩壁画,进门有"洛阳牡丹甲天下"的石刻,为赵朴初所书。

公园占地220亩,园内建有0.93hm²的牡丹观赏园,栽植牡丹品种200多个,共5000余株。1985年秋,从日本引进的10多个品种,70余株优品牡丹,更增辉于牡丹园。园内建有牡丹亭、牡丹长廊和牡丹盆景园,牡丹亭内镶嵌有"武后赏花"大型瓷砖壁画。人工湖为中心游览区,修建有牡丹岛,岛上广植牡丹,各色牡丹亭阁相映成趣。该园中牡丹多为早、中品种,晚开品种较少,有日本牡丹'金阁''海黄''金帝'以及中国传统牡丹'璎珞宝珠''葛巾紫'等,晚开品种花期可开至5月。牡丹盆景园中牡丹与盆景材料、河石相搭配造成奇特的牡丹园艺作品。该园是兼具游园性质且以栽培名贵植物为主题的古典式公园,是洛阳主要牡丹观赏区之一(牡丹园景观局部如图12-79~图12-82)。

12-77 12-78 | 12-79
12-80
12- 12-
81 82

图12-77 牡丹公
园一隅

图12-78 牡丹公
园——古牡丹园

图12-79 西苑公
园牡丹园雨后开花
状况

图12-80 西苑公
园牡丹园——黄牡
丹生长状况

图12-81 西苑公
园牡丹园一隅

图12-82 西苑公园
牡丹园——亭-台-
牡丹

4. 洛阳国家牡丹园

位于洛阳市北4km处的邙山之阳，占地面积800亩。原为洛阳市郊区苗圃，创建于1978年，当时占地480亩。1992年7月在郊区苗圃的基础上建成国色牡丹园，并由国家林业部下文确定为中国洛阳国家牡丹基因库，是我国牡丹品种收集、繁衍和发展的重要基地。

国家牡丹园所在区域为洛阳牡丹的原生地，是隋朝西苑和唐朝神都园的旧址，也是中国最早的牡丹种植区。北宋董氏西园就位于园区之中。明朝崇祯年间（1628—1643），洛阳名士李献廷在董氏西园故址上修建李氏花园，成为清朝民国时期洛阳最大的牡丹园。

| 12-83 | 12-86 |
| 12-84 12-85 | 12-87 |

图12-83 国家牡丹园牡丹盛开状况

图12-84 国家牡丹园一隅

图12-85 国家牡丹园一隅

图12-86 牡丹园——回廊-牡丹

图12-87 牡丹园一隅

目前，该园拥有中原、西北、江南、西南、日本、法国、美国7大系列九大色系的牡丹1100多个品种，其中园艺品种800多个，野生原种6个，新育品种70个，引进国外牡丹品种146个。园区分为牡丹基因库、精品牡丹园、国际牡丹园、野生牡丹园、四季牡丹展览馆和牡丹文化休闲娱乐区6部分。占地面积1200m²的四季牡丹展览馆，由牡丹文化展、四季牡丹展和插花艺术展3大部分组成，可供游客四季欣赏牡丹的国色天香（牡丹园景观局部如图12-83～图12-85）。

5. 洛阳牡丹园

洛阳牡丹园位于洛阳机场路与310国道交叉口处，占地150亩，于

1992年8月经洛阳市委市政府批准筹建，1993年对外开放。该园汇集中原牡丹、西北紫斑牡丹于一园，品种达600个，九大牡丹品种色系齐全。1994年率先从日本引进国外牡丹200余株，35个精选品种（牡丹园景观局部如图12-86～图12-88）。

6. 洛浦公园牡丹园

位于洛阳市南侧，依洛河两岸施工，始建于1997年5月，一期工程占地616hm²。园内主要景点有上阳宫、同乐园、洛神赋、华林园和滨河游园。滨河游园全长14km，贯穿洛阳东西。园内规划有养殖中心，垂钓场、苗木生产基地、果园、千亩牡丹园和牡丹苗木生产基地，占

地104hm²。目前，牡丹园已种植‘洛阳红’‘凤丹白’等牡丹万余株
（牡丹园景观局部图12-89）。

7. 国花园

位于洛阳市机场与高速引线交叉口。该园南临王城大道入口，西
邻古代文化博物馆，与国际牡丹园隔环岛相邻，面积200余亩，国花园
在数十年间引进并培养了200多个品种，5万余株优质牡丹。其中，树
龄160余年的‘长寿红’、130余年的‘长寿紫’，在盛花期时一株可以
开放上百花朵，可成为奇观。树龄在100、80年不等的名贵稀有牡丹数
十种，精品牡丹就达百余种。‘姚黄’‘豆绿’‘赛雪塔’‘贵妃插翠’‘乌
金耀辉’和‘冠世墨玉’等更是牡丹谱中的精品，难得一见。近年

12-88

　　12-90

12-89　　12-91

图12-88　牡丹园
盛花时节

图12-89　洛浦公
园牡丹园——柳色-
牡丹组合

图12-90　国花园
一隅

图12-91　国花
园——树墙-牡丹组合

图12-92　国花园
——樱花-牡丹组合

图12-93　国花园
——廊架-牡丹组合

图12-94　国花园
——池台-牡丹组合

图12-95　国花园
——烟柳-牡丹组合

图12-96　国际牡
丹园一隅

该园已从日本引进优良品种几十种，上千株，如'花王''八千代椿''金阁''金晃''海黄''芳纪'等，形美色艳，风姿绰韵，惹人陶醉其中（牡丹园景观局部如图12-90～图12-96）。

8. 国际牡丹园

地处邙山之巅，较洛阳市区温度稍低，位于洛阳机场路与郑洛高速公路西出口交叉处，洛阳市花木公司1999年投资兴建，是第一个国家3A级旅游景区牡丹园，占地380亩，2007年收归洛阳市园林局管理。

国际牡丹园花期约40天，是洛阳各牡丹园花期最长的观赏园，按照花期分别展出不同国家，包括中国、日本、法国、美国的珍惜牡丹品种。该园汇聚中

图12-97　国际牡丹园——灌木-牡丹组合

图12-98　国际牡丹园一隅

图12-99　白马寺牡丹园一隅

图12-100　白马寺牡丹园一隅

外牡丹名优品种680多个，芍药品种330多个，品种总数超1000个，九大色系。由万芳园、九色园、华夏园、锦绣园、芍药园及生产科技园等6大园区组成（牡丹园景观局部如图12-96～图12-98）。

9. 洛阳白马寺牡丹园

白马寺位于洛阳城东，是我国历史上最早的佛教寺院，建于东汉永平十一年（68年）。寺院内牡丹始于唐代，到北宋时则更为繁盛。据有关文献记载：寺院各殿前后、两侧皆有用砖石砌起的花台，内植大量牡丹，枝干高大如树，春日花开似锦。现存新老品种百余个，株数过千。名贵品种有'姚黄''魏紫''洛阳红'等，花开时节，人流不绝，可谓"鲜花与古寺共辉"（牡丹园景观局部如图12-99，图12-100）。

10. 隋唐城遗址植物园牡丹园

隋唐城遗址植物园是世界上首个在文化遗址上建设的植物园，建于2005年，以洛阳山水、植物和隋唐城遗址文化为基础，具有科研、科普、生产、文化、娱乐等主要功能。其中2007年建成的千姿牡丹园占地320亩，由百花园、九色园、特色园、科技示范园组成，种植九大色系牡丹1258个品种，共27万株，是目前全国牡丹品种最多、花色最全、文化氛围最浓的牡丹园（牡丹园景观局部如图12-101～图12-103）。

百花园又分为中原牡丹、西北牡丹、江南牡丹、西南牡丹和国外牡丹品种种植区，以种植牡丹品种多、百花齐放为特色；九色园占地

12-102

12-103

12-101

图12-101 洛阳隋唐城遗址植物园牡丹园一隅——牡丹-亭

图12-102 洛阳隋唐城遗址植物园牡丹园一隅——九色园九色台

图12-103 洛阳隋唐城遗址植物园牡丹园一隅——堆石-牡丹

3200m²，呈八角形的九色台上分九层，囊括牡丹九大色系，每层一种花色，使各色牡丹在同一时期绽放，可一睹牡丹九色同献的盛景；特色园种植着株型最大和最矮的牡丹、花朵最大的牡丹、花色花型最奇特的牡丹、花瓣最多的牡丹、花型最丰富的牡丹以及药用价值最高的牡丹等20余种；而科技示范园则以科学栽培技术为主，充分展示牡丹品种多样性及最新牡丹科研成果。

千姿牡丹园内收集有1100多首赞颂牡丹的诗词、500多个牡丹传说，以雕塑、匾额、印章、古代书简、名家书法、文化浮雕墙等形式，通过园林小品、石刻艺术等方法在园中展现，体现出洛阳牡丹深厚的文化底蕴。

11. 中国国花园

坐落于洛阳洛河南岸的隋唐古城遗址上，始建于2001年9月，2003年4月建成并向中外游人开放。中国国花园以隋唐城历史文化为依托，以牡丹文化为主要内容，融历史文化、牡丹文化和园林景观为一体，是集科普、科教、游览、文化遗址保护等多功能的综合性公园。中国国花园北临洛河，占地1548亩，是盛唐建筑风格的牡丹园林，也是目前国内最大的牡丹专类观赏园（牡丹园景观局部如图12-104，图12-105）。

中国国花园自西向东共分为6个景区，即：西入口景区、牡丹文化区、牡丹历史文化区、堤面游赏区、东入口景区、生产管理区。园区新增蝴蝶生态园、蝴蝶馆和金石文字博物馆项目等。园内种植牡丹1000多个品种40万株，种植乔、灌木及各类植物100多个品种200余万株。

中国国花园在环境布置上以植物见长，自然流畅，突出体现了传统皇家园林的造园风格。牡丹文化区由紫根牡丹广场、葛巾玉板广场、火炼金丹广场、秋翁遇仙广场、花王花后广场、合欢娇广场、春归花屋广场、白鹤卧雪广场、二乔亭与飞燕红妆广场、国色广场十个造型别致的牡丹文化广场和衍秀湖、无名山景观组成。牡丹历史文化景区由欧阳修碑广场、白居易《牡丹芳》碑广场、金牡丹台广场、花

裳溢香广场、幻世绝艺广场和丹晖园广场6个体现不同牡丹历史文化的主题广场组成（邵安领，2010）。随着国花园改造建设的不断进行，园内的基础设施功能更加齐全，景色更加秀美，显现出了"万里芳菲朝国色，奇石亭台绕碧湖"的英姿。

12. 神州牡丹园

神州牡丹园位于中国佛教的"祖庭"和"释源"——白马寺对面，占地600余亩，兼有盛唐建筑风格与山水园林景观。园内收集国内外名优牡丹品种1021个，40余万株。园内分为5大景区：牡丹文化区、牡丹休闲区、牡丹观赏区、高科技四季牡丹展示区、商品牡丹综合区（牡丹园景观局部如图12-106~图12-108）。

12-104 12-105 12-106 12-107

图12-104 中国国花园一隅

图12-105 中国国花园一隅——柳荫-牡丹组合

图12-106 神州牡丹园——仿古回廊-牡丹

图12-107 神州牡丹园一隅

图12-108 神州牡丹园一隅

包括四川、重庆、云南、贵州及西藏等地。

一、四川

1. 丹景山牡丹园

丹景山牡丹园位于四川彭州市九陇镇，距彭州市16km。唐宋时即为牡丹胜地，1985年定牡丹为"市花"。丹景山海拔1147m，山上遍植牡丹，有牡丹坪、天香园、碑林牡丹园等观赏区，是我国西南地区栽植牡丹数量较多的地方，约10万余株，200多个品种。每年举办牡丹花会，吸引了大量游人（牡丹园景观局部图12-109）。

图12-109 丹景山牡丹园一隅

二、重庆

1. 太平牡丹园

即重庆垫江牡丹花海景区，又名垫江牡丹园，位于垫江县太平镇境内，距离县城8km，距重庆主城区120km，沪蓉高速公路、渝巫路纵贯全境，辖区面积51.31km²。该景区于2003年被评为2A级景区，2012年被评为重庆十大赏花胜地，是2013年重庆20大新地标之一。种植面积达2万余亩，景区集中观赏面积上千余亩。

垫江牡丹花型大，花姿美，花期长，其花色有大红、玫瑰红、粉红、白色等，品种有'太平红''千层香''悠山艳''龙华春''鼠姑仙''罗坚红''梦神娇''醉鹿韭''长康乐余'60多种，呈自然立体分布。与山、水、石、花、竹、树等有机结合，浑然一体，具有特殊的美学价值，它符合人们回归自然，返璞归真的审美情趣和强调生态韵

12-110	12-113
12-111	
12-112	12-114

图12-110 垫江太平牡丹园——山巅牡丹景观

图12-111 垫江太平牡丹园——山坡牡丹景观

图12-112 垫江太平牡丹园——远山牡丹景观

图12-113 垫江太平牡丹园——游人观赏场面

图12-114 天香牡丹园一隅

律的时尚精神。牡丹花开时节，群花簇拥，雍容华贵，气势磅礴，无
与伦比（牡丹园景观局部如图12-110~图12-113）。

2. 天香牡丹园

侣俸镇石蛤村的天香牡丹园位于重庆市铜梁县西北部，距县城
7km。规划面积3000亩，已建成1200余亩，现栽种了牡丹近20万株，有
'百园红霞''乌龙捧盛''岛锦''黑牡丹'等十余个品种。该园是集
科研、种植、休闲观光为一体的生态农业园区。现已种植以牡丹为主
的中药材2000亩，其中牡丹1000亩，核心区种植有观赏性牡丹150种、

九大色系。十万余株姹紫嫣红的牡丹、芍药竞相绽放，赏花活动历时一个多月，3月28～4月30日均可欣赏（牡丹园景观局部图12-114）。

3. 华夏牡丹园

以中国山水牡丹发源地文化和千年古县、牡丹故里深厚的历史文化底蕴为依托的山水牡丹花卉博览园——华夏牡丹园，它是一座拥有高山喀斯特地貌的花卉公园。华夏牡丹园位于重庆市垫江县澄溪镇通集村，总面积8000多亩，现一期工程建设2000多亩。现有牡丹200000余株，其中花龄上百年的极品牡丹6棵。华夏红牡丹19000余株，精品牡丹100多个品种。加上原有太平红牡丹1000余亩（牡丹园景观局部如图12-115～图12-117）。

拥有生态观光人行步道10km，能让游客一边健身一边欣赏壮观的

牡丹花海；拥有特色观景台三座；公园六景——"雄鹰护花""锣响花开""花伴石龙""白公吟诗""官帽成山""进士出山"；在许多岩石、石碑上镌刻着由书法家题写的历代与牡丹相关的诗句，遒劲有力，栩栩如生，这些诗句全部出自于国内一流的20余名书法家之手，书法内容也都是历代吟咏牡丹的诗句和历代名人题写垫江的诗句。

三、云南

1. 狮子山牡丹园

狮子山牡丹园位于云南武定狮子山风景名胜区，园内种植有大量的本地牡丹。1990年前后还引种河南洛阳和山东菏泽的牡丹，有红、黄、粉、白、蓝、绿、紫、墨、复九大色系，百余品种，4.5万余株（王成杰，2015）。每年3月，风和花开，各色牡丹千姿百态，争奇斗艳，使人陶醉其中，流连忘返。

武定狮子山是云南传统的牡丹种植地，也是我国南方著名的牡丹观赏园，其栽培历史可追溯到600年前的明代建文帝（1399—1402）时期，后经不断发展，目前狮子山已建成牡丹文化园、牡丹观赏园和牡丹山水园等三个占地100多亩牡丹园，其品种涵盖了9大色系，上百个品种，共计4万余株，成为国内精品牡丹花观赏栽培基地，且狮子山牡丹以"中国牡丹四大之最"（即花冠最大，花期最长，开花最早，海拔最高）而名扬国内（牡丹园景观局部图12-118）。

12-117

12-115

12-116

图12-115 华夏牡
丹园入口景观

图12-116 华夏牡
丹园一隅

图12-117 华夏牡
丹园——孤植栽培

四、贵州

1. 汇川牡丹园

汇川牡丹园于2014年9月建成，位于遵义城区北郊泗渡镇双江村。种植牡丹花450亩（其中，观赏牡丹100亩，药用牡丹350亩，有几十个品种，九种颜色）（牡丹园景观局部图12-119）。

包括江苏、浙江、安徽、湖北、湖南及台湾等地。

一、上海

1. 漕溪公园牡丹园

位于上海市徐汇区漕溪公园，是一处以牡丹花为特色的园林公园，始建于1935年，占地1.32hm^2。该公园原为棉布商曹启明的私家花园，1958年由上海市园林局接管，整修后对外开放。公园内山石上刻有"牡丹魁"图样，并辟有近2000m^{2}的牡丹园，园中栽培山东菏泽、安徽宁国牡丹名品数十个，共计800余株，拥有30多个品种（胡永红等，2006）。其中山东菏泽的'富贵满堂''百花竞春''状元红''黑花魁'和安徽宁国的'粉莲''西施''玉楼''玫红'等品种均为花中上品，十分珍贵。园内栽植的8株树龄120年的牡丹闻名遐迩，百年'五彩牡丹'更为稀罕，实为上海珍稀之物，其中两株逾120年，花朵逾百，名'玉楼春'和'玉重楼'原栽于"五彩牡丹"树坛内，现已分散种植。园内牡丹长势良好，冬至时节牡丹仍未落叶，观赏期较长。每年谷雨时节，公园内牡丹竞相盛开，秀韵多姿，游览观赏者络绎不绝（牡丹园景观局部图12-120）。

2. 中山公园牡丹园

中山公园是上海近代城市公园之一。1956年在园内重建牡丹园，并将公园内始建于1916年的中式凉亭改名为牡丹亭。牡丹园内共建成大小15处牡丹花坛，从山东菏泽、安徽亳州等地引进牡丹品种30多

12-118

12-119　　12-120

图12-118　狮子山牡丹园一隅——牡丹仙子-牡丹组合

图12-119　汇川牡丹园牡丹盛开状况

图12-120　漕溪公园牡丹园一隅

个，共计300余株，成为当时上海市最早建成的牡丹观赏园地。1996年，公园扩建牡丹园至4000m²，并修葺牡丹亭。园中花坛内除牡丹之外，配植结香、贴梗海棠、山茶、芍药、杜鹃、石蒜等数10种花木，四时花开不断，整个园地布置精美，体现了中国园林的传统风格（牡丹园景观局部如图12-121，图12-122）。

3. 上海植物园牡丹园

位于上海市徐汇区龙华村，该园于1976年初步规划，于1980年建成，1992年扩建，现占地3.6hm²。园区采用中国传统园林造园手法，充分展现出江南园林中牡丹园的特色（胡永红 等，2006）。园中主要以具有江南特色的安徽宁国牡丹为主，兼有其他在上海表现优良的中

12-121 | 12-123

12-122

图12-121 中山公园牡丹园一隅

图12-122 中山公园牡丹园牡丹生长开花状况

图12-123 上海植物园牡丹园一隅

原品种群、西北品种群、西南品种群、江南品种群以及日本牡丹中的部分品种。上海植物园种植有数千株牡丹，优良品种主要有：'乌龙捧盛''青龙卧墨池''赵粉''状元红''书生捧墨''千堆雪''金腰楼''红丹蓝''玉板白'以及宁国牡丹等，园中还栽植有一株120年的牡丹"微紫"。近年，牡丹园陆续从日本引种了'八千代椿''黑达古拉斯''金色艾丽斯''芳纪''日月锦''天衣''海黄'等78个品种（牡丹园景观局部图12-123）。

4. 浦东牡丹园

坐落于浦东新区高行镇解放村建于1999年，2002年开园，浦东牡丹园占地超10hm²，园内种植有百年牡丹珍品，从河南洛阳引进的九大色系、150多个珍稀品种、近3万株牡丹。上海浦东牡丹园是江南最大的牡丹专类园，主要以牡丹栽植养护为主，同时也是观赏牡丹的好去处（胡永红 等，2006）。园内规划设计借鉴了江南园林设计手法，形成具有江南园林风格的专类园。园中栽培的著名品种有'紫红莲''书生捧墨''香玉''二乔''赵粉''丹景红''姚黄''乌龙胜集'等。除了室外牡丹，浦东牡丹园还种植有盆栽牡丹和牡丹切花，将本该"谷雨三朝"始放花的牡丹，在隆冬季节就打扮得红红美美，亮相于上海年宵花市。浦东牡丹园是一个集观光、旅游、休闲为一体，具有独特自然生态风光、景色秀丽的牡丹生态观赏园，花开时节，群芳争艳，堪称江南一景，实现了上海人足不出"沪"赏牡丹的心愿（牡丹园景观局部图12-124）。从2002年起，每年4月"上海牡丹文化艺术节"在牡丹园中举办。

5. 上海辰山植物园牡丹园

位于上海市松江区佘山山系中的辰山，是由上海市政府、中国科学院和国家林业局（现国家林业和草原局）共建的集科研、科普和观赏游览于一体的综合性植物园（刘洋 等，2012）。全园占地面积约207hm²，辰山植物园的牡丹主要集中在展览温室南侧的绿环上，矿坑花园林下和芍药园也有部分点缀，展览牡丹近50个品种千余株（牡丹园景观局部如图12-125～图12-127）。

图12-124 浦东
牡丹园花坛种植

图12-125 辰山植
物园牡丹园——宿根
草本花卉-牡丹组合

图12-126 辰山植
物园牡丹园——山
石-灌木-牡丹组合

图12-127 辰山植
物园牡丹园林下牡丹

二、江苏

1. 园花园山庄牡丹园

位于太仓浏河镇桃源村，是迄今为止江南地区规模最大的私家牡
丹园。太仓民合企业家顾建中投资将其兴建成为大型农业观光基地，
其中牡丹园占地100亩（牡丹园景观局部图12-128）。园内共种植了来
自国内外的名品多达100余个，共计2万株之多（王成杰，2015）。

2. 古林公园牡丹园

位于南京市鼓楼区清凉山北，南京古林公园西南角，占地面积13593m²，是南京最大的牡丹专类园。该园依山而建，2m多高的牡丹仙子塑像立于园中，与仿古建筑群牡丹亭、赏花长廊、天香阁、远香榭相映生辉（王成杰，2015）。园中引进了河南洛阳、山东菏泽等地名品牡丹300多个，3500余株。其中有'姚黄''豆绿''昆山夜光''墨魁'等精品。每年4月下旬至5月中旬开花，花开时节满园姹紫嫣红，国色天香（牡丹园景观局部如图12-129，图12-130）。

3. 枯枝牡丹园

枯枝牡丹园位于江苏省盐城市亭湖区便仓镇。这里的枯枝牡丹因奇、特、怪、灵而驰名中外，古典小说《镜花缘》及明、清《盐城县志》均有描述和记载，已有700余年历史。

枯枝牡丹每年都是谷雨前后3日内开花，"花信儿"准确无误。枯枝牡丹花朵鲜艳美丽，无论何时将其枝条摘下，用火柴点燃，顿时就可燃烧。且在正常年份，每朵牡丹花瓣为12片，但每逢农历闰年，每朵牡丹花瓣则为13片。

自1983年起，政府先后4次重修或改建枯枝牡丹园，现已建成苏州园林式花园，占地110多亩。建有隔串场河相望的东西两园，有景点九处，牡丹品种近百个，牡丹数千株的大花园（牡丹园景观局部图12-131）。每到谷雨时节，牡丹花放，标领群芳，万卉争艳，游人如织，一年一度的枯枝牡丹节影响深远（滕长江，1994）。

4. 知斌牡丹园

知斌牡丹园位于江苏省盐城市射阳县黄尖镇，始建于1963年，占地0.54hm^2，植牡丹万余株，120多个品种。园内还配植了芍药、蜡梅、松柏、翠竹等30多种花草树木，盖了两层楼房，修建了长城式围墙，门额书"国花门"。人们称盐城的枯枝牡丹园为西园，知斌牡丹园为东园（牡丹园景观局部图12-132）。

12-128　　12-130

12-129

图12-128　园花园山庄牡丹园一瞥

图12-129　古林公园牡丹园景观之一

图12-130　古林公园牡丹园一隅

5. 尚湖牡丹园

    江苏常熟尚湖牡丹园，始建于1991年。先后引种安徽宁国、山东菏泽、河南洛阳、苏北盐城、日本和本地牡丹5000余株，150多个品种，九大色系（牡丹园景观局部图12-133）。每年4月15日，在牡丹花盛开期间，尚湖牡丹花会即在常熟尚湖风景区开幕（钱新峰，2007）。

12-131   12-133

12-132

12-134

图12-131 枯枝牡丹园一隅

图12-132 知斌牡丹园一瞥

图12-133 尚湖牡丹园一瞥

图12-134 花港观鱼牡丹园一隅——亭-松-灌木-牡丹组合

三、浙江

1. 杭州花港观鱼公园牡丹园

"花港观鱼"地处苏堤南段西侧，前接柳丝葱茏的苏堤，北靠层峦叠翠的西山，碧波粼粼的小南湖和西里湖，宛如两面镶着翡翠框架的镜子分嵌左右，为"西湖十景"之一。旧时的花港观鱼只有一池、一碑、三亩地。后经扩建，全园面积近三百亩。园内景观由鱼乐观、牡丹亭、花港、草坪和丛林几部分组成（赵杨，2008）。

唐长庆年间（821—824），开元寺僧惠澄自长安获得一枝牡丹，携回寺里栽种，杭州自此便有了牡丹。现在，杭州牡丹以花港观鱼牡

丹园内的最为繁盛，有'酒醉杨妃''娇容三变'等品种，千姿百态，绚丽多姿，别有情趣。牡丹园面积达0.67hm²，59个品种，1000余株。整个园子由十几个各具形态的小区组成，各小区里面均栽种着数百株色泽艳丽的牡丹，从高处俯视，但见大大小小的花坛间红夹绿，那灿若云锦的牡丹花千姿百态，斗奇竞妍，令人流连忘返（牡丹园景观局部图12–134）。

四、安徽

1. 南极牡丹园

南极牡丹园专业从事生产适应江南高温多湿自然气候的江南牡丹。宁国牡丹作为江南牡丹种群的品种是全国"四大牡丹"之一，与河南洛阳、山东菏泽、四川彭州牡丹齐名。目前，南极牡丹园共有'玉楼凤尾''西施''粉莲'等12个品种，占整个江南牡丹种群的一半以上。南极牡丹园地处安徽东南部宁国市南极乡的南极牡丹园，是由许方格先生于1981年8月创建的，目前种植面积8000多平方米，拥有大红、粉红、紫红、白色四大色系，20多个品种，3万多株牡丹（王成杰，2015）。喻衡教授认为：宁国牡丹是江南牡丹群的主要代表，南极牡丹园则是江南牡丹中重瓣牡丹品种的主要生产基地（牡丹园景观局部图12–135）。

五、湖北

1. 武汉东湖牡丹园

　　武汉东湖牡丹园位于武汉市武昌区，始建于2004年，占地116亩。园内栽种了山东菏泽、河南洛阳的中原牡丹，甘肃兰州的西北紫斑牡丹和湖北保康的野生紫斑牡丹，既有'姚黄''魏紫''香玉''烟笼紫'等古代珍品，又有'珠光墨润''明星''雪映桃花''紫碟飞舞''景玉'等现代新品种，甚至有来自日本培育的'太阳''花王''岛锦'，法国的'金至鸟'和美国培育的'海黄'等异域品种，共200余种，3万余株牡丹，涵盖九大色系，十大花型（牡丹园景观局部如图12-136，图12-137）。

12-136

12-135　　12-137

图12-135　南极牡丹园地方品种牡丹生长状况

图12-136　武汉东湖牡丹园——堆石-山坡-牡丹-灌木组合

图12-137　武汉东湖牡丹园——堆石-雕塑-牡丹-桥灌木组合

园内有巨幅石刻《东湖牡丹园赋》、牡丹亭、留春坊、醉香廊、浣花溪、观瀑听花、丹霞迎日、瑶台仙境、牡丹仙子等景点。特别是巨幅《东湖牡丹园赋》和高耸入云的"江南牡丹第一园"石刻成为园内一道亮丽的风景。

六、湖南

1. 王陵公园牡丹园

王陵公园牡丹园又名望月公园，位于长沙，建于2007年11月，是湖南历史上首个利用本省牡丹建立的牡丹园（牡丹园景观局部图12-138）。该园共收集了湖南本土产牡丹品种23个，其中观赏牡丹品种13个，来自湘西的9个、来自长沙的2个、来自邵阳的2个；药用牡丹品种10个，均来自邵阳（刘正先 等，2009）。

2. 万亩牡丹园

邵阳是我国药用牡丹丹皮的中心产区，2010年邵阳市丹皮种植面积达6万亩，年产丹皮2500吨，面积与产量均居全国首位。其中，尤以邵阳县郦家坪镇的丹皮质量上乘，栽培历史悠久。清乾隆《宝庆府志》（宝庆为邵阳古称）载"牡丹有红，有白，有粉红，各地所植多粉红色，而红、白者少见。"清光绪《邵阳县乡土志》载"药属产丹皮……牡丹花大如莲，有红、白两种。"邵阳目前种植的药用牡丹的花色有红、白两种品系：开红花的牡丹丹皮香味浓郁，药效好，售价高，当

图12-138　长沙王陵公园牡丹园一隅

图12-139　万亩牡丹园一瞥

地药农称"香丹";开白花的牡丹丹皮香味淡,药效和售价均较香丹差,当地药农称"凡丹"。"香丹"属郦家坪特产,史称"洪丹",为该镇蔡家田村洪姓先祖于明洪武年间(1368—1398)选育,已有600多年栽培历史。"凡丹"属野生杨山牡丹的栽培种,据传该品系为元末明初由当地药农从雪峰山采集开白花的野生牡丹培育,"凡丹"与安徽铜陵"凤丹"系列品种形态相似,也有600多年栽培历史(牡丹园景观局部图12-139)。

七、台湾

1. 杉林溪洛阳牡丹园

台湾南投县杉林溪景区始建于1983年,最初仅从日本引进牡丹100多株,目前已有数十个牡丹品种5000余株,品种包括'花竞''国红''八千代椿''太阳'和'脂红'等(王成杰,2015)。这里地处海拔1600多米的山区,气候适宜牡丹生长,加上专业栽培,牡丹盛开时花大色艳,雍容华贵(牡丹园景观局部如图12-140,图12-141)。花期从3月初到4月底,是岛内最具规模的牡丹园,被誉为台湾的"牡丹王国"。自2013年起每年在此举办杉林溪洛阳牡丹文化节,由洛阳提供'洛阳红''葛巾紫''胡红''二乔''赵粉'等传统和新育品种,涵盖九大色系120个品种,共计8000株洛阳牡丹。

图12-140　杉林溪洛阳牡丹园游人盛况

图12-141　杉林溪洛阳牡丹园盆栽花开盛况

东北牡丹名园

一、吉林

1. 长春市牡丹园

长春市牡丹园是以观赏牡丹为主题的精品专类公园，占地6.56hm²，东至人民大街，南邻丰顺街及吉林大学车库，西至立信街，北至东中华路（图12-142）。

牡丹园始建于1933年4月初，占地面积16.1×10^5m²，园内建有平桥一座，下沉式绿化景点一处，景点中心有一池塘。新中国成立后，牡丹园内的建筑有神武殿、办公室、生产温室，但不对外开放。园内东部有杨树、柳树和花灌木，西部树木剩余很少。

1998年，实施了牡丹园改造建设工程，由长春市绿化管理处负责管理。为了突显公园特色，同年8月从甘肃兰州、山东菏泽引进牡丹600余株，芍药1000余株。2000年又引进400株甘肃紫斑牡丹（关庆伍，2006）。经过实践证明，甘肃紫斑牡丹在长春地区不必采取人工保护措施就能越冬，而中原牡丹要采取简单的防风、防寒措施才能越冬。至2003年，经近6年的精心养护管理，牡丹在长春地区盛开了，从此改变了东北寒带地区不能露地栽植牡丹的状况。

2004年伊始至2006年，为了扩大栽植规模，牡丹园进入较具规模的引种及牡丹品种筛选历程，秉承"以人为本"的服务理念设计了牡丹形花坛，牡丹路贯穿其中，成为了当时的一大亮点，真正成为了名副其实的牡丹精品公园，并形成了东北牡丹文化的始端。

2005年初，牡丹园引种了牡丹、芍药万余株，其中中原牡丹2304株，5个色系，80多个品种；甘肃牡丹5182株，7个色系，193个品种；芍药1926株，6个色系，67个品种；并且引进国外部分牡丹品种。牡丹栽植面积由原来的20%扩大到32%，中心地带面积已达到68%。

2007—2011年，牡丹花在春城大面积绽放了，花期时牡丹园花团锦簇，牡丹花姿卓越，牡丹园的客流量达到了百余万人次，此时牡丹

图12-142　长春市牡丹园鸟瞰图

花文化的内涵和意义已逐渐融入到春城百姓心中，掀起了东北寒带地区欣赏牡丹花的热潮。此时，牡丹园在国内、国际也有了一定的知名度。

牡丹园于2013年再次重建，在改造施工过程中，重新引进中原牡丹3000多株，53个品种；西北紫斑牡丹3000多株，189个品种；国外牡丹品种17个；芍药3000多株，七大色系，品种62个等，总量达万余株（牡丹园景观局部图12-143）。

二、黑龙江

1. 黑龙江省森林植物园牡丹园

黑龙江省森林植物园始建于1958年，1988年正式对外开放。牡丹园是2002年植物园闭园改造期间新建的12个专类园景区之一，占地面积2.2hm^2。2003—2014年期间分别自山东菏泽引种中原牡丹107个品种，日本牡丹10个品种，自甘肃兰州引种紫斑牡丹160个品种，北京林业大学引种杂种牡丹5个品种，共一万余株（高秀芹 等，2015）。通过多年来对牡丹在寒温带地区的抗寒适应性驯化以及与其他优良性状对比，筛选出一批适合北方地区栽植的、抗寒性强的、甚至一些性状优于原产地的中原牡丹品种40余个，如'白鹤卧雪''大红一品''满江红''彩绘''首案红''乌龙捧盛''大胡红''花二乔'等；紫斑牡丹品种20余个，如'黑天鹅''粉燕尾''和平白''墨海银波''紫冠玉带'等，伊藤杂种的'Lemon Dream'和'Bartzella'（牡丹园景观局部如图12-144，图12-145）。

12-143　　　12-144

　　　　　　12-145

图12-143　长春市
牡丹园牡丹花盛开
盛况

图12-144　黑龙江
省森林植物园牡丹
园入口

图12-145　黑龙江
省森林植物园牡丹
园观花盛况

2. 人民公园牡丹园

　　人民公园位于牡丹江市阳明区境内，始建于1931年，曾名为沼泽园、牡丹公园、朱德公园，1953年正式更名为人民公园。1998年秋季，园中引进甘肃紫斑牡丹100株。2005年9月8日，从洛阳引进牡丹32个品种1700株，栽植在人民公园牡丹园中（崔红莲 等，2010）。2006年3月，从兰州和平牡丹园引进百年紫斑牡丹5株，于当年4月1日栽植在人民公园牡丹园中，"六一"期间牡丹花开放。2007年4月，牡丹江引进3345株兰州紫斑牡丹，其中人民公园栽植550株。2005年以来，地处北方高寒地带的牡丹江从河南洛阳等地引进栽培耐寒的30余种牡丹花，经过10年培育，陆续取得成功（牡丹园景观局部图12-146）。

图12-146 人民公园牡丹园一隅

第十三章
国外牡丹名园

　　牡丹花是"富贵"的象征，又被称为"富贵花""百花之王"等，不仅在中国，在其他国家同样受到人们的喜爱。目前日本、法国、英国、美国、意大利、澳大利亚、新加坡、朝鲜、荷兰、加拿大等20多个国家均有牡丹栽培。其中以日、法、美等国的牡丹园艺品种和栽培数量为多，而且许多国家都有大规模栽植牡丹的专类园，供公众参观游览。

1300年前，日本遣唐使将牡丹从中国大唐带回了京都奈良，从此以后牡丹在日本生根繁衍。日本人对牡丹的喜爱仅次于樱花，栽种规模也仅次于中国。日本人不仅大量种植牡丹，也培育出许多新品种。日本的众多城市都有规模很大的牡丹园。

一、由志园

由志园位于日本岛根县松江市八束町，是一座著名的回游式日本庭园，以庭院内世界级的牡丹馆和一年四季盛开的鲜花著称。总占地面积$3 \times 10^4 \mathrm{m}^2$，园内广泛种植寒牡丹、茶梅、山茶花、梅、石楠花、紫薇花、绣球花、杜鹃花、木槿花等各种花卉，一年四季都有不同的花

种开放，争奇斗艳，绿意盎然，处处洋溢着生机勃勃的魅力。

　　由志园中还特设了一个牡丹园，园中共栽培了350种牡丹，一年四季缤纷绽放，花叶饱满，颜色更是娇艳如画，富贵姿态尽显。让每位到此赏花的游人都连连赞叹。除了赏花，由志园的池塘、小河、瀑布、小桥等其他景致也别具一番韵味，它们与各种灿烂开放的花卉交相辉映，共同构成了一幅和谐优美的日式庭园画（牡丹园景观局部如图13-1～图13-3）。

二、东照宫牡丹园

　　东照宫是位于日本东京都台东区上野恩赐公园内的神社，上野东照宫牡丹园是为了纪念中日友好而于1980年（昭和五十五年）建立。

图13-1　由志园入口

图13-2　由志园牡
　　　　丹一隅

图13-3　由志园内
　　　　盛开的牡丹花

13-3

13-1

13-2

目前，该园有日本牡丹200个品种3000株，中国牡丹50个品种200株，芍药50个品种2000株，此外还有许多美国、法国品种。牡丹园在不同的季节可以观赏冬牡丹和春牡丹，特别是在冬季，把在防寒围栅中盛开的冬牡丹向公众开放，在东京也只有此牡丹园可以观赏'寒牡丹'，因此极为珍贵。

三、须贺川牡丹园

日本福岛县须贺川市牡丹园是日本唯一被指定为国家级旅游名胜的牡丹园，该园占地10hm²，种植牡丹290多种，7000多株的大朵牡丹。而且本地的牡丹品种呈紫红色，极为艳丽。其种植品种和规模都属于世界级别的，尤其该园培育出了能在能在冬季开放的'寒牡丹'而震惊世界园艺界。此外，还种植有只有须贺川市才有的牡丹品种'昭和梦'和"中日友好城市"洛阳赠送的中国珍稀牡丹品种'豆绿'。除牡丹之外，芍药、玫瑰、花菖蒲也在园内争奇斗艳。须贺川市和中国洛阳都以牡丹作为"市花"，雍容华贵的牡丹架起了两地沟通的桥梁。

四、冈山洛阳牡丹园

冈山市牡丹园位于日本冈山县南部的冈山市，冈山市为典型的濑户内海式气候，全年日照时间较日本其他地方长，降水量少，被称为"晴之国"，气候条件较为适合牡丹的生长。1981年，冈山市与中国洛阳市成为友好城市，还建立了冈山洛阳牡丹园，成为日本著名的牡丹观赏地之一。

五、长谷寺

长谷寺位于日本奈良县樱井市，别称"花之御寺"，是当地非常受重视的一处寺院。长谷寺的牡丹是寺庙的特色景观之一，寺院栽植有7000多株牡丹花，每年的4～5月，长谷寺就会吸引世界各地慕名而来赏花的游人，届时百花怒放，争奇斗艳，妩媚生姿。

六、石光寺

石光寺位于日本奈良市，以其一年四季鲜花不断而闻名于世。石光寺内种植400种，7000多颗牡丹，每年的4～5月份前来参拜游览的游人络绎不绝。12月份，在花卉较少季节，石光寺内种植的300多株'寒牡丹'格外引人注目，品种多达30多种。与春牡丹相比，'寒牡丹'花朵较小，但在色彩单调的冬季，寒牡丹仍旧独领风骚。

七、当麻寺

当麻寺位于日本奈良县，是612年建立的万法藏院移建到现在的所在地而成的寺庙。是日本唯一一所仍然保留有建于奈良时代的三重塔中的东塔和西塔的寺庙。当麻寺的'寒牡丹'和'春牡丹'也同样享有盛名。

美国引种牡丹较晚，最早于1820年左右从英国引进，20世纪后，随着牡丹热和牡丹商品化生产，欧洲牡丹、日本牡丹和中国牡丹都大量涌入美国，现美国有牡丹品种400余个，后来培育一种黑色花牡丹品种。在美国，许多国家森林公园里均栽有牡丹和芍药。

一、西华园（Seattle Chinese Garden）

位于美国华盛顿州西雅图市第七大道的西华园是中国境外第一个巴蜀园林风格的花园，占地4.6英亩*的规模也令其成为中国境外最大的中国园林。1994年，正式命名为西华园。西华园不仅展示中国古典园林建筑，山水等造园要素，而且展示了中国园林中特色的植物，大规模栽植的牡丹蕴含了中国独特的牡丹文化。

二、兰苏园（Lan Su Chinese Garden）

兰苏园是位于美国俄勒冈州波特兰市的中国园，是中国苏州赠送给"中美友好城市"波特兰市的珍贵礼物，是北美唯一一个完整的中国苏州风格的古典园林。该园于1999年7月动工，2000年9月正式建成。它的落成，在中美文化交流史上写下了美丽一笔。兰苏园是艺术、建筑、设计与自然的完美和谐，是中国园林艺术的完美展现。兰苏园移种了400多种原产于中国的特色花木，大片的中国牡丹更是向波特兰市民展示了牡丹的华贵之姿。

三、日本茶园（Japanese Tea Garden）

日本茶园坐落在美国加利福尼亚州旧金山市的金门公园内，是日本在旧金山最古老的公共花园，也是美国历史最为悠久的公共日式公园。如今，日本茶园已经是金门公园一处重要的、同时也是接待游客最多的景点。日本茶园种植有大片牡丹，春天开放时吸引着大量的游人。

四、美国国家植物园（United States National Arboretum）

美国国家植物园位于美国首都华盛顿，成立于1850年，占地面积180hm^2，是美国最古老的植物园之一，也是一个收集世界各地植物的博物馆，旨在开展研究和教育工作，进而改善环境，每年约有75万人次参观。植物园中目前约有4000多种，超过26000株植物用来展览、研究和观赏。美国国家植物园的中国园内栽植了大规模的牡丹，以牡丹来展示中国的植物文化，象征着中美两国的友谊。

五、费罗丽庄园（Filoli）

位于美国加利福尼亚州旧金山市的费罗丽庄园以其意大利文艺复兴式花园而闻名，吸引了来自世界各地的游客参观、学习。费罗丽花

*1英亩≈6.070亩
1亩=1/15hm^2

园将花坛、草坪、水池以及远山融合一气，别具一格。春季大片芍药齐放，牡丹争妍，形成自成一派美丽的风光。另外还有玫瑰竞艳，水仙清灵秀丽，郁金香鲜艳夺目。

六、贝蒂福特高山花园（Betty Ford Alpine Gardens）

贝蒂福特高山花园位于美国科罗拉多州的度假小镇，是世界上海拔最高的植物园，位于洛基山脉中部（2700m）。贝蒂福特高山花园以高山园艺、教育工作和植物保护而闻名。花园每年吸引超过10万的游客。花园大约种植有33种牡丹，主要生长在长满草的山坡，灌木丛和开放的森林地区，这些牡丹大多数原产于欧洲和亚洲。

七、堪萨斯州立大学（Kansas State LIniversity）园艺展览花园

堪萨斯州立大学园艺展览花园位于美国堪萨斯州曼哈顿市，作为教育资源和学习实验室，供学生参观学习和公众参观。牡丹园建立于2015年秋季，大约有150种不同种类的牡丹。

八、亨茨维尔市植物园（Huntsville Botanical Garden）

亨茨维尔植物园位于亚拉巴马州，占地112英亩，为亚拉巴马州排名第五的植物园。是一个供市民享受安逸环境，放松身心的地方，也是学习植物知识的地方，更是一个陶冶情操的地方。园内树木葱郁、百花怒放、蜂蝶凤舞、小径悠长，组成了人间最美丽的仙境。植物园中的牡丹品种丰富多样，也成为其吸引游客的一大特色。

九、阿拉斯加植物园（Alaska Botanical Garden）

阿拉斯加植物园位于美国阿拉斯加州安克雷奇市，于1993年开园，占地面积110英亩，是一个非盈利的、用于公共教育和休闲娱乐的植物园，是当地人喜欢游玩的一大公园。植物园内有药草园、岩石园以及野径花园。阿拉斯加植物园也是春季观赏牡丹的一个好去处。

十、旧金山植物园（San Francisco Botanical Garden）

旧金山植物园位于美国加利福尼亚州旧金山市金门大桥公园内，里面有各种各样的针叶树和花卉，有超过5000种的珍奇植物，全部都有名称标示。植物园面积55英亩，有8000多种世界各地的不同植物，是集知识性、趣味性为一体的植物园。

在古代与欧洲的贸易过程中，牡丹绘图作为刺绣和瓷器的主要元素传入欧洲，不过被西方人当做与中国的龙、凤一样，认为是图腾图像，并不会实际存在。直到1787年，英国皇家植物园——邱园（Kew）从中国广州成功引种，中国牡丹才得以在欧洲广泛传播。法国约有牡丹品种200个。1880年，法国人把中国的野生黄牡丹进行育种，于1980年选育出一批黄色系品种，后来传入日本等国。

一、怡黎园（Yi Li Chinese Garden）

怡黎园是2004年在法国兴建的第一座中国传统园林，位于巴黎近郊的圣雷米·奥诺雷市。占地6000m²的怡黎园是由留法的两位华人园艺师、建筑师康群威和石巧芳在苏州园林局的合作下设计建造完成的。2007年5月，怡黎园新景区牡丹园开园。牡丹园占地30000m²，种植有800多株中国牡丹，这些牡丹是由中国山东菏泽市政府提供的，包括了中国牡丹8大色系30多个名贵品种。

二、Drulon花园（Les Jardins de Drulon）

Drulon花园位于法国Saint Amand Montrond，是法国向公众开放的高等花园之一，栽植有大规模的牡丹，每年5月，牡丹就成为花园的主角，大量的游客慕名而来欣赏牡丹的华贵姿态。

第十四章
中国牡丹文化与旅游

　　伴随着人类社会文明的高度发展，旅游越来越成为一种大众趋之若鹜的消费趋势。虽然旅游有多重目的和形式类别，但其中作为一种以作为大自然补充功能的园林旅游，将越来越多地受到人们热捧与青睐，这其中又以文化内涵丰富见长的牡丹园林，必将发挥出牡丹园林旅游更独特的重要作用。

一、牡丹与旅游的关系

以牡丹为主题的旅游具有多方面的优势：

一是牡丹以其特有的"色、香、姿、韵"被誉为"国色天香"。每年清明谷雨前后，牡丹竞相开放，千姿百态、婀娜多姿，成为无数游客向往的美景。我国牡丹资源丰富，全世界牡丹只有中国原产。丰富多样栽培牡丹品种、野生牡丹资源、古牡丹资源，可以构成无数壮丽多姿的观赏点。

二是历史悠久的牡丹文化。正如前面的章节所介绍的有关内容，牡丹文化已经深深地植根于中华民族的血脉中，人们对牡丹文化有着高度的认同感，这是燃起牡丹旅游观赏的干柴烈火之精神原动力。

二、牡丹旅游的形式

融入了特有的牡丹文化及衍生产品，形成了不同类型的牡丹旅游文化市场。目前牡丹花卉旅游的主要形式有：基于野生牡丹资源的森林旅游，基于牡丹种植基地的"农家乐"，基于牡丹专题园的游园活动以及以牡丹为主题的综合性花会活动（魏巍，2009）。

古牡丹资源往往也成为旅游的热点和开发点，成为地区的特色名片，如山西古县、云南武定、江苏便仓等地。山西古县利用其特有的古牡丹资源及神话传说，规划牡丹综合观赏景区为主，以牡丹书画、摄影、征文及民俗表演为辅，大力打造"古县牡丹文化旅游节"，取得了很好的效益。

民间的赏花活动也十分活跃，如甘肃陇西、临洮一带的庭院观花活动，安徽宁国南极乡的观赏活动，云南大理的游山观花活动，安徽巢湖屏山的朝山拜花活动，河南洛阳伊川观"真牡丹"活动等。此外牡丹的食俗、装饰、纪念品、文学作品也成为牡丹文化旅游中不可或缺的一部分。

但是牡丹旅游文化的形式，是随着社会的发展，特别是通过对牡丹历史文化的不断深入发掘，会不断创造出新的旅游形式。比如说通过牡丹营养保健品的开发，可以形成牡丹餐饮文化旅游；通过牡丹康养研究，促进形成牡丹康养旅游产业等。

三、牡丹文化旅游的经济价值

洛阳、菏泽、彭州等地以牡丹为"市花"，大力发展当地的牡丹产业，举办牡丹花会等活动，大大促进了本地区的旅游业和经济合作（魏巍，2009）。"以花会友、以花为媒"，对当地的经济发展带来了很大的效益，而牡丹已经成为洛阳、菏泽等地的名片。迄今为止，山东菏泽国际牡丹花会已举办18届，河南洛阳牡丹花会已举办27届，四川成都（彭州）牡丹花会已举办25届。

以洛阳牡丹花会为例，洛阳已成功举办27届洛阳牡丹花会，牡丹成为洛阳市的重要旅游品牌和城市名片，并于2008年入选《国家级非物质文化遗产名录》。洛阳市牡丹高档观赏园达到12个，观赏面积达4000多亩，形成了以牡丹观赏为主题，融合牡丹文化（包括名人文化、民俗文化、书画文化、诗词文化等）、游览休闲区、牡丹产业园区的综合旅游资源，吸引了众多游客。仅2008年第26届牡丹花会就接待国内游客1437.7万人次，国内旅游收入58.89亿元，接待入境游客11.39万人次，旅游创汇3029.41万美元。

总之，文化已成为当今世界旅游业的潮流，文化是一种珍贵的旅游资源。我国有很多城市都拥有丰富悠久的历史文化资源，牡丹文化旅游近年来蓬勃发展，然而我们对其认识、利用还不够，如何合理开发、利用、保护牡丹文化资源，使其成为旅游业的一股新活力与动力，这也将成为大家需要继续面对的新课题。

一、牡丹花会的由来

牡丹花会是古老的汉族民俗活动。起于隋唐，盛于宋朝。每年4月是牡丹盛开的时节，各地牡丹花会徐徐而来（张帆，2015）。每年都会举办各种花会、花市、花舞。人们不论富贵贫贱，都徜徉于鲜花之间，流连观赏。现如今，国内规模较大的牡丹花会举办地有三处：一是洛阳牡丹花会；二是菏泽国际牡丹花会；三是彭州牡丹花会。洛阳、常熟、菏泽、彭州并称为中国四大牡丹观赏基地。

自隋唐以来，城都或乡间的赏花活动，逐渐形成了一种集中观赏的形式——牡丹花会。唐代的长安；北宋时的洛阳；南宋的天彭、余杭、成都；明代的亳州、曹州；清朝的北京等地，相续是中国牡丹的栽培中心。宋代时期，洛阳牡丹已经有了90多个品种。为了让天下百姓都能一睹号称"国色天香"的洛阳牡丹的风采，当时的洛阳太守组织了"万花会"，花会期间，人头攒动，满城皆花。

1982年4月，洛阳城内的11万株牡丹花开得又大又艳。60万中外游客蜂拥而至，但是这次自发形成的"牡丹盛会"暴露出了种种问题，例如交通拥挤、买票困难等，让洛阳人意识到必须要由市委、市政府来统一组织"牡丹花会"，增加牡丹种植数量和观赏点，大力改善交通条件和服务设施，才能更好地为中外游客赏花提供服务（裴蓓，2005）。

同年9月10日，市政府向市人大常委会提交了《关于提请市人民代表大会常务委员会命名牡丹为市花和确定牡丹花会的议案》。9月21日，市第七届人大常委会第十四次全体会议审议并批准了市政府的议案，命名牡丹为"市花"，确定每年4月15～25日为牡丹花会会期。当时举办牡丹花会的目的是活跃群众文化生活，促进"两个文明"建设。

二、菏泽国际牡丹节

自20世纪90年代以来，在菏泽成功举办了23届牡丹展览会，展览的牡丹或含苞待放或争相开放，远远望去似一片花海，展览的牡丹品种更是多种多样，数量达600多种。

菏泽国际牡丹节由菏泽市人民政府主办，每届牡丹节都举办大批的经贸文化活动。如大型广场文艺演出、投资项目洽谈会、孙膑文化旅游节、曹县国际芦笋节、菏泽市住宅产业博览会、牡丹插花艺术展、国华婚礼大典以及中国地方戏名家演唱会等30余项传统活动，充分展示了"牡丹城"的文化底蕴与艺术风采。

菏泽文化源远流长、积淀深厚。菏泽是商王朝的发祥地，历史上曾数度成为中原地区的经济文化中心，这里凝聚了丰厚的文化精髓，为旅游业的进一步开发奠定了深厚的人文底蕴（高昂 等，2011）。菏泽是中国的"牡丹之乡"，栽培牡丹可追溯到隋、唐时期，明代就有了"曹州牡丹甲天下"的志书记载。菏泽的牡丹种植历史距今已有上千年，是目前世界上种植面积最大、品种最多的牡丹生产基地、科研基地、出口基地和观赏基地。菏泽的爱牡丹、赏牡丹、绘牡丹、画牡丹、敬牡丹、尊牡丹已经成为一种社会时尚和文化现象，并深深植根于菏泽人心中，而牡丹已经成为菏泽市的市花，受到多方推崇。因而，牡丹成为菏泽市独具优势的旅游资源。

三、中国洛阳牡丹文化节

中国洛阳牡丹文化节前身为洛阳牡丹花会，已入选《国家非物质文化遗产名录》，是全国"四大名会"之一。始于1983年，每年一届，每年的4月份开始至5月份结束，历时一个月，至2012年洛阳牡丹花会已成功举办30届。2010年11月，经文化部正式批准，洛阳牡丹花会升格为国家级节会，更名为"中国洛阳牡丹文化节"，由文化部和河南省人民政府主办，河南省文化厅和洛阳市人民政府承办。在洛阳中国国花园内，牡丹绵延数公里，或怒放、或含苞，喜迎四方宾朋。

洛阳牡丹花会经过30年的实践探索和丰富完善，已经形成了自己的特色，在国内外具有较大的影响力和知名度（张楠楠，2007）。牡丹花会完成了从"以花为媒，广交朋友，宣传洛阳，发展经济"到"花会搭台，经贸旅游唱戏；政府搭台，企业唱戏"的转变，近几年又紧紧围绕"把牡丹花会办成招商引资、招才引智、招展引会、招团引游的平台"，成为广大市民和游客的节日办会目标，秉承"牡丹的盛会，人民的节日"的办会宗旨，与时俱进，不断创新，呈现出旺盛的生命力，取得了丰硕成果。并从单纯的赏花观灯活动逐步发展成为融赏花观灯、旅游观光、经济贸易、文化体育为一体的大型综合性节会活动。

四、彭州牡丹花会

彭州牡丹花会始于1985年，迄今已举办30届（截至2014年），与洛阳、菏泽牡丹花会齐名，已成为全国最大、最有影响的三家牡丹花会（洛阳牡丹花会、菏泽国际牡丹花会、彭州牡丹花会）之一。天彭牡丹以"野趣之美"和"花大盈尺"的富贵之姿取胜，与洛阳、常熟、菏泽并称为"中国四大牡丹"观赏基地。南宋时，因北方战乱宋室南迁和洛阳名园的毁夷，四川天彭牡丹继洛阳而盛起，为蜀中第一，有"小洛阳"之盛，号称"小西京"。南宋诗人陆游曾云："牡丹在中州，洛阳为第一；在蜀，天彭为第一。"牡丹是我国的传统名贵花卉，色泽艳丽，雍容华贵，是"中国名花之最"。在丹景山和彭州园，每年清明节前后，都要举行规模盛大、品种繁多的彭州牡丹花会。

2014年3月29日，中国三大牡丹花会之一四川彭州牡丹花会开幕，当地丹景山300万株牡丹在4月迎来盛开时节。本届牡丹花会以"国色牡丹·大美彭州"为主题，是2014年四川花卉（果类）生态旅游节重要节会。牡丹花会从3月底持续到5月中旬，为期50天左右，最佳观赏时间为4月中下旬，届时山野牡丹将与盆栽牡丹竞相开放，争奇斗艳。期间，当地组织了牡丹联展、话说牡丹、开心畅游、美食品鉴、主题相亲等活动。

五、大明宫牡丹文化节

2011年，首届大明宫牡丹文化节在世界文化遗产唐大明宫遗址举行。大明宫牡丹节将依托唐文化的丰富内涵，倡导牡丹文化的新理念，以赏花游园和唐牡丹文化相结合，启用唐文化、长安牡丹为亮点，以丰富的牡丹文化知识活动助推，深化文化内涵，拓展牡丹节外延。提升大明宫遗址公园整体形象，扩大牡丹文化节品牌影响力和知名度，形成东有洛阳牡丹花会，西有大明宫牡丹文化节的格局，推动西部区域牡丹热和牡丹旅游经济的蓬勃发展（武惠，2016）。

一、菏泽牡丹展览馆

菏泽牡丹展览馆是山东十大花卉示范园、国家牡丹种质资源库菏泽库、国家油用牡丹试点项目。菏泽牡丹展览馆坐落于菏泽市牡丹区的盛华牡丹产业园区内，较为全面翔实地展示了牡丹的历史文化、发展历程、科技研发、产业现状、发展前景以及与之相关的风土人情、故事传说等。图文并茂，科技先进，现代声光电技术完美结合，观赏性高，表现力强，吸引了大量游客（图14-1）。同时，牡丹的文化产业也在不断延伸，涉及了书画、摄影、插花艺术、牡丹工艺品及绢花制作等多个方面（王新悦，2009）。

二、洛阳牡丹展览馆

牡丹拥有悠久的历史，其背后承载的牡丹文化受到不少人的重视，而文化产业的日益兴盛也对推动牡丹产业化发展进程起到了不可忽视的作用。不少牡丹园专门辟有牡丹文化区，通过各种方式宣传与"花中之王"相关的文化意蕴。

洛阳国家牡丹园牡丹展览馆于2010年3月29日落成，并正式对外开放。其中四季牡丹展厅的建成揭开了牡丹展览史上新的一页。从此，国内外游客无论什么时候来到洛阳，都可以一睹"花王"的芳容（图14-2，图14-3）。

图14-1　菏泽牡丹展览馆——牡丹画展

图14-2　洛阳牡丹展览馆——展馆入口　　　　　图14-3　馆内布置

　　国家牡丹园中国牡丹展览馆面积为1200m²，由中国牡丹图片展、四季牡丹展以及牡丹产品展销厅三大部分组成。中国牡丹展简要而系统地介绍了中国牡丹的起源与分布、资源与保护、历史与文化、栽植与繁育、名品与鉴赏以及科技创新、产业发展等七个方面的内容，最后介绍了国家牡丹园的历史沿革与辉煌成就。

　　四季牡丹展是在国家牡丹园牡丹周年开花调控技术研究成果的基础上建成的，是国内首家运用现代科技实现常年观赏牡丹的一个展厅。该展厅具有唐宋风格的园林建筑、自然风光与盛开的各色牡丹组成河洛春色、国色天香、情系华夏、富贵人家、香飘四海等景点，从而体现出牡丹文化的基本内涵。入口浓缩的山野景观，揭示牡丹源自河洛大地，"出身贫寒"。牡丹雍容华贵，气味芬芳，进入皇家园林，同样显示出"王者"的风范。牡丹不畏权贵的品质，既可观赏又可药用的特色，使得它与人民群众有着紧密的联系。她为富贵的代名词，体现着华夏儿女对美好富裕生活的向往与追求。牡丹在华夏大地兴盛不衰，继而走出国门，在日本及欧美各国落户，受到世界各国人民的欢迎。近百个精品牡丹500余盆为人们勾勒出一幅梦幻般的牡丹世界。

　　牡丹产品展销厅既展示了近年来洛阳及全国各地牡丹产业发展的兴旺景象，又给各类牡丹产品提供了一个营销平台。目前，牡丹产业发展方兴未艾，产品，种类繁多。除传统苗木、盆花生产外，牡丹插花及盆景应用日益广泛。此外，牡丹籽油、牡丹花精油及各种天然营养保健品、化妆品生产也已提上日程。本展厅的主要特点是牡丹文化产品丰富，牡丹绘画、牡丹三彩更是其中的亮点，琳琅满目的工艺品给第28届牡丹花会增加喜庆色彩。

一、古牡丹

古牡丹承载着一种特殊文化载体，是一种有着独特文化价值的资源。千百年来，牡丹以其华丽富贵、端庄大气的花姿折服了一代又一代的华夏儿女。同时，随着历年文化的积淀，我国也流传下来许许多多记录牡丹的著作，这些著作记载了很多有关牡丹栽培育种和应用的文字，同时也记录了中国牡丹的栽培史和发展史。中国作为世界第一的牡丹大国，对于牡丹品种的繁育、起源以及之后的演变都与我国古老的栽培史密不可分。其中，牡丹的11个野生种来源于我国，而古牡丹资源在众多牡丹名品中，也占有着特殊的地位。

古牡丹具有极其高的文物科考价值、科学价值和延续至今的观赏价值，人们对这些株龄已经过百岁但仍然十分苍劲挺拔的古牡丹的认识不断地深入，同时对古牡丹的统计也慢慢地趋于完整和规范（刘慧媛，2014）。从古籍和文献对园林中的古牡丹进行了总结，并通过实地考察走访对各朝代的古牡丹作出了见表14-1的统计。

表 14-1　古牡丹统计表

朝代	序号	名称	地点	数量	颜色	备注
汉	1	汉牡丹	河北柏乡县北郝村弥陀寺的4株牡丹	4	浅紫红	传说年代最为久远的是古牡丹，被誉为"神奇牡丹"
晋	1	七蕊牡丹等	四川峨眉山万年寺	近百株	粉红	
唐	1	三合村古牡丹	山西古县古牡丹古县石壁乡三合村寺庙	3	白	迄今国内见到的冠幅最大、着花最多的单株牡丹，被中国牡丹协会定为"天下第一牡丹"
宋	1	银屏牡丹	安徽巢湖银屏山仙人洞悬崖	1	白	每逢农历谷雨前后绽放，千百年来被誉为"天下第一奇花"。
	2	枯枝牡丹	江苏盐城市便仓镇枯枝牡丹园	10	红、白	是有史可考的现存最古老的栽培牡丹。
	3	潞城古牡丹	山西潞城县南舍村玉皇庙	1	深紫红	北宋年间（960—1279）栽植
明	1	狮子皇冠	云南武定狮子山正续禅寺	1	粉红	被中央电视台称为"中国牡丹之最"。
	2	姚家古牡丹	江苏常熟杨园	1	不祥	至今已将近500年历史
	3	'粉妆楼'	上海奉贤区邬桥镇	1	粉	被誉为"江南第一牡丹"
	4	'玉楼春'	浙江杭州市余杭区仁和镇普宁寺	3	粉红	

朝代	序号	名称	地点	数量	颜色	备注
明	5	'玉楼春'	浙江平湖市新埭镇毛家湾	1	粉红	北京极乐寺移回
	6	'玉翠荷花'	山东菏泽曹州牡丹园	1	不详	2006年曾开花400余朵，堪称"牡丹王"
	7	'胡红'	内蒙古宁城	1	粉红	由康熙皇帝御赐
	8	'紫霞仙'	山西太原双塔寺	10	粉紫红	至今已有400余年
	9	'岳山红'	河南洛阳市伊川县	1	紫粉	此牡丹由其祖辈所种，据说种植于1644年
	10	兴洲古牡丹	河北滦平县兴洲村	2	红白	为乾隆三十六年（1771）从北京紫禁城御花园移出
	11	'玫瑰红'	宁夏中卫	1	不详	
	12	中山古牡丹	上海中山公园	1	不详	
	13	魏坡古牡丹	河南洛阳魏氏宅院	1	叶形似'洛阳红'，但花色稍浅	
	14	坡头村古牡丹	河南洛阳市宜阳县三乡乡坡头村郭家老宅	1	粉	有300多年历史
	15	'魏紫'	江苏苏州苏州府	1	浅紫红	被苏州列为二级保护品种，收入《苏州地方志》
	16	'粉妆楼'	上海龙华风景区龙华寺	1	粉	原植于浙江杭州七仙桥东林寺
	17	古交古牡丹	山西省古交市关头村寺庙	1	不详	
	18	'杨妃醉酒'	广东乐昌县白石区	1	不详	
	19	'玛瑙翠'	洛阳王城公园	1	不详	整株牡丹株形高大，称作"牡丹树"
	20	双溪镇古牡丹	福建屏南县	1	不详	
	21	黄彩古牡丹	山西晋中市黄彩村天下谷庄园	1	粉红	
	22	建德都古牡丹	浙江建德都镇羊峨村	1	不详	
	23	三塔寺古牡丹	安徽全椒县三塔寺	1	不详	
清末明初	1	无锡古牡丹	江苏无锡	1	紫色	
	2	紫斑牡丹	甘肃省陇西县汪家院	10	红、粉、紫、白	
	3	漕溪古牡丹	上海漕溪公园	8	不详	
	4	古漪园古牡丹	上海古漪园	1	不详	堪称"镇园之宝"
	5	墨干牡丹	山西芮城永乐宫	数珠	不详	
	6	'长寿红'	洛阳国花园	1	桃红	
	7	宏村古牡丹	安徽黟县宏村	1	玫瑰红	
	8	植物园古牡丹	辽宁沈阳市植物园	1	不详	沈阳市植物园的"百年牡丹"
	9	'魏花'	甘肃临洮李家院	1	不详	
	10	'杨贵妃'	辽宁盖州王礼安老宅	1	粉红	

朝代	序号	名称	地点	数量	颜色	备注
清末明初	11	曹州古牡丹	山东菏泽曹州牡丹园	10	不详	
	12	沙溪镇古牡丹	江苏太仓市沙溪镇顾家院	1	红	
	13	'无暇玉'	甘肃陇西城关居民家	1	白	
	14	'玉狮子'	甘肃临夏州政府院	1	不详	
	15	'琼台春艳'	甘肃兰州宁卧庄	1	不详	1997年着花360余朵，单株着花量堪称全国之冠

二、牡丹古老品种珍品简述

古老牡丹品种，都有一种特殊的文化含义，充分挖掘了解这方面的知识，无疑对牡丹文化旅游有着特殊意义。通过实地走访以及牡丹古谱等资料的查阅，对有史可查的部分牡丹珍奇品种在传统园林中的应用也进行了如下总结：

1.'姚黄'：古老传统珍品。出自洛阳邙山脚下白司马姚崇家。宋代诗人徐积写长诗来歌颂它"天下牡丹九十余种，而姚黄居第一"。

2.'豆绿'：古老传统珍品。《墨庄漫录》记载"北宋宣和年间，洛阳花工欧氏以药壅培牡丹根下，次年花开作浅碧色……"。

3.'葛巾紫'：古老传统珍品。陆游《天彭牡丹谱》记载"葛巾紫，花圆正而富丽，如世人新戴葛巾壮"。

4.'昆山夜光'：古老传统珍品。诗云"有云无月夜自明，古人誉作神灯笼。白色之中佼佼者，叠玉横空傲昆峰"。

5.'胡红'：这一品名最早见于赵孟俭《桑篱园牡丹谱》"胡红又名宝楼台"。《广群芳谱》又称魏花魏红，古时以"花后"育之。

6.'魏紫'：古老传统珍品，为牡丹花王。据欧阳修《洛阳牡丹记》记载"此花出于宋代晋相魏仁溥家的园中而得名。据描述，此花'面大如盘，中堆积碎叶（花瓣），突起圆整如覆钟状，开头可八、九寸许，其花瑞丽精彩，莹洁异于众花心。'"

7.'粉娥娇'：王象晋《群芳谱》载"粉娥娇，大淡粉红色，花开如碗，中外一色，清香耐久……"。

8.'状元红'：古老传统品种。周师厚《鄞江周氏洛阳牡丹记》记载"状元红。千叶深红花也，色类丹（朱）砂而浅……其花甚美，迥出众花之上，故洛人以状元呼之"。

9.'酒醉杨妃'：古老传统品种。《洛阳县志》中称其为"醉杨妃"。

10.'赵粉'：又名童子面。赵孟俭《桑篱园牡丹谱》记载"赵粉花千叶，楼子，粉有宝润色，出菏泽赵氏园"。

11.'泼墨紫'：古老传统品种。陆游《天彭牡丹谱》记载"泼墨紫，新紫花之子花也，单叶，深黑如墨"。

12.'玉板白'：欧阳修《洛阳牡丹记》载"单叶、白花、叶细长如柏板，其色如玉而深檀心"。

13.'大棕紫'：周师厚《鄞江周氏洛阳牡丹记》载"千叶紫花也。本出于永宁县大宋川亳氏，故名，开头极盛，径尺余，众花无比其大者，其花大卒类安胜紫云"。

14.'珊瑚台'：薛凤翔《亳州牡丹史》载"珊瑚楼，茎短，胎长，宜阳，色如珊瑚，宝光射人，更多芳香助其娇艳"。

15.'祥云'：陆游《天彭牡丹记谱》载"千叶浅红色，娇艳多态，而花叶最多，花户王氏谓此花如朵云状，故谓之祥云。"

16.'刘氏阁'：陆游《天彭牡丹谱》载"白花带微红，多至数百叶，纤妍可爱。出自长安刘氏尼阁下而得名"。

17.'姣容三变'：薛凤翔《亳州牡丹史》载"初绽紫色，及开桃红，经日渐至梅红，至落乃更深红，诸花色久渐褪，惟此俞进。故曰三变"。

18.'庆云黄'：陆游《天彭牡丹谱》载"花叶重复，郁然轮困"以故得名。

19.'玉楼子'：陆游《天彭牡丹谱》载"白花，起楼，高标逸韵，自然是风尘外物。"

20.'富贵红'：陆游《天彭牡丹谱》载"其花叶圆正而厚，色若新染乾者，他花皆落，独此抱枝而槁，亦花之异者。"

21.'合欢娇'：薛凤翔《亳州牡丹史》载"深桃红色，一胎二花，托蒂偶并，微有大小。"

22.'念奴娇'：薛凤翔《亳州牡丹史》载"有二种，俱绿胎，能成树。出张氏者深银红色，大而较好。"

23.'转枝'：薛凤翔《亳州牡丹史》载"二花出鄢陵刘水山太守家，亳中亦仅有矣。"

24.'寿安红'：周师厚《鄞江周氏洛阳牡丹记》载"千叶肉红花也，出寿安县锦屏山中，其色似魏花而浅淡。"

25.'大宋紫'：周师厚《鄞江周氏洛阳牡丹记》载"千叶紫花也。本出于永宁县大宋川豪民李氏之圃。"

26.'九蕊珍珠'：欧阳修《洛阳牡丹记》载"千叶红花，叶上有一点白如珠，而叶密蹙，其蕊为九丛。"

参考文献

白居易, 1999. 白居易集[M]. 北京: 中华书局.

白陆飞, 2016. 西安植物专类园的类别、现状及发展对策研究[J]. 赤峰学院学报(自然版), 32(3): 53-55.

白森, 牛光幸, 温红卫, 等, 2015. 浅油用牡丹的发展前景及栽培技术[J]. 陕西林业科技 (1): 38-40.

曹杰, 2011.浅谈安徽牡丹栽培与园林应用[J]. 安徽建筑, 18 (5): 29-30+32.

曹洋, 2008. 天彭牡丹品种资源调查及评价[D]. 成都: 四川农业大学.

曹瑜, 2010. 湖南牡丹栽培历史、品种资源与园林应用研究[D]. 长沙: 中南林业科技大学.

陈畅, 2015. 牡丹专类园规划设计方法与实践研究[D]. 咸阳: 西北农林科技大学.

陈贵, 2003. 云南名兰赏析[M]. 昆明: 云南科技出版社.

陈辉, 黄战生,1992. 中国吉祥符[M].海口: 海南出版社.

陈平平, 1997. 中国牡丹的起源、演化与分类[J].生物学通报 (3): 5-7.

陈平平, 1998. 欧阳修与牡丹[J]. 中国园林 (6): 43-45.

陈平平, 1999. 我国宋代牡丹品种和数目的再研究[J]. 自然科学史研究 (4): 326-336.

陈平平, 2004. 苏轼与牡丹[J]. 南京晓庄学院学报 (3): 62-66.

陈平平, 2006. 关于我国魏晋南北朝时期牡丹的研究[J]. 南京晓庄学院学报 (4): 64-68.

陈遵武, 1999. 简析刘禹锡花卉诗的美学特色[J]. 江汉大学学报 (5): 64-65+63.

中国牡丹全书编纂委员会, 2002. 中国牡丹全书[M]. 北京：中国科学技术出版社.

王向辉, 李小涵, 2008. 《全唐诗》反映的牡丹品种与栽植场所探析[J]. 西北林学院学报 (1): 203-206+223.

北京市园林局, 2004. 北京园林年鉴[M]. 北京: 北京市园林局.

陈征宇, 2005. 浅议中国古典园林植物人格化寓意[J]. 中国科技信息 (14): 189.

成仿云, 李嘉珏, 1998.中国牡丹的输出及其在国外的发展: 栽培牡丹[J]. 西北师范大学学报（自然科学版）, 1: 109-116.

程建国, 2005. 牡丹栽培新技术[M]. 咸阳: 西北农林科技大学出版社.

崔红莲, 左贵彬, 2010. 菏泽牡丹、洛阳牡丹与兰州紫斑牡丹在牡丹江市引种应用对比分析[J]. 中国林副特产 (2): 40-41.

戴松成, 宋瑞祥, 2008. 牡丹诗词三百首[M]. 开封: 河南大学出版社.

戴松成, 2012. 牡丹花开动天下[M]. 开封: 河南大学出版社.

段成 , 1981. 酉阳杂俎[M]. 北京: 中华书局.

段琳, 2012. 洛阳地区常见引入牡丹品种调查及观赏价值分析[D]. 洛阳: 河南科技大学.

范禄林, 萨日娜, 2012. 中国牡丹地域文化研究[J]. 内蒙古林业科技, 38 (3): 59-62.

范庆君, 2011. 江南牡丹亲缘关系及花芽分化与露地二次开花技术研究[D]. 杭州: 浙江农林大学.

高昂, 祁素萍, 2011. 浅谈菏泽民俗文化艺术与旅游开发[J]. 艺术教育 (6): 155.

高秀芹, 顾春雷, 2015. 黑龙江省森林植物园牡丹繁殖与栽培技术[J]. 防护林科技 (9): 108-109.

杲承荣, 徐金兆, 陈俊强, 等, 2005. 牡丹在园林中的应用[J]. 河北林业科技 (1): 38-39.

巩发俊, 2001. 临洮县志[M]. 兰州: 甘肃人民出版社.

关庆伍, 2006. 长春市公园绿地的植物景观评价[D]. 哈尔滨: 东北林业大学.

郭绍林, 2001. 说唐代牡丹[J]. 洛阳工学院学报(社会科学版) (1): 12-17.

韩丹萍, 2011. 杭州西湖植物景观历史变迁研究[D]. 杭州: 浙江农林大学.

韩欣, 2014. 牡丹杂交亲本选择及F1代遗传表现[D]. 北京: 北京林业大学.

洪树华, 2015. 宋代诗词中的牡丹情结及其文化解读[J]. 重庆文理学院学报(社会科学版), 34 (1): 33-39.

胡献国, 2007. 百花之王: 牡丹[J]. 东方药膳 (8): 42-43.

胡永红, 王佳, 李子峰, 2006. 花王牡丹在上海[J]. 园林 (3): 30-32.

胡永红, 王佳, 李子峰, 2006. 上海植物园牡丹专类园规划与管理[A]//中国植物学会植物园分会, 中国植物学会植物园分会2006年学术会议论文集[C]//中国植物学会植物园分会: 中国植物学会: 6.

胡元质, 1998. 牡丹谱, 中国古今图书集成·草木典[M]. 北京: 人民出版社.

贾炳棣, 2008. 咏牡丹诗词精选[M]. 北京: 金盾出版社.

蓝保卿, 李嘉珏, 段全绪, 等, 2002. 中国牡丹全书[M]. 北京: 中国科学技术出版社.

蓝保卿, 李嘉珏, 2009. 天上人间富贵花: 中国历代牡丹诗词选注[M]. 郑州: 中州古籍出版社.

蓝保卿, 李嘉任, 乔红霞, 2004. 牡丹栽培始于晋[J]. 中国花卉园艺 (13): 30-35.

李东咛, 赵鸣, 2014. 北京植物园牡丹专类园植物配置探析[J]. 现代农业科技 (23): 196-197.

李芬, 2013. 大冶有色梅川生态农业观光园景观规划研究[D]. 武汉: 华中农业大学.

李格非, 1983. 洛阳名园记(复印本)[M]. 郑州: 学识斋.

陈易, 张靓, 2005. 生态居住社区的概念与设计原则[J]. 中外建筑 (3): 8-9.

李嘉珏, 张西方, 赵孝庆, 等, 2011. 中国牡丹[M]. 北京: 中国大百科全书出版社.

李嘉珏, 1998. 中国牡丹起源的研究[J]. 北京林业大学学报 (2): 26-30.

李林昊, 2016. 紫斑牡丹油用新品种选育的初选研究[D]. 咸阳: 西北农林科技大学.

李漠, 2015. 唐代观赏性栽培牡丹由来考[J]. 湖北函授大学学报, 14: 190-192.

李青艳, 2010. 佛寺园林中牡丹文化及应用的初步研究[D]. 北京: 北京林业大学.

李睿, 2005. 中国野生牡丹的保护利用研究[D].甘肃: 甘肃农业大学.

李时珍, 2004. 本草纲目(校点本) [M]. 北京: 人民卫生出版社.

李淑娜, 冯阳, 2010. 南京市建筑外墙垂直绿化适宜的植物及效益分析[J].绿色科技.

李向丽, 2007. 试论唐宋牡丹诗歌的艺术特色[J]. 中州学刊 (6): 208-210.

李肇, 1957. 唐国史补因话录[M]. 上海: 古典文学出版社.

林汉, 郜亚微, 徐有明, 等,2008. 浅析文化性在园林植物配置中的体现[J]. 安徽农业学, 36(35): 15422-15424.

刘斌, 2016. 寺院中的"花开富贵", 试论唐代文人隐逸观[J]. 鸡西大学学报, 16 (2): 113-116.

刘侗, 于奕正, 2013. 帝京景物略[M]. 北京: 故宫出版社.

刘改秀, 2009. 影响牡丹花色性状显现内外界因子试验研究[J].陕西农业科学, 55 (3): 236-237..

刘航, 2005. 牡丹: 唐代社会文化心理变迁的一面镜子[J]. 学术月刊 (12): 58-63.

刘慧媛, 2014. 牡丹及牡丹文化在中国传统园林中的应用研究[D]. 咸阳: 西北农林科技大学.

刘继国, 2009. 银川市残联志1980—2005 [M].宁夏: 宁夏人民出版社.

刘俊,2012.牡丹专类园植物景观美学评价[D].北京:中国林业科学研究院.

刘敏, 2011. 云南省西双版纳棕榈科园林植物造景模式研究[D]. 云南: 西南林业.大学

刘荣森,任雪玲,路买林,2015. 牡丹保鲜技术研究进展[J]. 现代园艺.

刘洋, 黄卫昌, 彭贵平, 2012. 上海辰山植物园海棠园现状分析及建议[J]. 南方农业学报, 43(6): 835-838.

刘正先, 杨曦坤, 侯伯鑫, 等, 2009. 湖南牡丹品种资源的初步调查研究[J]. 农业科技通讯 (12): 86–87.

卢颖, 2007. 药用花卉: 牡丹[J]. 中华养生保健 (11): 40.

陆光沛, 于晓南, 2009. 美国芍药牡丹协会金牌奖探析[J]. 中南林业科技大学学报.

陆游, 1988. 天彭牡丹谱[M]. 北京: 中国书店.

陆游, 1997. 陆放翁小品: 天彭牡丹谱[M]. 苗洪, 选注, 北京: 文化艺术出版社.

路成文, 2007. 北宋宫廷"赏花钓鱼宴"及其文学、政治意义[J]. 黄冈师范学院报, 27(1): 15–19.

路成文, 2006. 抹不去的亡国悲音: 略论南宋牡丹词[J]. 集宁师专学报 (1): 15–18, 30.

骆爱琴, 钟家铎, 刘胜刚, 2009. 铜陵森林公园规划构思[J]. 安徽农学通报, 015 (17): 192–193, 241.

马燕, 刘龙昌, 臧德奎, 2011. 牡丹的种质资源与牡丹专类园建设[J]. 中国园林, 27 (1): 54–57.

孟欣慧, 2012. 牡丹专类园景观规划设计探析[J]. 北方园艺 (10): 123–125.

宓汝成, 1986. 十九世纪中清政府的反革命战争对社会经济的破坏[J]. 中国社会经济史研究 (4): 1–15.

欧阳修, 1987. 蔡斌芳选注.欧阳修诗词文选·洛阳牡丹记[M]. 郑州: 中州古籍出版社.

欧阳修, 2001. 欧阳修全集[M]. 李逸安点校, 北京: 中华书局.

潘百红, 张建国, 王国新, 2006. 牡丹观赏园的绿化构思[J]. 福建林业科技 (3): 198–200.

潘志强, 2008. 宁国南方牡丹的栽培管理技术[J]. 花木盆景(花卉园艺) (4): 12–14.

裴蓓, 2005. 中外花卉节事活动研究[D]. 上海: 华东师范大学.

彭楚臻, 1996. 野牡丹、家牡丹——矮牡丹、紫斑牡丹、黄牡丹[J].绿化与生活 (2): 26–36.

彭民贵, 2014.PEG-6000模拟干旱胁迫下紫斑牡丹的生理响应及其抗旱性研究[D].兰州: 西北师范大学.

祁立南, 2014. 牡丹与芍药在北京园林中的应用[J]. 北京园林 (3): 37–45.

钱新峰, 2007. 常熟尚湖牡丹园[J]. 中国花卉园艺 (22): 48–48.

钱易, 2002. 南部新书[M]. 黄寿成点校, 北京: 中华书局 (6): 48–50.

邵安领, 2010. 牡丹文化在中国国花园设计建设中的体现[J]. 中国园艺文摘, 26(5): 104–105.

邵颖涛, 2009. 牡丹与唐代社会再探讨: 兼与刘蓉先生商榷[J]. 语文学刊 (6)17–21.

石良红, 2015. 牡丹红斑病及牡丹黑斑病病原鉴定[D].泰安: 山东农业大学.

苏丹, 2010. 传统名花在园林景观设计中的应用[J]. 辽宁农业职业技术学院学报, 12 (4): 20-22.

孙承泽, 1992. 春明梦余录(影印本)[M]. 北京: 北京古籍出版社.

汤忠皓, 1989.牡丹花考[J].中国园林 (2): 20-25.

滕长江, 1994. 海水三千丈牡丹七百年: 盐城便仓枯枝牡丹[J]. 中国园林 (2): 19-20.

田志明, 张剑光, 1995. 唐代的牡丹欣赏热[J]. 云南教育学院学报 (3): 52-56.

王成杰, 2015. 南方地区历代牡丹名园考证研究[D].咸阳: 西北农林科技大学.

王佳, 2009. 杨山牡丹遗传多样性与江南牡丹品种资源研究[D].北京: 北京林业大学.

王金凤, 孔令涛, 张兴发, 2013. 对吉林省引种推广牡丹的思考[J].林业勘查设计 (2): 71-73.

王莉莉, 2015. 土壤pH值对牡丹生长及生理特性影响的研究[D].长春: 吉林农业大学.

王路昌, 吴海波, 2003. 牡丹栽培与鉴赏[M]. 上海: 上海科学技术出版社.

王梦军, 2017. 西安牡丹苑牡丹精细管理技术[J]. 中国园艺文摘 (9): 167-169.

王向辉, 李小涵, 2008.《全唐诗》反映的牡丹品种与栽植场所探析[J]. 西北林学院学报, 23(1): 203-206.

王象晋, 2001. 二如亭群芳谱(影印本)[M]. 海口: 海南出版社.

王象晋,1985. 群芳谱诠释[M]. 伊钦恒, 诠释. 北京: 农业出版社.

王象晋,1994. 群芳谱, [M]// 范楚玉, 中国科学技术典籍通汇·农学卷: 第三卷. 郑州: 河南教育出版社.

王小文, 2015. 基于CDDP标记的不同花色牡丹的遗传关系分析[D].泰安: 山东农业大学.

王新悦, 2009. 专家给牡丹产业把脉[J]. 中国花卉园艺 (23): 8-10.

王毓荣, 郑厚权, 2005.唐宋牡丹诗词与牡丹文化[J]. 连云港师范高等专科学校学报 (3): 71-74.

王中林, 王爱丽, 2013. 油用牡丹发展前景及其丰产栽培技术[J]. 科学种养 (12): 23-24.

魏巍, 2009. 中国牡丹文化的综合研究[D]. 开封: 河南大学.

文震亨, 陈植, 1984. 长物志校注[M]. 南京: 江苏科技出版社.

吴荣华, 秦绍玲, 张李娜, 等, 2008. 国内外牡丹种群性状及名称差异的研究[J].安徽农业科学 (12): 169, 186.

吴振棫,1983. 养吉斋丛录[M]. 北京: 北京古籍出版社.

吴中阳, 沈庆怀, 2010. 洛阳年鉴: 牡丹·洛阳古今牡丹园[M].洛阳: 中州古籍出版社.

武惠, 2016. 牡丹文化表现形式及其在园林中的应用研究[D]. 咸阳: 西北农林科技大学.

肖鲁阳, 孟繁书, 1989. 中国牡丹谱[M].北京: 农业出版社.

徐德嘉, 周武忠, 2002. 植物景观意匠[M]. 南京: 东南大学出版社.

徐松, 2006. 增订唐两京城坊考[M]. 西安: 三秦出版社.

闫煜涛, 白丹, 2009. 千年帝都,牡丹花城: 洛阳城市园林特色探究[J]. 山东林业科技 (1): 116–118,16.

阎双喜, 1987.中国牡丹史考[J].中国农史 (2): 92–100.

杨街之, 2008. 洛阳伽蓝记[M]. 北京: 中华书局.

杨鸣, 2004. 从诗歌中解读唐代园林主要观赏植物及栽植形式[J]. 杭州文博 (1): 77–81.

衣学慧, 熊星, 李朋飞, 2011 . 西安遗址保护与城市建设相结合的模式研究[J]. 安徽农业科学, 39(25): 15443–15445.

尹丽萍, 2013. 菏泽市牡丹专类园规划设计研究[D].咸阳: 西北农林科技大学.

于洪光, 吕兵兵, 王凤起, 2009. 菏泽"四轮驱动"发展牡丹产业[N].农民日报.

张邦基, 2002. 墨庄漫录[M]. 北京: 中华书局.

张端义, 1985. 贵耳集(排印本)[M]. 北京: 中华书局.

张帆, 2015. 洛阳市传统节日公共活动场所的设置研究[D].长沙: 中南林业科技大学.

张健, 2013. 中外造园史第二版[M]. 武汉: 华中科技大学出版社.

张亮, 2008.成仿云漫谈东西方植物园文化[N]. 中国绿色时报.

张琳, 2006. 农业观光园的规划理论研究[D]. 哈尔滨: 东北林业大学.

张琳, 2013.海棠专类园规划设计理论研究[D]. 咸阳: 西北农林科技大学.

张玲玲, 2016. 园林植物专类园设计浅析——以牡丹专类园为例[J]. 种业导刊 (12): 26–28.

张楠楠, 2007. 当代洛阳牡丹花会发展史研究[D]. 长沙: 湖南师范大学.

张艳云, 1995. 唐代长安的重牡丹风气[J]. 唐都学刊 (5): 17–19.

赵飞鹤, 赵丙坤, 2010. 洛阳市王城公园牡丹园规划设计[J]. 中国园林.

赵兰勇, 2004. 中国牡丹栽培与鉴赏[M]. 北京: 金盾出版社.

赵仁林, 2016. 油用牡丹种植观光园规划设计研究[D].咸阳: 西北农林科技大学.

赵杨, 2008. 我国城市综合性公园开放后设计理念更新研究[D]. 重庆: 重庆大学.

肇丹丹, 马晓晶, 秦强, 等, 2010. 西柏坡牡丹园绿化植物选择与配置探讨[J]. 安徽农业科学, 38(5): 2671–2672.

郑青, 2004. 牡丹在传统插花中的应用[J]. 中国花卉园艺 (23): 52–53.

周宝臻, 2009. 芍药属部分种和栽培品种的亲缘关系研究[D]. 北京: 北京林业大学.

周锴甫, 2010. 借牡丹文化品牌打造川西第一山水古镇[N]. 成都日报.

周密, 2011. 武林旧事[M]. 杭州: 浙江古籍出版社.

周武忠, 2008. 中国花文化研究综述[J]. 中国园林 (6): 78–83.

周雅南, 2011. 设计制图习题集[M]. 北京: 中国林业出版社.

朱丽娟, 2010. 浅谈牡丹的栽培历史及园林应用[J]. 南方农业(园林花卉版), 4 (4): 59–60.

朱偰, 1936. 元大都宫殿图考[M]. 北京: 商务印书馆.

朱月潭, 李阳, 2011. 亭湖年鉴: 黄尖镇牡丹公园开工建设[M]. 北京: 方志出版社.

朱铮, 2013. 月季专类园景观设计研究[D]. 咸阳: 西北农林科技大学.

邹巅, 2008. 牡丹折射下的唐代社会文化心态[J]. 北京林业大学学报 (社会科学版) (3): 1–5.

左利娟, 2005. 牡丹在园林中应用的研究[D]. 北京: 北京林业大学.

宝鸡植物园[EB/OL]. (2020-01-10)[2020-11-13]. http: //bjzwy. cn/about/?105.html.

菏泽牡丹网[EB/OL]. (2020-01-10)[2020-11-13]. http: //wg365. org/html/list_1508.html.

洛阳中国国花园网站[EB/OL]. (2020-01-10)[2020-11-13].http: //www.zgghy.com.